Olfert/Pischulti
Kompakt-Training
Unternehmensführung

W0096126

umweltfreundlich
... weil auf chlor- und säurefrei
gefertigtem Papier gedruckt

Sie finden uns im Internet unter: www.kiehl.de

Kompakt-Training
Praktische Betriebswirtschaft
Herausgeber Professor Klaus Olfert

www.kiehl.de

Unternehmensführung

5., verbesserte und aktualisierte Auflage

Von
Prof. Dipl.-Kfm. Klaus Olfert und
Prof. Dr. Helmut Pischulti

Herausgeber:

Prof. Dipl.-Kfm. Klaus Olfert
Postfach 1326
69141 Neckargemünd

ISBN 978-3-470-**49735**-8 · 5., verbesserte und aktualisierte Auflage 2011

© NWB Verlag GmbH & Co. KG, Herne 1999

Kiehl ist eine Marke des NWB Verlags.

Druck: Beltz Druckpartner GmbH & Co. KG, Hemsbach – wa

Kompakt-Training Praktische Betriebswirtschaft

Das *Kompakt-Training Praktische Betriebswirtschaft* ist aus der Notwendigkeit entstanden, dass Wissen immer häufiger unter erheblichem Zeit- und Erfolgsdruck erworben oder reaktiviert werden muss. Den vielfältigen betriebswirtschaftlichen Fakten und Zusammenhängen, die aufzunehmen sind, stehen eng begrenzte Zeitbudgets gegenüber.

Die vorliegende Fachbuchreihe ist darauf ausgerichtet, die Leser darin zu unterstützen, rasch und fundiert in die verschiedenen betriebswirtschaftlichen Themenbereiche einzudringen sowie diese aufzufrischen. Sie eignet sich in besonderer Weise für:

❏ Studierende an Fachhochschulen, Akademien und Universitäten
❏ Fortzubildende an öffentlichen und privaten Bildungsinstitutionen
❏ Fach- und Führungskräfte in Unternehmen und sonstigen Organisationen.

Das *Kompakt-Training Praktische Betriebswirtschaft* ist auch zum Selbststudium sehr gut geeignet, nicht zuletzt wegen seiner besonderen Gestaltungsmerkmale. Jeder einzelne Band der Fachbuchreihe zeichnet sich u. a. aus durch:

❏ Kompakte und praxisbezogene Darstellung
❏ Systematischen und lernfreundlichen Aufbau
❏ Viele einprägsame Beispiele, Tabellen, Abbildungen
❏ 50 praxisbezogene Übungen mit Lösungen
❏ MiniLex mit 150 bis 200 Stichworten.

Für Anregungen, die der weiteren Verbesserung dieses Lernkonzeptes dienen, bin ich dankbar.

Prof. Klaus Olfert
Herausgeber

Vorwort zur fünften Auflage

Die Unternehmensführung als vom Top Management ausgehende zielorientierte Gestaltung, Steuerung und Entwicklung von Unternehmen ist in den vergangenen Jahren immer schwieriger geworden. Dies war insbesondere in einem sich fortwährend verstärkenden Wandel der Märkte sowie der politischen und gesellschaftlichen Rahmenbedingungen begründet. Er bewirkte vielfältige Überraschungen, die sich ebenso als unternehmensbedrohend wie auch als chancenreich erweisen konnten.

Unternehmen langfristig auf einen Erfolgskurs zu bringen und zu halten, erforderte ebenso Veränderungen teilweise erheblichen Ausmaßes auch bei ihnen selbst, und zwar sowohl bezüglich der von ihnen erbrachten Leistungen, ihrer Prozesse und Strukturen als auch im Hinblick auf die Führungskräfte und ausführenden Mitarbeiter.

Das vorliegende Buch will systematisch, fundiert und praxisnah zeigen, über welches Instrumentarium die Unternehmensführung verfügt, um ihren schwierigen Aufgaben gerecht zu werden. Es wurde in seiner fünften Auflage verbessert und aktualisiert.

Anregungen aus der Leserschaft konnten dankbar aufgenommen werden und sind auch weiterhin willkommen.

Neckargemünd/Nürnberg,
im November 2010

Prof. Klaus Olfert
Prof. Dr. Helmut Pischulti

Inhaltsverzeichnis

Zur Reihe: Kompakt-Training Praktische Betriebswirtschaft 5
Vorwort 6
Inhaltsverzeichnis 7

A. Grundlagen 13
1. Institutionale Unternehmensführung 15
    1.1 Führungskräfte 16
        1.1.1 Kompetenz 17
            1.1.1.1 Fachkompetenz 17
            1.1.1.2 Methodenkompetenz 18
            1.1.1.3 Sozialkompetenz 19
            1.1.1.4 Führungskompetenz 19
            1.1.1.5 Selbstkompetenz 20
        1.1.2 Autorität 20
            1.1.2.1 Formale Autorität 21
            1.1.2.2 Personale Autorität 21
            1.1.2.3 Funktionale Autorität 21
    1.2 Führungsebenen 22
        1.2.1 Top Management 22
        1.2.2 Middle Management 24
        1.2.3 Lower Management 24
    1.3 Führungsaufgaben 25
        1.3.1 Unternehmensleitung 26
        1.3.2 Bereichsleitung 27
        1.3.3 Gruppenleitung 28

2. Funktionale Unternehmensführung 29
    2.1 Sachbezogene Führung 29
        2.1.1 Führungsprozess 29
            2.1.1.1 Zielsetzung 30
            2.1.1.2 Planung 36
            2.1.1.3 Durchführung 41
            2.1.1.4 Kontrolle 43
            2.1.1.5 Steuerung 45
        2.1.2 Führungsinstrumente 45
            2.1.2.1 Prozessbezogene Führung 46
            2.1.2.2 Strukturbezogene Führung 46
    2.2 Personenbezogene Führung 49
        2.2.1 Führungsbeteiligte 49
        2.2.2 Führungsinstrumente 49
        2.2.3 Führungserfolg 50

3. Ausrichtungen der Unternehmensführung 50
    3.1 Qualitätsmanagement 51
        3.1.1. Qualitätsnormen 53

     3.1.2 Zertifizierung 54
     3.1.3 Dokumentation 55
   3.2 Umweltmanagement... 56
     3.2.1 Umweltschutzverhalten 57
     3.2.2 Umweltschutzinstitutionen.. 58
   3.3 Sicherheitsmanagement 60

B. Prozessbezogene Führung 63

1. Zielsetzung 63
   1.1. Strategische Zielsetzung 63
   1.2. Taktische Zielsetzung 64
   1.3. Operative Zielsetzung.. 64

2. Planung 65
   2.1 Grundsatzplanung 65
     2.1.1 Unternehmensphilosophie 66
       2.1.1.1 Unternehmensvision.. 66
       2.1.1.2 Unternehmensleitbild... 67
     2.1.2 Corporate Identity 68
       2.1.2.1 Kommunikationskonzept.................................... 69
       2.1.2.2 Strategiekonzept 69
     2.1.3 Unternehmenskultur.. 70
       2.1.3.1 Entstehung... 71
       2.1.3.2 Elemente.. 71
       2.1.3.3 Wirkungen 72
     2.1.4 Unternehmensethik.. 73
   2.2 Strategische Planung.. 73
     2.2.1 Strategische Planungskonzepte 74
       2.2.1.1 PIMS-Konzept 75
       2.2.1.2 Lebenszyklus-Konzept....................................... 76
       2.2.1.3 Erfahrungskurven-Konzept 78
       2.2.1.4 Synergie-Konzept... 80
     2.2.2 Strategische Analysen 81
       2.2.2.1 Externe Analysen.. 81
       2.2.2.2 Interne Analysen.. 89
       2.2.2.3 Kennzahlenanalyse.. 97
     2.2.3 Strategien... 99
       2.2.3.1 Grundstrategien.. 100
       2.2.3.2 Unternehmensstrategien................................... 108
       2.2.3.3 Bereichsstrategien 112
     2.2.4 Portfoliotechniken... 116
       2.2.4.1 Arten... 118
       2.2.4.2 Beurteilung... 128
   2.3 Taktische Planung 129
   2.4 Operative Planung 130

3. Kontrolle 131

C. Strukturbezogene Führung... 135

1. Arten strukturbezogener Führung 136
  1.1 Aufbaustrukturierung 136
    1.1.1 Vorbereitende Maßnahmen..................................... 137
      1.1.1.1 Aufbauanalyse.. 137
      1.1.1.2 Aufbauplanung.. 138
      1.1.1.3 Aufbaugestaltung.. 138
    1.1.2 Festlegung der Aufbaustruktur 143
      1.1.2.1 Organisationsstrukturen................................ 143
      1.1.2.2 Organisationssysteme.................................... 145
      1.1.2.3 Grundlegende Organisationsformen............. 148
      1.1.2.4 Abgeleitete Organisationsformen 154
    1.1.3 Abschließende Maßnahmen 159
      1.1.3.1 Aufbaueinführung.. 160
      1.1.3.2 Aufbaudokumentation 160
  1.2 Prozessstrukturierung 163
    1.2.1 Vorbereitende Maßnahmen..................................... 164
      1.2.1.1 Prozessanalyse 164
      1.2.1.2 Prozessplanung 166
      1.2.1.3 Prozessgestaltung 167
    1.2.2 Festlegung der Prozessstruktur............................... 172
      1.2.2.1 Einzelprozessorganisation............................. 172
      1.2.2.2 Gruppenprozessorganisation......................... 173
      1.2.2.3 Bereichsprozessorganisation......................... 173
      1.2.2.4 Unternehmensprozessorganisation 174
    1.2.3 Abschließende Maßnahmen 175
      1.2.3.1 Prozesseinführung.. 175
      1.2.3.2 Prozessdokumentation................................... 176
  1.3 Projektstrukturierung 176
    1.3.1 Vorbereitende Maßnahmen..................................... 177
      1.3.1.1 Problemermittlung.. 177
      1.3.1.2 Problemanalyse.. 178
      1.3.1.3 Alternativenentwicklung............................... 178
      1.3.1.4 Erfolgseinschätzung....................................... 179
    1.3.2 Festlegung der Projektstruktur 179
      1.3.2.1 Projektleiter 179
      1.3.2.2 Projektgruppe.. 180
      1.3.2.3 Projektinstitutionen.. 181
      1.3.2.4 Projektexperten... 182
      1.3.2.5 Projekteinbindung 183
    1.3.3 Projektplanung 187
      1.3.3.1 Aufgabenplanung.. 188
      1.3.3.2 Personalplanung.. 189
      1.3.3.3 Terminplanung.. 190
      1.3.3.4 Ergänzende Planungen.................................... 191
      1.3.3.5 Planungsergebnisse 192
    1.3.4 Projektdurchführung... 192

1.3.4.1 Projektauslösung... 193
1.3.4.2 Projektarbeiten 194
1.3.4.3 Projektsteuerung... 195
1.3.5 Abschließende Maßnahmen 195
1.3.5.1 Projekteinführung.. 195
1.3.5.2 Projektdokumentation 196

2. Organisationsentwicklung 196
  2.1 Wertschöpfende Konzepte 199
    2.1.1 Outsourcing... 199
    2.1.2 Insourcing... 200
  2.2 Lean-Konzepte 201
    2.2.1 Lean-Aufbaukonzept 201
    2.2.2 TQM-Konzept.. 202
    2.2.3 Just-in-time-Konzept.. 202
  2.3 Team-Konzepte 203
    2.3.1 Teamarbeit 204
    2.3.2 Teilautonome Arbeitsteams.. 204
    2.3.3 Qualitätszirkel 205
  2.4 Kooperative Konzepte... 206
    2.4.1 Strategische Allianzen... 206
    2.4.2 Joint-Ventures... 207

D. Personenbezogene Führung

D. Personenbezogene Führung 211

1. Führungsbeteiligte 211
  1.1 Vorgesetzte 211
    1.1.1 Merkmale 211
    1.1.2 Typen.. 213
  1.2 Mitarbeiter 214
    1.2.1 Merkmale 215
    1.2.2 Typen.. 216

2. Führungsmittel.. 217
  2.1 Prozessbezogene Führungsmittel 217
  2.2 Informationsbezogene Führungsmittel 218
  2.3 Aufgabenbezogene Führungsmittel....................................... 219
  2.4 Personenbezogene Führungsmittel.. 221

3. Führungstechniken 224
  3.1 Management by Objectives 224
  3.2 Management by Exception 225
  3.3 Management by Delegation... 225

4. Führungsstile... 226
  4.1 Autoritärer Führungsstil... 227
  4.2 Kooperativer Führungsstil 228
  4.3 Verhaltensgitter 228

5. Führungserfolg... 229

Lösungen 231

MiniLex 259

Literaturverzeichnis 285

Stichwortverzeichnis 291

A. Grundlagen

Unternehmen werden zu dem Zwecke betrieben, Leistungen zu erstellen und zu verwerten. Dies geschieht durch die Kombination der **Produktionsfaktoren** als:

❑ **Elementare Produktionsfaktoren**, die Arbeit, Betriebsmittel und Werkstoffe umfassen. Sie dienen der Ausführung des betrieblichen Leistungsprozesses.

❑ **Dispositive Produktionsfaktoren**, zu denen Leitung, Planung und Organisation zählen. Sie wirken gestaltend auf den betrieblichen Leistungsprozess.

Im Rahmen der Unternehmensführung soll die **optimale Kombination** der elementaren Produktionsfaktoren unter Beachtung unternehmerischer **Prinzipien** herbeigeführt werden, wozu zählen:

❑ Das **ökonomische Prinzip**, das darauf abzielt, das Verhältnis von Ertrag und Aufwand bzw. Erlös und Kosten möglichst günstig zu gestalten. Es wird auch **Wirtschaftlichkeitsprinzip** genannt und kann sein:

Maximalprinzip	Mit gegebenem Aufwand (Kosten) soll ein maximaler Ertrag (Erlös) realisiert werden, z.B. ein höchstmöglicher Absatz bei einem Werbebudget von 500.000 €.
Minimalprinzip	Mit minimalem Aufwand (Kosten) soll ein bestimmter Ertrag (Erlös) realisiert werden, z.B. durch einen geringstmöglichen Kapitaleinsatz für die Anschaffung einer EDV-Anlage.

❑ Das **Humanitätsprinzip**, bei dem der Mensch im Mittelpunkt des Leistungsprozesses steht. Seinen Erfordernissen ist Rechnung zu tragen, z.B. durch mitarbeitergerechte Arbeitsbedingungen, Information und Partizipation.

❑ Das **Umweltschonungsprinzip**, das ökologischen Interessen gerecht wird. Es ist z.B. darauf ausgerichtet, Umweltbelastungen zu vermeiden bzw. zu minimieren und rechtliche Bestimmungen zum Umweltschutz einzuhalten.

Die Unternehmen sind einem sich ständig ändernden wirtschaftlichen, technologischen und gesellschaftlichen **Wandlungsprozess** ausgesetzt. Ihr Erfolg hängt in besonderer Weise von der Qualität der Unternehmensführung ab. Sie muss sich insbesondere auf alle jene Sachverhalte konzentrieren, die für das Unternehmen in seiner Gesamtheit bedeutsam sind *(Jung)*.

Die Unternehmensführung ist die **zielorientierte Gestaltung, Steuerung und Entwicklung** des Unternehmens. Sie geht vom Top Management aus als:

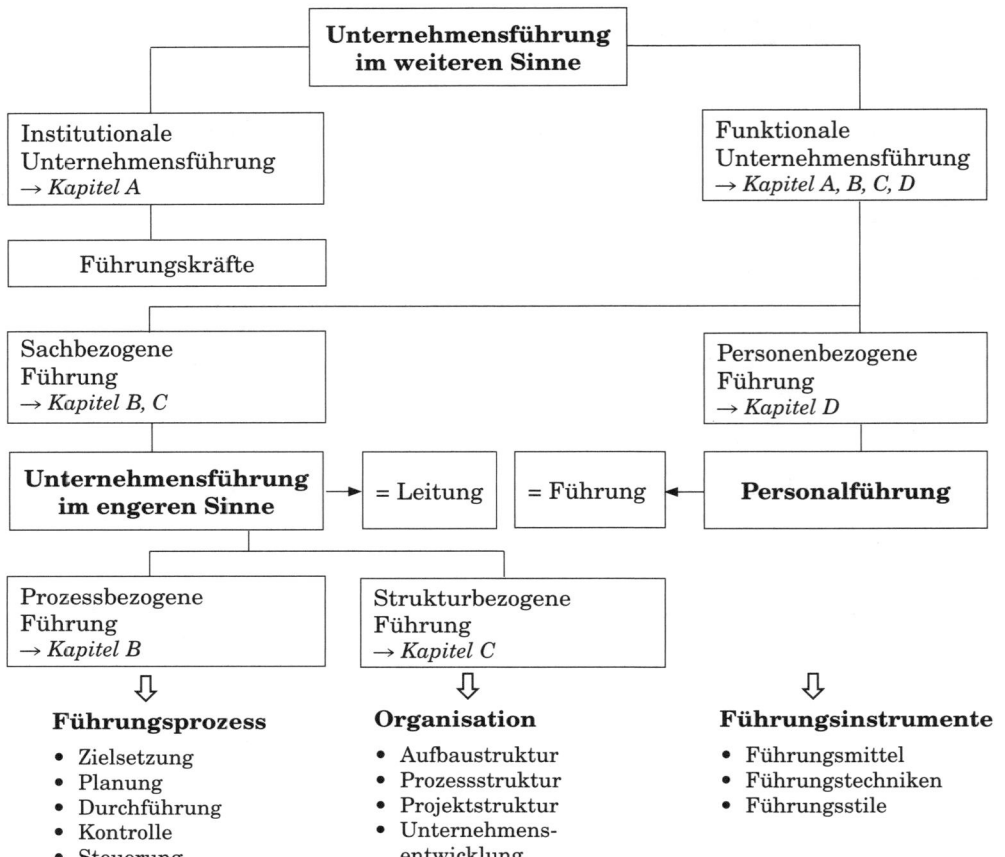

Die Unternehmensführung wird i.d.R. mit dem **Management** gleichgesetzt, da beiden Begriffen im Wesentlichen gleiche Inhalte zugeschrieben werden. Im Gegensatz zu den anderen Leitungsebenen im Unternehmen hat die Unternehmensführung viele Entscheidungen zu treffen, die besondere **Merkmale** aufweisen:

❑ Den **Grundsatzcharakter** der Entscheidungen, da sie für die unternehmerische Zukunft von erheblicher Bedeutung sind, z.B. als Beschluss, Teile der Fertigung nach Osteuropa zu verlagern oder die Rechtsform zu ändern.

❑ Die **hohe Bindungswirkung** der Entscheidungen, die insbesondere durch den Abschluss von Verträgen begründet wird. Sie regeln die Rechte und Pflichten der Vertragspartner, teilweise über einen langen Zeitraum hinweg, z.B. als Verträge mit Zulieferern, Abnehmern, Forschungsinstituten, Werbeagenturen.

❑ Die **hohe finanzielle Bedeutung** der Entscheidungen, da eine strategische Positionierung des Unternehmens bzw. seiner Geschäftsbereiche zumeist auch einen erheblichen Finanzbedarf zur Folge hat, z.B. indem neue Produktionslinien eingerichtet oder andere Unternehmen erworben werden.

❑ Die **große soziale Dimension** der Entscheidungen, die in der Fürsorgepflicht der Unternehmensleitung besteht, insbesondere der sozialen Verantwortung für die Mitarbeiter, z.B. durch Vermeidung eines Personalabbaus unter Ausschöpfung aller vertretbaren alternativen Möglichkeiten.

Jedes marktwirtschaftlich geführte Unternehmen ist bestrebt, eine optimale Kombination der Produktionsfaktoren vorzunehmen.

(1) Ordnen Sie die folgenden Aktivitäten den einzelnen elementaren bzw. dispositiven Produktionsfaktoren zu:

    ○ Aufrechterhaltung des Produktionsprozesses durch Aushilfskräfte während der Urlaubszeit
    ○ Vorbereitung eines neuen Organisationskonzeptes durch den Vorstandsvorsitzenden
    ○ Einsatz umweltentlastender Materialien im Produktionsprozess
    ○ Installierung eines neuen Personal Computers
    ○ Wartung (Instandhaltung) einer Fertigungsanlage
    ○ Errichtung einer Lagerhalle
    ○ Planung eines neuen Verwaltungsgebäudes
    ○ Organisatorische Einbindung eines vor kurzem erworbenen Tochterunternehmens
    ○ Einstellung eines Assistenten zur Unterstützung der Geschäftsleitung

(2) Welcher »neue« Produktionsfaktor ist in den letzten Jahren zunehmend bedeutsamer geworden und warum?

Seite 233

Im Folgenden sollen im Überblick betrachtet werden:

Grundlagen	Institutionale Unternehmensführung
	Funktionale Unternehmensführung
	Ausrichtungen der Unternehmensführung

1. Institutionale Unternehmensführung

Die Unternehmensführung als Institution umfasst sämtliche **Führungskräfte**, die auf den einzelnen Hierarchieebenen im Unternehmen tätig sind. Sie tragen maßgeblich dazu bei, dass das Unternehmen seine Ziele erreicht.

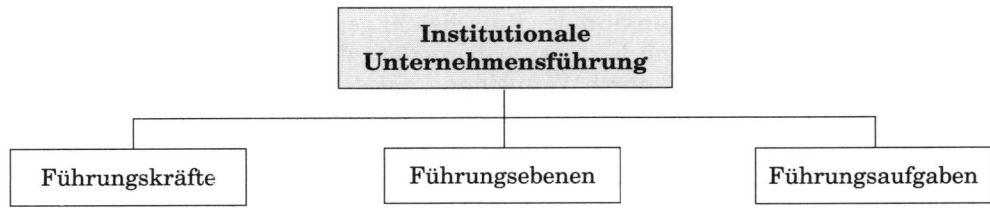

1.1 Führungskräfte

Führungskräfte im weiten Sinne sind alle im Unternehmen tätigen Personen, die anderen Personen verpflichtende Weisungen erteilen können. Sie werden i.d.R. auch als **Vorgesetzte** bezeichnet, deren Aufgabe darin besteht, auf die ihnen zugeordneten Mitarbeiter dergestalt einzuwirken, dass sie erfolgreich arbeiten, z.B. als Vorarbeiter, Meister, Gruppen-, Abteilungs-, Bereichsleiter, Geschäftsführer, Vorstand.

Es ist aber auch möglich, dass Führungskräfte keine Vorgesetzten sind, sondern als **Experten** komplexe Aufgabenstellungen bearbeiten, z.B. als Börseneinführungsspezialisten, M & A-Berater, EDV-Fachleute.

Frauen sind in leitenden Funktionen vielfach stark **unterrepräsentiert**. In nur wenigen Wirtschaftszweigen haben sie Führungsverantwortung in größerem Umfang, z.B. in der Modebranche, Einzelhandel, Kreditgewerbe. Erfreulicherweise gibt es in Großunternehmen und im Öffentlichen Dienst inzwischen **Frauenförderungs-Konzepte**, die u.a. spezielle Qualifizierungs- sowie Wiedereinstellungsmaßnahmen nach der »Familienpause« regeln.

 Frauen sind in Führungspositionen in der deutschen Wirtschaft immer noch unterrepräsentiert.

(1) Diskutieren Sie Gründe, die zu dieser Situation geführt haben!

(2) Welche Ansatzpunkte können dazu beitragen, um den Anteil der Frauen im Management zu erhöhen? Nennen Sie Beispiele!   Seite 233 f.

Bezüglich der Führungskräfte sollen als **Merkmale** betrachtet werden:

• **Kompetenz**

• **Autorität**.

Auf weitere Merkmale von Führungskräften wird im Rahmen der personenbezogenen Führung – Kapitel D. – eingegangen.

1.1.1 Kompetenz

Die Kompetenz einer Führungskraft bestimmt maßgeblich den Erfolg eines Unternehmens. Sie kann unter organisatorischen Aspekten als Befugnis einer Person gesehen werden, auf der Basis fachlicher Zuständigkeit Maßnahmen zur Erfüllung von Aufgaben zu ergreifen – siehe Kapitel C.

Unter personenbezogenen Gesichtspunkten stellt die Kompetenz die **Qualifikation der Führungskraft** als die Gesamtheit ihrer Fähigkeiten dar, um ihre Führungsaufgaben zielgerichtet wahrzunehmen. Dabei lassen sich verschiedene Ausprägungen der Kompetenz unterscheiden, welche in ihrem Zusammenwirken die Handlungsfähigkeit der Führungskraft herbeiführen, die als **Handlungskompetenz** bezeichnet wird:

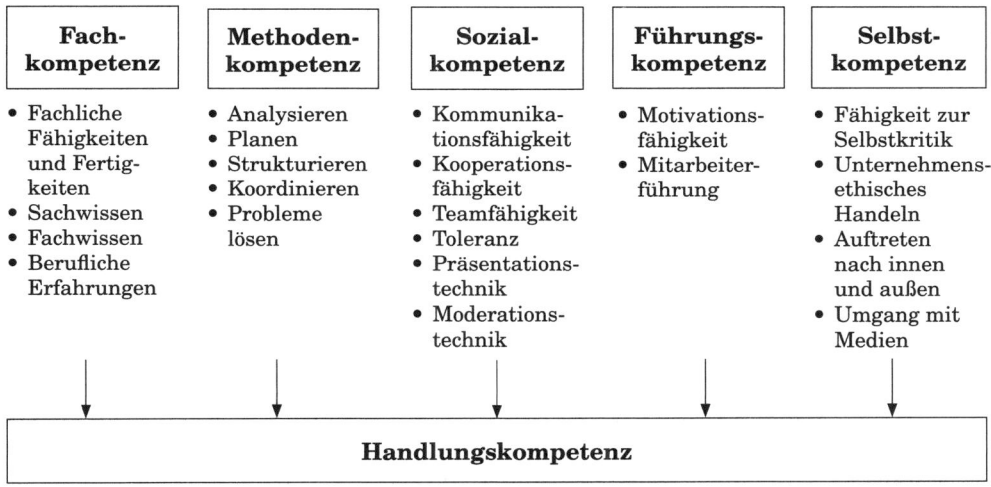

Fach-kompetenz	**Methoden-kompetenz**	**Sozial-kompetenz**	**Führungs-kompetenz**	**Selbst-kompetenz**
• Fachliche Fähigkeiten und Fertigkeiten • Sachwissen • Fachwissen • Berufliche Erfahrungen	• Analysieren • Planen • Strukturieren • Koordinieren • Probleme lösen	• Kommunikationsfähigkeit • Kooperationsfähigkeit • Teamfähigkeit • Toleranz • Präsentationstechnik • Moderationstechnik	• Motivationsfähigkeit • Mitarbeiterführung	• Fähigkeit zur Selbstkritik • Unternehmensethisches Handeln • Auftreten nach innen und außen • Umgang mit Medien

Handlungskompetenz

Ziel einer systematischen Führungskräfteentwicklung ist es, die für eine Führungskraft zur Bewältigung ihrer zunehmend komplexer werdenden Führungsaufgaben notwendigen **Teilkompetenzen** zu identifizieren, zu stärken und weiterzuentwickeln. Dabei ist zu beachten, dass diese auf den einzelnen Führungsebenen unterschiedlich ausgeprägt sein können.

1.1.1.1 Fachkompetenz

Die Fachkompetenz umfasst das Sachwissen bzw. Fachwissen. Sie wird auch **Sachkompetenz** genannt und stellt die Grundlage dar, spezifische berufliche Aufgaben und Sachverhalte selbstständig und eigenverantwortlich erledigen zu können, z. B. betriebswirtschaftliche oder technische Problemstellungen zu lösen.

Das **Ausmaß** der Fachkompetenz ist wesentlich vom Umfang der Berufserfahrung sowie dem Verständnis für fachspezifische Problemstellungen und Zusammenhänge abhängig. So müssen Bereichs- bzw. Gruppenleiter z. B. verfügen über:

Material-bereich	Betriebswirtschaftliche Kenntnisse, technisches Wissen über Materialien und Fertigungsabläufe
Fertigungs-bereich	Kenntnisse über Prozessgestaltung, Zeitermittlung, Normung, Typung, Fertigungssysteme, Fertigungsvorbereitung, Fertigungsplanung, Fertigungssteuerung, Qualitätssicherung
Marketing-bereich	Betriebliche Kenntnisse, Produktkenntnisse, Marktkenntnisse, Marktforschungskenntnisse, Fremdsprachen, Auslandserfahrung
Personal-bereich	Betriebliche Kenntnisse, arbeitsrechtliches Wissen, Kenntnisse in Psychologie, Kenntnisse in Organisation
Finanz- und Rechnungswesen	Kenntnisse über Beschaffung und Verwendung der Finanzmittel, über Buchhaltung, Bilanzierung, Kostenrechnung, Steuern
Informations-bereich	EDV-Kenntnisse, organisatorische Fähigkeiten, Programmiersprachen, breites betriebswirtschaftliches Wissen
Organisations-bereich	Kenntnisse über Methoden und Techniken des Organisierens, der Arbeitswissenschaften, Planungstechniken, EDV-Kenntnisse, Kenntnisse über Prozess-, Projekt-, Aufbauorganisation
Controlling-bereich	Kenntnisse über Planungsverfahren, Organisation, Rechnungswesen, Steuern, EDV, Prognosetechniken, Operations Research.

Fachliche Fähigkeiten sind als unabdingbare **Voraussetzung** für erfolgreiches Arbeiten in allen Bereichen des Unternehmens in unterschiedlicher Weise – wie gezeigt – erforderlich und werden immer bedeutsamer.

1.1.1.2 Methodenkompetenz

Die Methodenkompetenz ist eng mit der Fachkompetenz verbunden. Sie umfasst die Fähigkeit eines Menschen, sich eigeninitiativ mit neuen **Verfahren, Denkweisen, Techniken, Strategien, Kenntnissen** und **Fertigkeiten** vertraut zu machen sowie bei vorliegenden Aufgaben eigenständig Problemstellungen anzugehen und Lösungswege zielgerichtet zu erarbeiten.

Für Führungskräfte sind von besonderer **Bedeutung**:

❑ Selbstständige Aneignung neuer Kenntnisse und Fertigkeiten
❑ Fähigkeit, eigenständig Lösungsansätze zu finden
❑ Fähigkeit, ein Problem aus verschiedenen Perspektiven zu beurteilen
❑ Fähigkeit, Chancen und Risiken im Gesamtzusammenhang zu erkennen
❑ Fähigkeit, Probleme objektiv zu bewerten
❑ Fähigkeit, logisch-analytisch zu denken
❑ Fähigkeit, Handlungen aufeinander abzustimmen bzw. zu koordinieren
❑ Fähigkeit, eine konzeptionelle Gesamtsicht des Unternehmens zu entwickeln
❑ Fähigkeit, eine ganzheitliche Betrachtung des Unternehmens vorzunehmen.

Der Erwerb von Methodenkompetenz setzt eine flexible, aufgeschlossene und positive Grundeinstellung eines Menschen voraus.

Bezogen auf den Lernbereich zählt zur Methodenkompetenz auch die **Lernkompetenz**. Da Wissen immer schneller veraltet, ist lebenslanges Lernen sowohl der Führungskräfte eines Unternehmens als auch der Mitarbeiter notwendig (*Ziegenbein*). **Lernprozesse** können z.B. stattfinden durch:

❑ Lernen am Arbeitsplatz, das auch als »**Training-on-the-job**« oder »**Learning-by-doing**« bezeichnet wird.

❑ Lernen außerhalb des Arbeitsplatzes als »**Training-off-the-job**«, z.B. durch Teilnahme an organisierten Schulungen, Seminaren oder Lehrgängen sowie eigeninitiierte Aktivitäten wie dem Studium von Fachliteratur. Zunehmend gewinnen auch computergestützte Lernprogramme größere Bedeutung.

Eine im Vergleich zu den Mitbewerbern höhere Wissensbasis der Führungskräfte und Mitarbeiter kann für ein Unternehmen strategisch vorteilhaft sein. Durch sie wird es nur schwer von der Konkurrenz imitiert werden können.

Im Unternehmen sollte eine zeitgemäße **Lernkultur** auch Handlungsspielräume für »Anders- und Querdenker« zulassen, da Fehlertoleranzen auch Chancenpotenziale bewirken (»Kein Risiko - kein Fehler«).

1.1.1.3 Sozialkompetenz

Sozialkompetenz ist die Fähigkeit eines Menschen, in konstruktiver Weise mit anderen Menschen innerhalb und außerhalb des Unternehmens **kommunikativ**, **kooperativ** und **partnerschaftlich** zusammenzuarbeiten. Sie wird von Führungskräften in hohem Maß erwartet, z.B. im Umgang mit Vorgesetzten, Kollegen, Mitarbeitern, Kunden, Lieferanten und kann sich ausdrücken in (*Olfert/Pelz/Pischulti*):

○ Teamfähigkeit	○ Verhandlungsgeschick
○ Konfliktfähigkeit	○ Präsentationsfähigkeit
○ Integrationsfähigkeit	○ Moderationsfähigkeit
○ Kommunikationsfähigkeit	○ Verantwortungsbewusstsein
○ Kritikfähigkeit	○ Eigeninitiative

Die Sozialkompetenz wird für alle Mitarbeiter zunehmend bedeutsam.

1.1.1.4 Führungskompetenz

Die Führungskompetenz umfasst die Fähigkeiten einer Führungskraft zur zielgerichteten Motivation und Führung von Mitarbeitern. Zu ihren wichtigsten **Elementen** zählen:

○ Entscheidungsfähigkeit	○ Fähigkeit, Prioritäten
○ Rhetorik	zu setzen
○ Zuhören können	○ Überzeugungsfähigkeit
○ Visionen formulieren	○ Motivationsfähigkeit
○ Zeitmanagement	○ Begeisterungsfähigkeit

In der Praxis wird Führungskompetenz auch im Rahmen von Trainingsmaßnahmen vermittelt, z. B. als Entscheidungstraining, Projektmanagement sowie Schulungen bezüglich Moderationstechnik und Gesprächsführung.

1.1.1.5 Selbstkompetenz

Selbstkompetenz ist die Fähigkeit einer Führungskraft, die eigenen Fähigkeiten und Stärken zu kennen und diese situationsgerecht einzusetzen. Sie umfasst z. B.:

○ Selbstkritik	○ Umweltbewusstes Handeln
○ Reflektion des eigenen Handelns	○ Wirtschaftliches Handeln
○ Unternehmensethisches Handeln	

Die Selbstkompetenz wird auch als **Individualkompetenz** oder **Persönlichkeitskompetenz** bezeichnet.

(1) Die soziale Kompetenz nimmt in den Anforderungsprofilen der Personalabteilungen an Führungs- bzw. Führungsnachwuchskräften einen hohen Stellenwert ein. Zeigen Sie Möglichkeiten auf, um die soziale Kompetenz zu verbessern!

(2) Ein hohes Maß an fachlicher Kompetenz ist die Basis für den beruflichen Erfolg. Welche Wege können genutzt werden, damit eine Führungskraft ihre Fachkompetenz verbessern kann?

Seite 234

1.1.2 Autorität

Autorität ist durch Macht, Wissen oder Können erworbenes Ansehen einer Führungskraft. Sie beschreibt eine soziale Einflussbeziehung, die sich als wechselseitiges Beziehungsverhältnis zwischen Personen zeigt. **Merkmale** sind:

○ Sie dient zur Legitimierung des Führungsanspruches.
○ Sie ist auf faktische Macht oder auf erworbenes Know-how zurückzuführen.
○ Sie setzt die freiwillige Unterordnung von Mitarbeitern voraus.
○ Sie erfordert die Ausstattung einer Führungsposition mit Machtgrundlagen.

Formen der Autorität können sein:

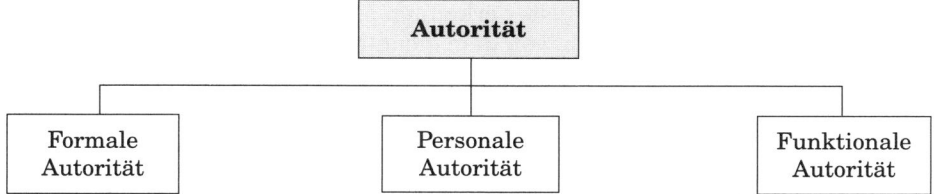

1.1.2.1 Formale Autorität

Die formale Autorität erwächst vorwiegend aus der Unternehmensverfassung oder der Organisationsstruktur und wird »kraft Amtes« aus der eigentlichen Tätigkeit heraus praktiziert. Sie wird aufgrund der Entscheidungs- und Weisungsbefugnisse einer Führungskraft in Verbindung mit ihrer hierarchischen Position ausgeübt und stellt damit eine **positionale Autorität** bzw. **Amtsautorität** dar.

Eng verbunden mit der formalen Autorität ist die **Legitimationsmacht**. Mit ihr verfügt der Vorgesetzte über eine Machtgrundlage, die sich aus der hierarchischen Ordnung des Unternehmens ableitet. Die Mitarbeiter erkennen die formal gesetzte Ordnung an und sehen darin ihre Pflicht, dem Vorgesetzten zu gehorchen.

1.1.2.2 Personale Autorität

Die personale Autorität basiert auf den persönlichen Eigenschaften der Führungskraft, z.B. Charisma, Erfahrung, soziale Kompetenz, Vertrauenswürdigkeit, Zuverlässigkeit, Hilfsbereitschaft, Reife, Integrität. Sie begründet den Einfluss einer Person, auch wenn diese über keine formale Autorität verfügt, und wird ebenso **charismatische Autorität** genannt.

Mit der personalen Autorität ist als Machtgrundlage eines Vorgesetzten die **Referenzmacht** verbunden, die zu einer Identifikation der Mitarbeiter mit dem Vorgesetzten führt. Aufgrund ihrer persönlichen Wertschätzung erscheint der Vorgesetzte den Mitarbeitern als Vorbild.

1.1.2.3 Funktionale Autorität

Die funktionale Autorität liegt in der fachlichen Qualifikation der Führungskraft begründet und betrifft das Wissen und Können auf einem bestimmten Gebiet sowie die Erfahrungen und Fähigkeiten, situations- und sachgerecht zu entscheiden und zu handeln. Sie wird auch als **Fachautorität**, **Expertenautorität** oder **Sachautorität** bezeichnet.

In Verbindung mit der funktionalen Autorität ist die **Expertenmacht** eine weitere Machtgrundlage von Vorgesetzten. Sie bezieht sich auf die fachliche Qualifikation des Vorgesetzten. Die Mitarbeiter erkennen einen Vorgesetzten an, den sie als fachlich qualifiziert ansehen, d.h. von dem sie annehmen, dass er über Informationsvorteile verfügt.

1.2 Führungsebenen

Führungsebenen sind Bestandteile der Organisationsstruktur eines Unternehmens. Sie werden auch als **Managementebenen** bezeichnet und können sein:

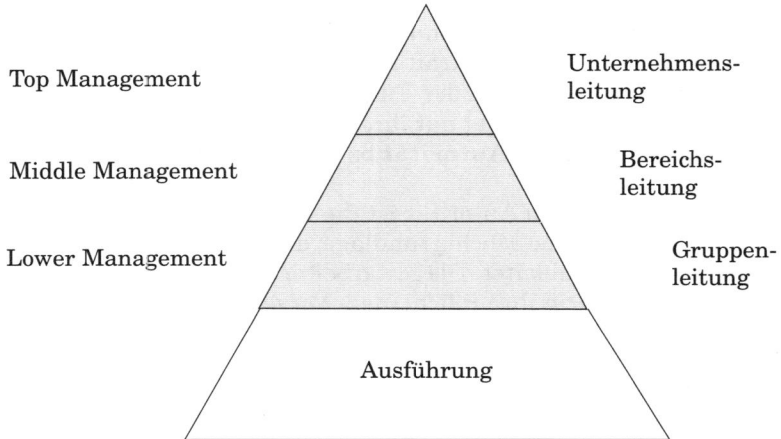

Top Management — Unternehmensleitung

Middle Management — Bereichsleitung

Lower Management — Gruppenleitung

Ausführung

1.2.1 Top Management

Das Top Management bzw. die Unternehmensleitung ist die Institution im Unternehmen, welche die Unternehmensführung ausübt. Abhängig von der Rechtsform des Unternehmens sind **Träger** der Unternehmensführung:

❑ Der Unternehmer beim Einzelunternehmen
❑ Der bzw. die geschäftsführende(n) Gesellschafter bei der OHG
❑ Der bzw. die geschäftsführende(n) Komplementäre bei der KG
❑ Der bzw. die Geschäftsführer bei der GmbH
❑ Der Vorstand bei der AG
❑ Der bzw. die Komplementär(e) als Vorstand bei der KGaA
❑ Der Vorstand der Genossenschaft.

Das Top Management kann bezüglich seiner Willensbildung in verschiedenen **Formen** organisiert sein *(Rahn, Krüger)*. Es gibt:

❑ Die **Direktorialorganisation**, bei der die alleinige Entscheidung in einem Leitungsgremium bei einem einzelnen Unternehmensleiter liegt.

Stärken	Schwächen
○ Sicherung klarer Willensbildung/Verantwortlichkeiten ○ Begrenzung von Spannungen/Meinungsverschiedenheiten ○ Beschlussfähigkeit auch bei Abwesenheit von Mitgliedern ○ Straffe interne Unternehmensführung ○ Keine »faulen Kompromisse«	○ Große Machtzusammenballung bei einem Unternehmensleiter ○ Gefahr von »einsamen Beschlüssen« ○ Gefahr der Überlastung dieses einzelnen Unternehmensleiters ○ Geringere Identifikation der übrigen Unternehmensleiter mit den getroffenen Entscheidungen

❑ Die **Kollegialorganisation**, die eine Form der gemeinsamen Willensbildung innerhalb des Top Managements ist. Sie betrachtet die Unternehmensleiter als mehr oder weniger gleichberechtigte Kollegen. Zu unterscheiden sind:

Primatkollegialität	○ Es gibt einen Unternehmensleiter, der »Erster unter Gleichen« ist. ○ Seine Stimme ist bei Meinungsverschiedenheiten ausschlaggebend. ○ Wichtige Entscheidungen können ihm vorbehalten sein.
Abstimmungskollegialität	○ Alle Entscheidungen werden gemeinsam nach dem Mehrheitsprinzip getroffen. ○ Bei Stimmengleichheit kann unter Umständen die Stimme des am meisten von dem Vorgang Betroffenen ausschlaggebend sein.
Kassationskollegialität	○ Ziel ist es, einstimmige Entscheidungen zu treffen. ○ Die Anerkennung der Entscheidung erfolgt erst durch Gegenzeichnung eines anderen Unternehmensleiters. ○ Durch Verweigerung der Gegenzeichnung kann ein Unternehmensleiter das Vetorecht ausüben.
Ressortkollegialität	○ Jeder Unternehmensleiter entscheidet eigenverantwortlich für seinen Zuständigkeitsbereich. ○ Bereichsübergreifende Fragen bleiben der gemeinsamen Entscheidung der Unternehmensleiter vorbehalten.

Stärken und Schwächen der Kollegialorganisation sind:

Stärken	Schwächen
○ Kritischere Beurteilung der anfallenden Probleme ○ Höhere Identifikation mit den getroffenen Entscheidungen ○ Verteilung der quantitativen Belastung im Top Management ○ Breite Informations- und Kommunikationsnutzung ○ Keine einseitige und dominante Machtposition	○ Erschwerung des Willensbildungsprozesses ○ Möglicherweise Auftreten von Spannungen bzw. Meinungsverschiedenheiten zwischen einzelnen Unternehmensleitern ○ Höherer Zeitbedarf für die Entscheidungsfindung

1.2.2 Middle Management

Das Middle Management ist die **Bereichsleitung**. Sie hat die Entscheidungen des Top Managements umzusetzen und bereichsbezogene Entscheidungen zu fällen, z.B. im Material-, Fertigungs-, Personal-, Finanz- und Marketingbereich. Je nach der Größe des Unternehmens kann sie von einem **Bereichs-, Hauptabteilungs-** oder **Abteilungsleiter** wahrgenommen werden, der über Prokura oder Handlungsvollmacht verfügt.

Als Mitarbeiter hierarchisch höherstehender Vorgesetzter und gleichzeitig Vorgesetzter ihrer hierarchisch nachgeordneten Mitarbeiter ist die Bereichsleitung einem doppelten **Erwartungsdruck** ausgesetzt. Einerseits muss sie den Leistungserwartungen ihrer Vorgesetzten gerecht werden. Zum anderen hat sie die Führungs- und Verhaltenserwartungen ihrer Mitarbeiter zu berücksichtigen.

In der Diskussion um eine »Verschlankung« von Hierarchien, bei der mithilfe des **Lean Management** ein Teil von Koordinationsaufgaben auf niedrigere Hierarchiestufen übertragen werden, wird die Vorgesetztenfunktion der mittleren Führungsebene zunehmend infrage gestellt.

1.2.3 Lower Management

Das Lower Management stellt die **Gruppenleitung** dar. Sie erfolgt durch einen Gruppenleiter, z.B. Meister und Büroleiter, welcher Entscheidungen der ihm übergelagerten Führungsebenen umzusetzen hat. Dabei beeinflusst er die Gruppe bzw. einzelne Gruppenmitglieder zielgerichtet unter Beachtung der jeweiligen Gruppensituation, um zu einem gemeinsamen Gruppenerfolg zu gelangen.

In der Praxis ist ein Trend zur Dezentralisierung von Aufgaben, Kompetenzen und Verantwortungsbereichen in untere Ebenen hinein festzustellen. Zur Aufgabenerfüllung werden dabei immer mehr **teamorientierte Konzepte** der Arbeitsorganisation eingesetzt. Sie zeichnen sich vor allem aus durch:

❑ Intensive Kommunikationsbeziehungen hochqualifizierter Mitarbeiter

❑ Weitreichende Delegation von Entscheidungsbefugnissen auf Einzelne.

Das Lower Management hat maßgeblichen Einfluss auf die Qualität und Sicherheit des Leistungsprozesses.

In den letzten Jahren wurden zahlreiche Führungskräfte insbesondere auf der mittleren Hierarchieebene durch den Trend zur Verschlankung der Organisationsstrukturen freigesetzt.

(1) Welche Konsequenzen können solche Maßnahmen für die Unternehmen haben?

(2) Welche Auswirkungen sind dabei für die untere Führungsebene und die ausführenden Mitarbeiter möglich?

Seite 234

1.3 Führungsaufgaben

Die Führung erfolgt in mehreren Führungs- bzw. Managementebenen. Nach **Tätigkeitsschwerpunkten** lassen sich unterscheiden (*Hopfenbeck, Olfert*):

Top Management = **Obere Führungsebene**	Beispiele: Vorstand Geschäftsführer	**Strategische Entscheidungen**
Middle Management = **Mittlere Führungsebene**	Beispiele: Werkleiter Abteilungsdirektor Hauptabteilungsleiter Abteilungsleiter	**Dispositive Entscheidungen** **Anordnungen**
Lower Management = **Untere Führungsebene**	Beispiele: Büroleiter Meister Gruppenleiter	**Operative Entscheidungen**

Eine klare **Abgrenzung von Führungs- und Ausführungsaufgaben** ist im Einzelfall oftmals schwierig. Jeder mit Führungsaufgaben betraute Mitarbeiter kann in einem Unternehmen leitende und ausführende Funktionen ausüben. Deren Verhältnis unterscheidet letztlich die einzelnen Führungsebenen voneinander.

Die durch das Lean Management verstärkte Delegation von Entscheidungsbefugnissen infolge einer zunehmenden Verflachung von Hierarchien hat bewirkt, dass Ausführende teilweise auch Führungsaufgaben wahrnehmen müssen und somit erheblich zum Erfolg des Unternehmens beitragen.

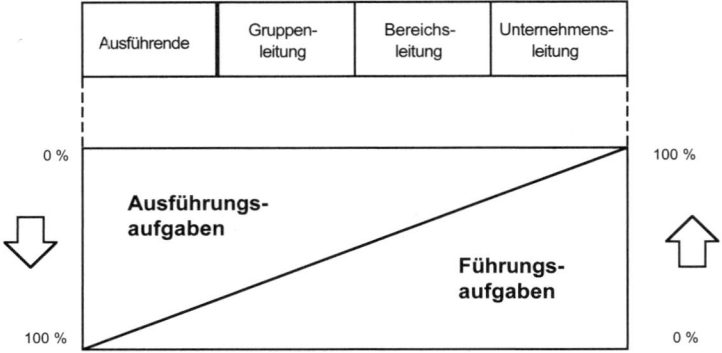

Es sollen die Führungsaufgaben der Führungsebenen betrachtet werden:

• **Unternehmensleitung**

• **Bereichsleitung**

• **Gruppenleitung**.

1.3.1 Unternehmensleitung

Die Unternehmensleitung befasst sich primär mit **strategischen** Aufgaben. Sie formuliert unternehmenspolitische Ziele bzw. Grundsätze und trifft Führungsentscheidungen. Zu ihrem **Aufgabenspektrum** zählen z.B. *(Rahn)*:

❑ **Grundsatzentscheidungen**

> ○ Existenz (z.B. Gründung, Fusion, Ausgliederung, Auflösung)
> ○ Ziele (z.B. Orientierung am Shareholder Value)
> ○ Strategien (z.B. Outsourcing von Geschäftsfeldern)
> ○ Organisationsstruktur (z.B. Schaffung einer Holding-Organisation)
> ○ Unternehmenskultur (z.B. Schaffung einer Corporate Identity)

❑ **Führungs-/Ausführungsentscheidungen**

> ○ Geschäftsführung (z.B. Akquisition eines Großauftrages)
> ○ Führungsstil (z.B. kooperativer Führungsstil)

❑ **Bereichsentscheidungen**

> ○ Finanzen (z.B. Investitionsentscheidungen)
> ○ Marketing (z.B. Niedrigpreispolitik)
> ○ Fertigung (z.B. Hoher Qualitätsstandard)

❑ **Abschlussentscheidungen**

> ○ Jahresabschluss (z.B. Bilanz, GuV-Rechnung, Anhang, Lagebericht)
> ○ Abschlussbericht (z.B. Abschreibungspolitik)
> ○ Berichterstattung (z.B. Aufsichtsrat)

❑ **Sonstige Entscheidungen**

> ○ Vertretung (z.B. Repräsentation nach außen)
> ○ Datenschutz (z.B. personenbezogener Datenschutz)
> ○ Entwicklung (z.B. Förderung qualifizierter Mitarbeiter)

Eine generalistisch geprägte Ausbildung der Unternehmensleitung fördert die Bewältigung ihrer anspruchsvollen und vielfältigen Aufgaben.

1.3.2 Bereichsleitung

Die Bereichsleitung hat die von der Unternehmensleitung vorgegebenen Führungsentscheidungen zu berücksichtigen. Ihr **Aufgabenspektrum** ist z.B.:

❑ **Materialbereich**

> ○ Kontaktpflege zu Lieferanten   ○ Sicherung der Materialqualität
> ○ Erhaltung der Lieferbereitschaft   ○ Sicherung der Wirtschaftlichkeit

❑ **Fertigungsbereich**

> ○ Einhaltung der Sicherheitsbestimmungen   ○ Kosten- und Qualitätsüberwachung
> ○ Gestaltung des Fertigungsprogrammes   ○ Sicherstellung der Termineinhaltung
> ○ Minimierung der Kapitalbindung   ○ Kostenreduzierung

❑ **Marketingbereich**

> ○ Steigerung der Umsatzerlöse   ○ Bestimmung der Absatzwege
> ○ Erhöhung der Marktanteile   ○ Gestaltung der Werbung und Öffentlichkeitsarbeit
> ○ Gestaltung der Produkte
> ○ Festlegung der Preise und Rabatte   ○ Festlegung der Servicepolitik

❑ **Personalbereich**

> ○ Senkung der Personalkosten   ○ Personalpolitik
> ○ Beschaffung des Personals   ○ Personalorganisation
> ○ Erhöhung der Arbeitsproduktivität   ○ Personaleinsatz
> ○ Personalbeurteilung   ○ Personalentwicklung

❑ **Finanzbereich**

○ Sicherstellung der Liquidität	○ Optimale Nutzung der
○ Verbesserung der Rentabilität	Zahlungsspielräume
○ Erhöhung des Kapitalumschlags	○ Minimierung der Kapitalkosten
○ Vornahme von	○ Durchführung des Zahlungs- bzw.
Investitionsrechnungen	Kreditverkehrs

❑ **Rechnungswesen**

○ Buchführung	○ Anhang
○ Bilanz	○ Kosten- und Leistungsrechnung
○ GuV-Rechnung	○ Steuerliche Fragen

❑ **Informationsbereich**

○ Verfügbarkeit aktueller	○ Integration der Datenverarbeitung
Informationen	○ Outsourcing der Datenverarbeitung
○ Einsatz geeigneter Datenträger	

❑ **Organisationsbereich**

○ Organisation von Projekten
○ Reibungslose Organisation des Aufbaus und der Prozesse im Unternehmen

Die Bereichsleitung sollte über bereichsspezifisches und bereichsübergreifendes Know-how verfügen, um die Belange der Unternehmensleitung sowie der Gruppenleitung berücksichtigen zu können.

1.3.3 Gruppenleitung

Die Gruppenleitung ist zumeist mit Planungs-, Organisations-, Steuerungs- und Führungsaufgaben betraut. Gruppenleiter müssen ein hohes Maß an Fachwissen besitzen. Zu ihren **Aufgaben** zählen z.B.:

❑ Führung und Förderung der Gruppenmitglieder
❑ Fällen und Umsetzung von Routineentscheidungen
❑ Ausführen von Entscheidungen übergeordneter Führungsebenen
❑ Aufrechterhaltung des Arbeitsflusses
❑ Beseitigung von Störungen des Arbeitsablaufes.

Da Gruppenleiter vielfach aus der »ausführenden Ebene« stammen, können sich in der Praxis mitunter **Konflikte** mit ehemaligen Kollegen ergeben, die erteilten Weisungen nicht ohne weiteres gerecht werden.

Im Zuge des Globalisierungsprozesses stehen die Unternehmen vor gravierenden Herausforderungen. Die Unternehmensleitungen haben dementsprechend in jüngerer Zeit vielfältige Entscheidungen zu treffen, um sich im Wettbewerb zu behaupten.

Nennen Sie Beispiele für typische strategische Entscheidungen der Unternehmensleitungen in diesem Zusammenhang! Seite 235

2. Funktionale Unternehmensführung

Die funktionale Unternehmensführung kann grundsätzlich sachbezogen und personenbezogen ausgerichtet sein:

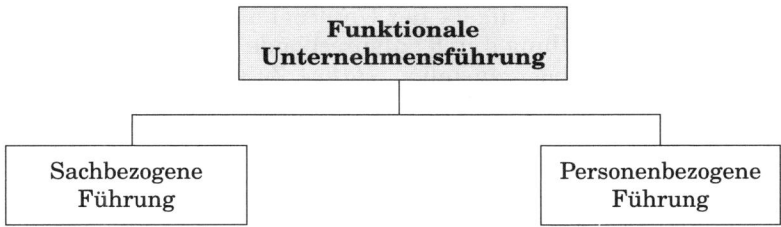

2.1 Sachbezogene Führung

Innerhalb der sachbezogenen Führung sollen unterschieden werden:

- **Führungsprozess**
- **Führungsinstrumente**.

2.1.1 Führungsprozess

Die sachbezogene Führung ist am Führungsprozess ausgerichtet. Er zeigt den zeitlichen Ablauf des Zustandekommens betrieblicher Entscheidungen und stellt die Abfolge der zweckgerichteten Beeinflussung der Unternehmensaktivitäten dar. Der Führungsprozess wird auch als **Managementprozess** bezeichnet. Er umfasst:

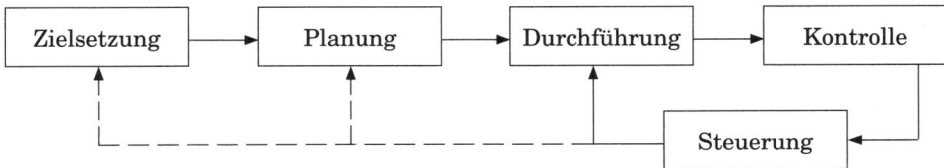

Zielsetzung und Planung haben den Charakter von Vorgaben für die Durchführung. Die Kontrolle überprüft, ob diese Vorgaben eingehalten wurden. Stimmen Plan-Daten und Ist-Daten nicht überein, sollten **Steuerungsmaßnahmen** eingeleitet werden. Diese beziehen sich in erster Linie auf die Durchführung, sie können jedoch auch Veränderungen der Zielsetzungen oder der Planansätze – etwa bei unrealistischen Planvorgaben – zur Folge haben.

2.1.1.1 Zielsetzung

Ziele beschreiben als Ausgangspunkte des Führungsprozesses erwünschte zukünftige Zustände, die das Unternehmen zu erreichen bestrebt ist. Mit ihnen erhält das Unternehmen bzw. die darin tätigen Personen eine Orientierung sowie eine Grundlage für die Planung, Steuerung und Kontrolle wirtschaftlicher Prozesse.

Deshalb besteht eine wichtige Aufgabe der Unternehmensführung darin, Ziele zu formulieren und deren Erfüllung durch entsprechende Koordination und Integration der Führungsprozesse sicherzustellen *(Hahn)*. Zu unterscheiden sind:

* **Merkmale**
* **Arten**
* **Zielbildungsprozess**.

2.1.1.1.1 Merkmale

Die geeignete Formulierung der Ziele ist von besonderer Bedeutung. Erfolgt sie nicht angemessen, besteht die Gefahr, dass der Führungsprozess zu unbefriedigenden Ergebnissen führt. Deshalb sollte geachtet werden auf:

❏ Die **Eindeutigkeit** der Ziele, die folgende **Dimensionen** aufweisen:

Inhalt	Hier ist die sachliche Zieldimension festzulegen, z.B. als Steigerung des Gewinnes, Senkung der Fluktuation, Auslastung der Fertigungsanlagen, Reduzierung der Materialgemeinkosten.
Ausmaß	Es gibt das Ausmaß der Zielerreichung an, z.B. als Ertragssteigerung um 5 % oder Erhöhung des Servicegrades auf 75 %.
Zeitbezug	Er zeigt den Realisierungszeitraum, z.B. als zweites Halbjahr 2010 oder das Jahr 2010 insgesamt.

❏ Die **Operationalität** der Ziele, d.h. ihre Messbarkeit. Wenn z.B. ein »deutlicher Gewinnzuwachs« als Ziel für das kommende Jahr genannt wird, ist dies nicht messbar. Jeder kann unter »deutlich« etwas anderes verstehen, sodass weder vernünftig zu planen noch zu kontrollieren und zu steuern ist.

❑ Schließlich sollten die Ziele zur Leistung **motivieren**. Dies gelingt mit ungenau formulierten Zielen ebenso wenig wie mit Zielen, die von vornherein auch bei größten Anstrengungen als nicht erreichbar erkannt werden.

2.1.1.1.2 Arten

Die von Unternehmen angestrebten Ziele können sehr verschiedenartig sein. Sie lassen sich nach mehreren **Kriterien** unterscheiden. Dazu zählen:

❑ Der **Formalisierungsgrad** der Ziele

Formalziele	Sie beziehen sich nicht auf den Prozess der Leistungserstellung, sondern auf die Art und Weise des betrieblichen Handelns, und dienen der Ableitung von Verhaltensmaximen.
Sachziele	Sie dienen zur Realisierung der Formalziele und sind auf die Leistungen der einzelnen Funktionsbereiche ausgerichtet. Oft gibt es mehrere Alternativen.

❑ Die unterschiedliche **Bedeutung** der Ziele

Hauptziele	Sie haben große Bedeutung für die Grundsatzplanung und die strategische Planung. Deshalb erfolgt ihre Festlegung durch das **Top Management**, z.B. als Corporate Identity, Beibehaltung der Unabhängigkeit, Terminziele oder Qualitätsziele.
Nebenziele	Sie weisen eine geringere Bedeutung auf. Über sie entscheidet das **Middle** bzw. das **Lower Management**, z.B. im Hinblick auf Kostenreduzierung im Materialbereich, die Einstellung von Schreibkräften oder die Lagerdauer in einem Zwischenlager.

❑ Die hierarchische **Beziehung** der Ziele

Oberziele	Sie werden – zumeist relativ global – vom **Top Management** formuliert und können **Formalziele** oder **Sachziele** sein, z.B. als Gewinnerhöhung oder Liquiditätssicherung. I.d.R. sind aus ihnen keine konkreten Handlungsanweisungen für die Mitarbeiter der nachfolgenden Hierarchieebenen zu entnehmen.
Unterziele	Sie werden zumeist vom **Middle Management** aus den Oberzielen abgeleitet und stellen konkrete Handlungsanweisungen an das **Lower Management** oder **Ausführende** dar. Daher können sie nur **Sachziele** sein, z.B. eine hohe Lieferbereitschaft oder Materialqualität, eine minimale Kapitalbindung.

❑ Die unterschiedliche **Ausrichtung** der Ziele

Monetäre Ziele	Sie lassen sich in Geldeinheiten erfassen und messen als: ○ **Marktleistungsziele**, z.B. als Umsatzsteigerung, Ertragssteigerung, Kostensenkung ○ **Rentabilitätsziele**, z.B. als Erhöhung von Gewinn, Umsatz-, Eigenkapital-, Gesamtkapitalrentabilität ○ **Finanzwirtschaftliche Ziele**, z.B. als Liquiditäts-, Kapitalstrukturverbesserung, Kapitalkostensenkung
Nicht-monetäre Ziele	Sie sind nicht bzw. nur indirekt in Geldgrößen zu bestimmen als: ○ **Ökonomische Ziele**, z.B. Marktanteilsvergrößerung, Qualitätsverbesserung, Serviceverbesserung ○ **Soziale Ziele**, z.B. als soziale Sicherheit, Arbeitszufriedenheit, soziale Integration ○ **Macht-/Prestigeziele**, z.B. als Unabhängigkeit, politischer Einfluss, gesellschaftlicher Einfluss

❑ Die unterschiedliche **Fristigkeit** der Ziele

Langfristige Ziele	Sie umfassen einen Zeitraum von **über vier bzw. fünf Jahren** und sind für die langfristige bzw. strategische Planung grundlegend.
Mittelfristige Ziele	Sie gelten für einen Zeitraum von **mehr als einem bis zu vier bzw. fünf Jahren** und sind für die mittelfristige bzw. taktische Planung von Bedeutung.
Kurzfristige Ziele	Sie umfassen einen Zeitraum von **bis zu einem Jahr**, sind stark am aktuellen Geschehen ausgerichtet und der kurzfristigen bzw. operativen Planung zuzurechnen.

❑ Der unterschiedliche **Zusammenhang** der Ziele

Komplementäre Ziele	Bei ihnen wirken Maßnahmen zur Erreichung eines Zieles sich positiv auf die Förderung bzw. Erreichung eines anderen Zieles aus. Die Senkung der Kosten im Materialbereich führt bei konstanten Umsätzen z.B. zu einer Steigerung des Gewinnes.	

Konkurrierende Ziele	Maßnahmen zur Erreichung eines Zieles haben negative Konsequenzen für die Erreichung des Zielerreichungsgrades bei einem anderen Ziel. Wenn z.B. eine Personalkostenreduzierung angestrebt ist, können nicht gleichzeitig neue Mitarbeiter eingestellt werden.	Ziel 1 ↑ → Ziel 2
Indifferente Ziele	Die Erfüllung eines Zieles verhält sich neutral auf den Zielerreichungsgrad eines anderen Zieles, was aber praktisch von geringerer Bedeutung ist. Die Senkung der Kosten für den Fuhrpark und die Verbesserung des Werkschutzes sind z.B. völlig unabhängig voneinander.	Ziel 1 ↑ → Ziel 2

In der Praxis machen **Zielkonflikte** es erforderlich, Prioritäten zu setzen. Konfliktfreie Zielhierarchien gibt es im Wesentlichen nicht.

❑ Die verschiedenen **Anspruchsgruppen** des Unternehmens

Eigenkapitalgeber	Gewinn, Ausschüttung, Thesaurierung, Vermögenssicherung, Vermögensmehrung, politische und wirtschaftliche Macht
Unternehmensleitung	Wahrung der Handlungsfreiräume, Ausweitung des Verantwortungsbereiches und Betätigungsfeldes, soziales Prestige
Arbeitnehmer	Einkommen, Arbeitsplatzsicherheit, humane Arbeitsbedingungen, Weiterbildung, Mitbestimmung
Fremdkapitalgeber	Risikogerechte Renditen, Sicherung der Kredittilgung, Steigerung des Unternehmenswertes, künftige Kreditgeschäfte
Konkurrenten	Faires Wettbewerbsverhalten, Kooperationsmöglichkeiten, kein Preiskampf, keine aggressive Marktverdrängungsstrategie
Staat und Gesellschaft	Einnahmen von Steuern und Abgaben, Abbau der Arbeitslosigkeit, umwelt- und rohstoffschonende Techniken

Aufgrund der aufgezeigten Verschiedenartigkeiten von Zielen ist es verständlich, dass eine Zielbildung im Unternehmen oftmals recht schwierig ist.

Ziele sind für ein Unternehmen von grundlegender Bedeutung.

(1) Warum sind die Ziele der wichtigste Bestandteil des Führungsprozesses?

(2) Als Formalziel gilt für ein Unternehmen, im kommenden Jahr
100 Millionen € Umsatz zu erzielen. Wie könnte das Sachziel
dazu formuliert sein?

(3) In der Praxis kommen Zielkonflikte häufig vor. Beschreiben Sie
typische Zielkonflikte im Finanzbereich und im Marketingbereich!

(4) Verhandlungen zwischen Geschäftspartnern dienen in der Praxis
auch dazu, Ziele durchzusetzen. Welche Ziele können Abnehmer
und Lieferanten verfolgen?

Seite
235

2.1.1.1.3 Zielbildungsprozess

Ziele können durch die Unternehmensleitung bzw. durch die jeweiligen Vorgesetzten vorgegeben oder unter Mitwirkung der Mitarbeiter vereinbart werden. Grundsätzlich ist die Festlegung der Ziele »**von oben nach unten**« oder »**von unten
nach oben**« sowie im Gegenstromverfahren möglich:

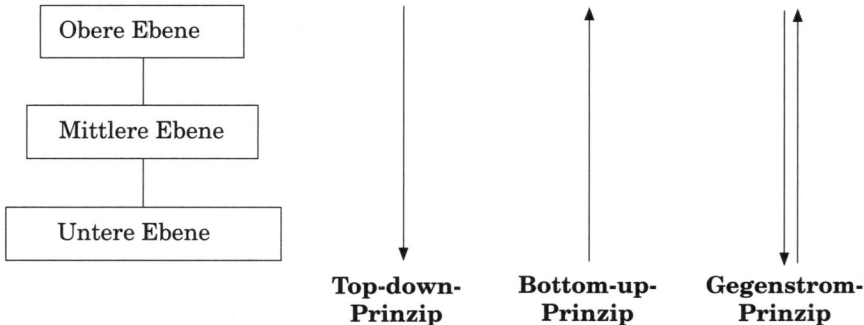

Die verschiedenen Aktivitäten innerhalb des Zielbildungsprozesses werden auf
den einzelnen Führungsebenen durchgeführt, was eine **Mehrstufigkeit der Zielbildung** bewirkt. Dabei wird unter den einzelnen anwendbaren Prinzipien verstanden (*Hopfenbeck*):

❏ Beim **Top-down-Prinzip** erfolgt die Zielbildung retrograd, d.h. von »oben nach
unten«. Es geht von einer auf der oberen Führungsebene vorgenommenen Zielformulierung aus. Die Unternehmensleitung informiert die nachgelagerten
Ebenen über verbindliche Zielansätze. Diese konkretisieren die Vorgaben sukzessive in Teilpläne.

Vorteile	Nachteile
○ Hohe Übereinstimmung zwischen dem Oberziel des Unternehmens und den Zielen auf den verschiedenen Hierarchieebenen ○ Zentralisierung der Zielsetzungskompetenz ○ Nur geringe zeit- und kostenintensive Koordierungsprobleme	○ Hoher Informationsbedarf ○ Teilziele vertikal schwer integrierbar ○ Zielformulierung nur relativ problemlos planbarer Geschehnisse ○ Geringe Beteiligung nachfolgender Ebenen am Zielsetzungsprozess ○ Gefahr der Demotivation nachgeordneter Hierarchieebenen

❑ Beim **Bottom-up-Prinzip** geschieht die Zielbildung progressiv, d. h. von »unten nach oben«. Hier steht die Realisierbarkeit der untergeordneten Teilziele im Vordergrund. Die unteren Ebenen entwickeln Teilziele, die schrittweise auf jeweils übergeordneten Ebenen zu einem integrierten Rahmenplan für das Unternehmen zusammengefasst werden.

Vorteile	Nachteile
○ Höhere Motivation der Beteiligten ○ Hohe Identifikation mit den Zielinhalten ○ Hohes Maß an vertikaler Integration der Teilziele ○ Mitwirkung aller Beteiligten möglich	○ Keine ganzheitliche Erfassung des Zielsetzungsproblems ○ Problem der Unterdrückung von Zielen/Maßnahmen ○ Anpassung auf unterstes gemeinsames Zielniveau ○ Hoher Zeitaufwand für Abstimmungsprobleme

❑ Das **Gegenstromverfahren** (»down up«) stellt eine Mischform zwischen dem Top-down-Prinzip und dem Bottom-up-Prinzip dar, wobei deren jeweilige Nachteile vermieden werden sollen. Die Unternehmensleitung legt ein vorläufig gültiges Rahmenziel vor. Aus ihm werden auf den nachfolgenden Hierarchieebenen vorläufige Teilziele abgeleitet, zunehmend konkretisiert und detailliert.

Von der unteren Ebene erfolgt dann bis zur oberen Ebene eine Überprüfung bzw. Korrektur der Zielvorgaben. Die für alle Beteiligten verbindliche Zielsetzung wird ggf. erst nach mehreren Zyklen verabschiedet.

Vorteile	Nachteile
○ Hohe Motivation durch Mitgestaltung am Zielsetzungsprozess ○ Integration der Ziele jeweils untergeordneter Hierarchieebenen ○ Kombination der Vorteile von Top-down-Prinzip und Bottom-up-Prinzip	○ Hoher Zeitaufwand für Kommunikation und Abstimmung ○ Probleme der Zuständigkeit bei unterschiedlichen Interessen der Mitarbeiter

Der Zielbildungsprozess lässt sich in verschiedene **Phasen** unterteilen:

Zielsuche	Dabei können Kreativitätstechniken helfen.

⇓

Zielabstimmung	Es werden die Zielbeziehungen festgelegt.

⇓

Zielentscheidung	Das Top Management bestimmt die anzustrebenden Ziele.

⇓

Zielformulierung	Die Ziele werden operationalisert und festgehalten.

⇓

Zieldurchsetzung	Sie geht von der Unternehmensleitung aus.

⇓

Zielkontrolle	Die realisierten und geplanten Ziele werden miteinander verglichen.

2.1.1.2 Planung

Die Planung stellt eine Kernfunktion des Führungsprozesses dar, die alle Funktionsbereiche zu umfassen hat. Als **Führungsmittel** wird sie eingesetzt, um die Erreichung der gesetzten Ziele zu bewirken. Sie dient insbesondere dazu, den Prozess der Leistungserstellung und Leistungsverwertung wirtschaftlich zu gestalten.

Die in den letzten Jahren deutlich gestiegene Komplexität und Dynamik sowohl der Unternehmen als auch ihrer Umwelt haben zu einer erheblichen Erschwerung der Planung beigetragen (*Ehrmann*). **Grundlagen** der Planung sind:

❑ Die **Ziele** des Unternehmens, die realisiert werden sollen.

❑ **Informationen** (vergangenheits-, gegenwarts-, zukunftsbezogen)

❑ **Prognosen** als Aussagen über wahrscheinliche zukünftige Entwicklungen, Ereignisse, Tatbestände, Zustände und Verhaltensweisen mithilfe von Prognosetechniken. Sie sind notwendig, da das Grundproblem der Planung in der Ungewissheit zu sehen ist, d.h. in der mangelnden Vorausbestimmbarkeit bzw. Vorhersehbarkeit künftiger Gegebenheiten.

Die Planung bewirkt eine Vielzahl **positiver Effekte**, z. B.:

☐ Die Erkennung und Strukturierung betrieblicher Problemfelder
☐ Die Notwendigkeit zu wirtschaftlichem Handeln
☐ Ganzheitliche Sichtweise im Sinne einer Integration aller Teilprozesse
☐ Die Identifikation der Arbeitnehmer mit dem Unternehmen
☐ Die Möglichkeit schneller Reaktion auf neue Situationen.

Es ist aber auch möglich, dass die Planung zu **Problemen** führt. Das kann bei nicht realisierbaren Zielen bzw. Prämissen, der Verwendung falscher Planansätze sowie der Planung von an sich quantitativ »Nicht-Planbarem« geschehen.

Das Ergebnis der Planung sind **Pläne**, welche die gegenwärtige gedankliche Vorwegnahme wirtschaftlichen Handelns in der Zukunft dokumentieren. Es gibt:

• **Arten**

• **Planungsgrundsätze**

• **Planungsprinzipien**

• **Planungsprozess**.

2.1.1.2.1 Arten

Die durch die Planung bewirkten Pläne sind vielfältiger Art. Dazu zählen:

☐ Nach dem unterschiedlichen **Zeitbezug** der Pläne

Langfristige Pläne	Sie orientieren sich an einem Zeitraum von **mehr als vier bzw. fünf Jahren** und sind relativ global bzw. wenig detailliert, da sie zumeist mit erheblicher Ungewissheit verbunden sind. Vielfach sind sie **strategische Pläne**, für deren Festlegung die obere Führungsebene als zentrale Planungsautorität verantwortlich ist.
Mittelfristige Pläne	Sie umfassen einen Zeitraum, der zwischen **mehr als einem und vier bzw. fünf Jahren** liegt. Aufgrund der geringeren Ungewissheit können diese Pläne feiner und detaillierter als langfristige Pläne sein. Sie entsprechen als das Bindeglied zwischen den strategischen und operativen Plänen den **taktischen Plänen**. Ihre Erstellung geschieht auf der mittleren Führungsebene.
Kurzfristige Pläne	Sie sind auf den Zeitraum **bis zu einem Jahr** ausgelegt und lassen sich relativ detailliert bzw. präzise darstellen. Als **operative Pläne** stellen sie i.d.R. Ziel- und Maßnahmenpläne dar, mit welchen die Vorgaben der taktischen Pläne von der unteren und vereinzelt auch der mittleren Führungsebene umgesetzt werden.

❑ Nach dem unterschiedlichen **Umfang** der Pläne

Teilpläne	Sie sind insbesondere auf die einzelnen Funktionsbereiche des Unternehmens ausgerichtet, z.B. als Materialpläne, Fertigungspläne, Absatzpläne, Personalpläne, Finanzpläne.
Gesamtpläne	Sie integrieren alle Bereiche des Unternehmens, wobei eine gegenseitige, sach- und zeitbezogene Abstimmung sämtlicher Pläne erfolgen sollte. Ihre **Erstellung** kann sich vollziehen: ○ Bei **sukzessiver Planung** wird zunächst von einem Teilplan ausgegangen, i.d.R. vom **Absatzplan**, aus dem die Zahl voraussichtlich am Markt verwertbarer Produkte zu entnehmen ist. Im nächsten Schritt werden alle weiteren Teilpläne daraus entwickelt. Sie richten sich am Absatzplan aus, sofern keine anderweitige Engpasssituation vorliegt. Für den Fall eines **Engpasses**, z.B. im finanz- oder fertigungswirtschaftlichen Bereich, ist vom Plan des Engpassbereiches auszugehen. ○ Bei **simultaner Planung** wird der gesamte betriebliche Planungsprozess in Form eines Gleichungssystems dargestellt und unter Beachtung von Nebenbedingungen optimiert.

❑ Nach der **Verbindlichkeit** der Pläne

Pläne mit Prognosecharakter	Sie sollen über zukünftige Entwicklungen informieren, die sich voraussichtlich ergeben werden, z.B. eine weitere Verschärfung von Umweltauflagen durch den Gesetzgeber.
Pläne mit Vorgabecharakter	Sie sind durch die Entscheidungsträger zu beachten, z.B. dürfen vorgegebene Ausgaben nicht über- bzw. vorgegebene Einnahmen nicht unterschritten werden.

❑ Nach der **Sicherheit** der Pläne

Pläne unter Sicherheit	Da vollkommene Information und Voraussicht vorliegt, besteht nur eine Alternative, was praktisch jedoch unrealistisch ist.
Pläne unter Unsicherheit	Es gibt Alternativen, deren Eintrittswahrscheinlichkeiten aber weder bekannt noch objektiv ermittelbar sind.

Pläne sind schriftlich festzuhalten bzw. zu dokumentieren, damit im Zuge eines Soll-Ist-Vergleiches eine Planrevision erfolgen kann.

Die Begriffe »taktisch« und »operativ« werden vielfach nicht einheitlich verwendet. So kann unter taktischer Planung die oben als operative Planung beschriebene Planung verstanden werden und umgekehrt.

Zeigen Sie, wie die einzelnen Pläne miteinander verbunden sind.
Ergänzen Sie dazu das Schaubild um die folgenden Pläne:

Ausgabenplan, Anlagenbeschaffungsplan, EDV-Plan, Einnahmen-
plan, Erlösplan, Erfolgsplan, Fertigungsplan, Forschungs- und Ent-
wicklungsplan, Finanzplan, Kostenplan, Marketingplan, Material-
beschaffungsplan, Personalplan.

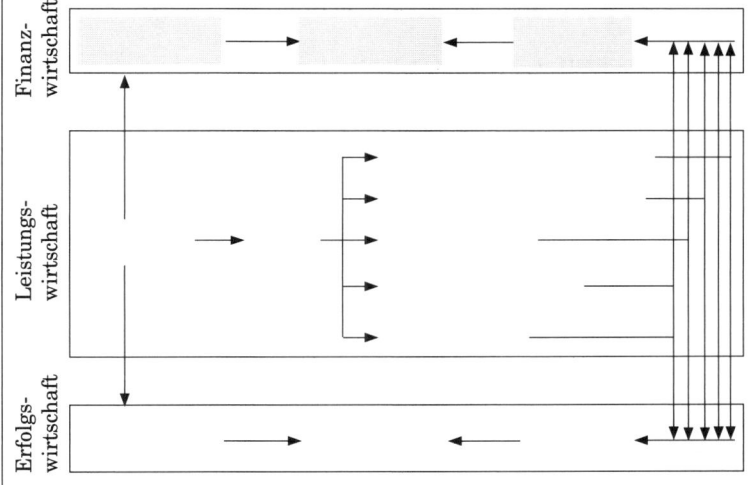

Seite 236

2.1.1.2.2 Planungsgrundsätze

Da die Planung in vielfältiger Weise erfolgen kann, müssen Regelungen geschaffen werden, die den betrieblichen Interessen entsprechen. Häufig werden sie als
Grundsätze der Planung dargestellt (*Ehrmann*). Zu ihnen zählen vor allem:

❑ Der **Grundsatz der Vollständigkeit**, der sich auf die Planungsbreite bezieht.
   Danach sollen möglichst alle wichtigen unternehmensinternen und unterneh-
   mensexternen Gegebenheiten in der Planung berücksichtigt werden.

❑ Der **Grundsatz der Hierarchie**, nach dem eine Planung gefordert wird, die
   sich auf sämtliche Führungsebenen bezieht, also Top Management, Middle Management und Lower Management.

❑ Der **Grundsatz der Genauigkeit**, mit dem eine dem jeweiligen Planungs-
   zweck gerecht werdende Genauigkeit der Planung erzielt werden soll. Es ist
   nicht grundsätzlich eine größtmögliche Genauigkeit anzustreben.

❑ Der **Grundsatz der Elastizität**, der eine Planung verlangt, die flexibel ist und
   sich Veränderungen (Unternehmen, Umwelt) anpassen kann, z.B. durch:

○ Berücksichtigung von Planungsreserven
○ Entwicklung von Alternativenplänen
○ Laufende Durchführung von Soll-Ist-Vergleichen
○ Verzögerung endgültiger Entscheidungen auf spätestmögliche Termine

❑ Der **Grundsatz der Verbindlichkeit**, der eine Planung verlangt, die Aktivitäten zuordnet, Abläufe festschreibt und deren Vorgaben für die Mitarbeiter verpflichtend sind, sie aber auch zur Zielerreichung motiviert.

❑ Der **Grundsatz der Wirtschaftlichkeit**, der auf ein angemessenes Verhältnis zwischen Planungsertrag und Planungsaufwand abstellt. Er steht, wie leicht zu erkennen ist, dabei allen übrigen Grundsätzen entgegen.

2.1.1.2.3 Planungsprinzipien

Die verschiedenen Aktivitäten in innerhalb des Planungsprozesses werden arbeitsteilig auf den einzelnen Führungsebenen durchgeführt, was eine **Mehrstufigkeit der Planung** bewirkt. Wie bereits bei der Zielsetzung beschrieben, kann auch die Planung nach verschiedenen Prinzipien erfolgen:

❑ **Top-down-Prinzip**
❑ **Bottom-up-Prinzip**
❑ **Gegenstromverfahren**.

Die dortigen Ausführungen gelten für die Planung entsprechend.

2.1.1.2.4 Planungsprozess

Die Planung erfolgt in einem bestimmten **prozessualen Ablauf**. Sie sollte sich auf alle Aktivitäten, Funktionsbereiche und alle hierarchischen Ebenen des Unternehmens beziehen, wobei die jeweils zweckgerichtet geeigneten Pläne zu verwenden sind, z. B. strategische, taktische, operative Pläne.

Der prozessuale Ablauf der Planung umfasst mehrere **Phasen** (*Olfert*):

❑ Die **Anregungsphase**, in der Informationen zu beschaffen, das Problem zu bestimmen und seine Klärung mittels einer Ursachenanalyse vorzunehmen ist:

○ Erkennung des Problems
○ Analyse der Ausgangssituation
○ Ermittlung/Beachtung der Unternehmensziele
○ Festlegung/Präzisierung der Entscheidungsaufgabe

❑ Die **Suchphase**, die zur Vorbereitung der Entscheidung dient und z.B. aus folgenden Maßnahmen besteht:

> ○ Festlegung der Entscheidungskriterien
> ○ Suche/inhaltliche Präzisierung alternativer Lösungsansätze
> ○ Ermittlung der Auswirkungen alternativer Lösungen
> ○ Bewertung der Auswirkungen alternativer Lösungen

❑ Die **Entscheidungsphase**, in welche die Erkenntnisse der Suchphase einfließen. Sie bildet den Abschluss des Planungsprozesses als:

> ○ Bewertung der Lösungsansätze anhand von Kriterien
> ○ Aufstellung einer Prioritätenskala der Lösungsansätze
> ○ Auswahl des Lösungsansatzes mit dem höchsten Zielerreichungsgrad

Der Planung schließen sich die Durchführung, Kontrolle und Steuerung an.

Ein mittelständiges, inhabergeführtes Unternehmen, in dem ein autoritärer Führungsstil praktiziert wird, steht erstmals vor der Aufgabe, ein Planungssystem zu installieren. Als Planungsprinzipien können Top-down-Prinzip, Bottom-up-Prinzip und Gegenstromverfahren gewählt werden.

(1) Welches Planungsprinzip wird hier zunächst Anwendung finden und warum?

(2) Geben Sie eine Empfehlung ab, welches Planungsprinzip mittelfristig angestrebt werden sollte!

Seite 236

2.1.1.3 Durchführung

In der Durchführungsphase werden die geplanten Maßnahmen realisiert. Dabei gilt es, verschiedene Aspekte zu berücksichtigen:

• **Realisierungsebenen**

• **Realisierungsfunktionen**

• **Realisierungsstörungen**.

2.1.1.3.1 Realisierungsebenen

Die Realisierung der Planung vollzieht sich auf allen Ebenen des Unternehmens:

❑ Das **Top Management** legt die langfristigen Unternehmensziele fest und setzt sie in bereichsübergreifende und bereichsspezifische Strategien um.

❑ Dem **Middle Management** und dem **Lower Management** obliegt es dafür zu sorgen, dass die von der oberen Führungsebene vorgegebenen Ziele und Pläne in konkrete betriebliche Maßnahmen übergeleitet werden.

❑ Die **Ausführungsebene**, die keine Leitungsfunktion besitzt, hat die Pläne auszuführen. Dabei sind z.B. als Aufgaben zu erledigen:

Material-bereich	○ Angebote einholen ○ Warenproben entnehmen	○ Warenannahme durchführen ○ Waren einlagern
Marketing-bereich	○ Kunden gewinnen ○ Kundenaufträge bearbeiten	○ Werbung durchführen ○ Marktstudien erstellen
Finanz-bereich	○ Zahlungsmittel-Eingänge sicherstellen ○ Zahlungsausgänge bearbeiten	○ Investitionsrechnungen durchführen ○ Finanzplan erstellen

2.1.1.3.2 Realisierungsfunktionen

Führungskräfte aller Hierarchieebenen können verschiedene Funktionen wahrnehmen, um die ihrer Tätigkeit zu Grunde liegenden Pläne zu realisieren. Dies können sach- und personenbezogene **Maßnahmen** sein:

❑ Die **Steuerung**, um zielorientiertes Verhalten der Mitarbeiter zu erreichen, z.B. indem Kritik, Tadel, Lob, Anerkennung ausgesprochen wird.

❑ Die **Information** der Mitarbeiter, die Voraussetzung für den von den Führungskräften angestrebten Führungserfolg ist.

❑ Die **Kommunikation**, die innerhalb der Führungskräfte und Mitarbeiter sowie zwischen den Führungs- und Ausführungsebenen geschehen sollte.

❑ Die **Beurteilung** der Mitarbeiter, die dadurch »feed back« über ihre Leistung erhalten und somit wissen, wo sie leistungsmäßig stehen.

❑ Die **Innovation**, die z.B. durch den Einsatz von Qualitätszirkeln, die Einrichtung eines betrieblichen Vorschlagswesens oder die funktionsübergreifende Zusammenarbeit von Gruppen gefördert werden kann.

❑ Die **Motivation** der Mitarbeiter, die über monetäre und nicht-monetäre Anreize beeinflusst werden kann, z.B. mehr Lohn, anspruchsvollere Aufgaben.

❑ Die **Kooperation** mit den Mitarbeitern, die einen kooperativen Führungsstil voraussetzt.

2.1.1.3.3 Realisierungsstörungen

In den einzelnen betrieblichen Bereichen und Führungsebenen kann es zu Störungen bei der Durchführung der Arbeitsaufgaben kommen:

❑ **Bereichsbezogene Störungen** sind z. B.:

Fertigungs-bereich	○ Ausfall von Produktionsanlagen ○ Minderwertige Rohstoffe	○ Lieferverzögerungen ○ Produktionsausfall wegen ungeplanter Reparaturarbeiten
Marketing-bereich	○ Fehlgeschlagene Werbemaßnahmen ○ Umsatzrückgang	○ Falsche Markteinschätzung ○ Ausfall der EDV im Call Center
Personal-bereich	○ Überforderte Mitarbeiter ○ Fehlzeiten von Mitarbeitern	○ Fluktuation von Mitarbeitern ○ Mobbing

❑ **Führungsbezogene Störungen** können z. B. sein:

Top Management	○ Beeinträchtigung des Gewinnmaximierungszieles durch Erhöhung der Materialkosten ohne Preisanhebung
Middle Management	○ Negative Auswirkung von Absatzstagnation ohne stärkere Werbeanstrengungen auf eine geplante Umsatzerhöhung
Lower Management	○ Erhöhte Fluktuation von qualifizierten Mitarbeitern durch Mobbing ggf. mit Produktionsausfällen als Folge

Die Führungskräfte müssen Realisierungsstörungen möglichst frühzeitig erkennen und geeignete sachbezogene und/oder personenbezogene Maßnahmen einleiten, die zur Erfüllung der Planvorgaben geeignet sind.

2.1.1.4 Kontrolle

Die Kontrolle ist ein Vorgang der personen-, sach- und zeitbezogenen Gewinnung von Informationen, der sich der Aus- bzw. Durchführung anschließt. Es gibt:

• **Arten**

• **Kontrollprozess**.

2.1.1.4.1 Arten

Die Kontrolle kann auf mehrere Arten erfolgen. Für die Führung bedeutsam sind:

❑ Nach dem **Objekt** der Kontrolle

Ergebnis-kontrolle	Bei ihr wird geprüft, ob bzw. in welchem Umfang ein geplantes Ergebnis eingetreten ist, ohne dass festgestellt wird, wie dies erreicht wurde.
Verfahrens-kontrolle	Sie bezieht sich auf den Vergleich des geplanten Arbeitsverfahrens mit dem tatsächlich angewendeten Arbeitsverfahren sowie auf das Arbeitsverhalten der Mitarbeiter.

❑ Nach dem **Träger** der Kontrolle

Selbst-kontrolle	Hier nimmt der für die Ausführung der Tätigkeit verantwortliche Mitarbeiter auch die Kontrolle vor. Das setzt entsprechendes Verantwortungsbewusstsein des Mitarbeiters voraus.
Fremd-kontrolle	Die Kontrolle wird durch nicht an der Ausführung der Tätigkeit beteiligte Mitarbeiter oder Einrichtungen vorgenommen. Sie vermeidet Selbsttäuschungen und dient der Objektivierung.

❑ Nach dem **Umfang** der Kontrolle

Gesamt-kontrolle	Dabei werden alle geplanten Tätigkeiten bestimmter Art kontrolliert, z. B. indem alle hergestellten Teile auf ihre Qualität hin überprüft werden.
Stichproben-kontrolle	Sie bezieht sich lediglich auf bestimmte, meist zufällig ausgewählte Teile der geplanten Tätigkeiten, z. B. jedes 50. gefertigte Teil.

Die Kontrolle kann auch strategisch, taktisch oder operativ sein – siehe Kapitel B.

2.1.1.4.2 Kontrollprozess

Die Durchführung der Kontrolle geschieht in zwei **Phasen**:

Überwachung	Sie ist eher vergangenheitsbezogen, indem sie Daten erfasst, diese mit Ziel- bzw. Plandaten vergleicht und die Differenzen ermittelt. Dadurch wird deutlich gemacht, inwieweit die vorgegebenen Daten erreicht wurden.

⇩

Untersuchung	Sie ist vergangenheits- bis zukunftsbezogen, wobei sie aufgetretene Soll-Ist-Abweichungen analysiert, um die Ursachen für die Abweichungen zu ermitteln. Ihre Ergebnisse können eine Ziel- bzw. Plankorrektur bewirken und/oder Steuerungsmaßnahmen auslösen.

Damit ist zu erkennen, dass die Kontrolle nicht nur eine Feststellungs- und Vergleichsfunktion, sondern auch eine Aufdeckungs- und Erklärungsfunktion hat. Sie vermittelt zudem Informationen, die für die Zukunft nützlich bzw. bedeutsam sind.

2.1.1.5 Steuerung

Die Steuerung dient der Erreichung betrieblicher Ziele oder Pläne. Sie wird wirksam, wenn deren Vorgaben nicht realisiert wurden bzw. erkennbar wird, dass sie keine Realisierung erfahren werden. Entsprechend lassen sich unterscheiden:

❑ Die **Vorsteuerung**, die inputbezogen und zukunftsorientiert ist. Sie erfolgt bereits vor dem eigentlichen Eintritt der Störung.

   Beispiel: Ein Projekt ist am 31.12. abzuschließen. Da die voraussichtlich anfallenden Fehlzeiten, die eine Grundlage für die Mitarbeiterausstattung des Projektes waren, in diesem Winter aber deutlich höher liegen als in den vergangenen Jahren, werden ab 01.10. zwei weitere Mitarbeiter für den fristgerechten Abschluss des Projektes freigestellt.

❑ Die **Nachsteuerung**, die outputbezogen und vergangenheitsorientiert ist. Sie basiert darauf, dass Planwerte als Sollwerte und tatsächlich eingetretene Werte als Istwerte voneinander abweichen.

   Beispiel: Am 31.12. wird festgestellt, dass das Projekt trotz aller Anstrengungen der Mitarbeiter doch nicht abgeschlossen werden kann. Erst jetzt werden Mitarbeiter zur Verstärkung abgestellt und ggf. bestimmte Aufgaben an Dritte übertragen, z.B. an freie Mitarbeiter, um wenigstens bis zum 31.03. abschließen zu können.

Wie zu erkennen ist, sollte eine Vorsteuerung angestrebt werden, wo immer sich dies als möglich erweist.

2.1.2 Führungsinstrumente

Die sachbezogene Führung erfolgt mithilfe von Führungsinstrumenten, wie sie bereits auch auf Seite 14 im Schaubild systematisch dargestellt wurden:

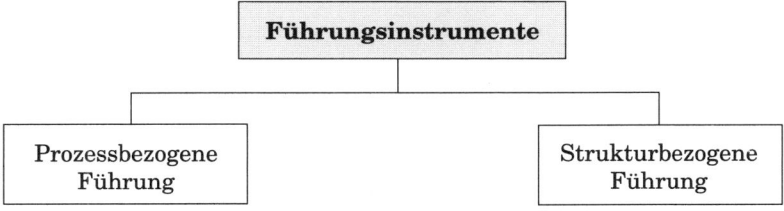

2.1.2.1 Prozessbezogene Führung

Bei der prozessbezogenen Führung steht die **Planung** im Mittelpunkt – siehe ausführlich Kapitel B. Nur durch ihr Vorhandensein können die möglichen Auswirkungen unternehmerischer Tätigkeiten überschaubar und ihr zukünftiger Erfolg
soweit als möglich kenntlich gemacht werden.

Die Planung wird dabei umso wichtiger, je komplexer das Umfeld der Unternehmen wird und je mehr sich eine Abstimmung der Funktionsbereiche aufgrund der
gestiegenen Aufgabenkomplexität als notwendig erweist. Planungsbezogene **Aufgaben** der prozessbezogenen Führung sind:

❑ Die **Grundsatzplanung**, die zu den Aufgaben des Top Management zählt. Mit
  ihrer Hilfe soll z. B. eine Unternehmensidentität geschaffen werden, was nur
  langfristig geschehen kann. Die Grundsatzplanung bezieht sich auf:

○ Unternehmensphilosophie	○ Unternehmenskultur
○ Corporate Identity	○ Unternehmensethik

❑ Die **strategische Planung**, die ebenfalls vom Top Management vorgenommen
  wird und einen Zeitraum von mehr als vier oder fünf Jahren umfasst. Sie hat
  eine hohe Bedeutung für den zukünftigen Markterfolg. Bei ihr geht es um:

○ Strategische Planungskonzepte	○ Strategien
○ Strategische Analysen	○ Portfoliotechniken

❑ Die **taktische Planung**, die dem Middle Management obliegt und aus der
  strategischen Planung abgeleitet wird.

❑ Die **operative Planung**, mit der die Inhalte der strategischen und taktischen
  Pläne grundsätzlich durch das Lower Management konkretisiert werden.

Die strategische, taktische und operative Planung wird im Rahmen der prozessbezogenen Führung notwendigerweise durch die strategische, taktische und operative **Kontrolle** ergänzt.

2.1.2.2 Strukturbezogene Führung

Die strukturbezogene Führung bezieht sich auf die Strukturierung der **Organisation** des Unternehmens, die als dauerhaft gültiges Ordnen bzw. Strukturieren
eines zielorientierten soziotechnischen Systems verstanden wird. Sie kann als **Tätigkeit** des organisatorischen Gestaltens gesehen werden oder aber als **Zustand**
der Organisation im Sinne einer dauerhaft gültigen Ordnung bzw. Struktur.

Von der Organisation abzugrenzen sind im Unternehmen:

❑ Die **Improvisation** als vorläufig gültiges Ordnen bzw. Strukturieren zielorientierter soziotechnischer Systeme. Sie strebt fallweise und provisorische Regelungen an. Ihre **Gründe** können sein:

> ○ Fehlende Erkenntnisse oder Erfahrungen
> ○ Zeitliche Engpässe, z.B. hoher Zeitdruck des Organisierens
> ○ Sachliche Engpässe, z.B. fehlende Sachmittel für organisatorische Regelungen

❑ Die **Disposition**, die sich auf das einmalig gültige Ordnen bzw. Strukturieren zielorientierter soziotechnischer Systeme bezieht. Sie ist möglich:

> ○ Innerhalb organisatorischer Regelungen
> ○ Bei fehlenden organisatorischen Regelungen
> ○ Wenn eine Organisation nicht erfolgen kann bzw. soll

Zwischen Organisation und Disposition als Extremausprägungen des Ordnens bzw. Strukturierens besteht ein **Spannungsverhältnis**. Denn mit zunehmendem Organisationsgrad steigt die Stabilität soziotechnischer Systeme, wobei sich gleichzeitig die Elastizität in Bezug auf Änderungsprozesse verringert. Deshalb sollte im Unternehmen ein ausgewogenes Verhältnis zwischen Organisation, Improvisation und Disposition angestrebt werden.

Die strukturbezogene Führung umfasst folgende **Aufgaben** – siehe ausführlich Kapitel C.:

❑ Die **Aufbaustrukturierung**, mit der die Aufbauorganisation des Unternehmens gestaltet wird. Sie enthält:

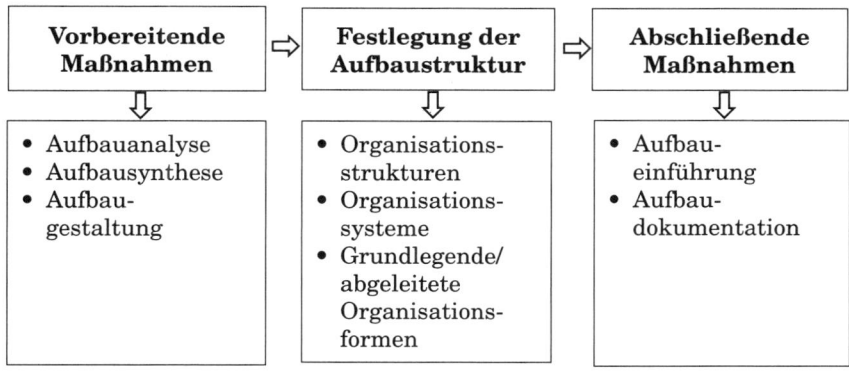

❑ Die **Prozessstrukturierung**, die dazu dient, die Prozessorganisation des Unternehmens zu gestalten. Sie besteht aus:

❑ Die **Projektstrukturierung**, die sich auf Projekte als einmalige und zeitlich begrenzte Vorhaben des Unternehmens bezieht. Sie umfasst:

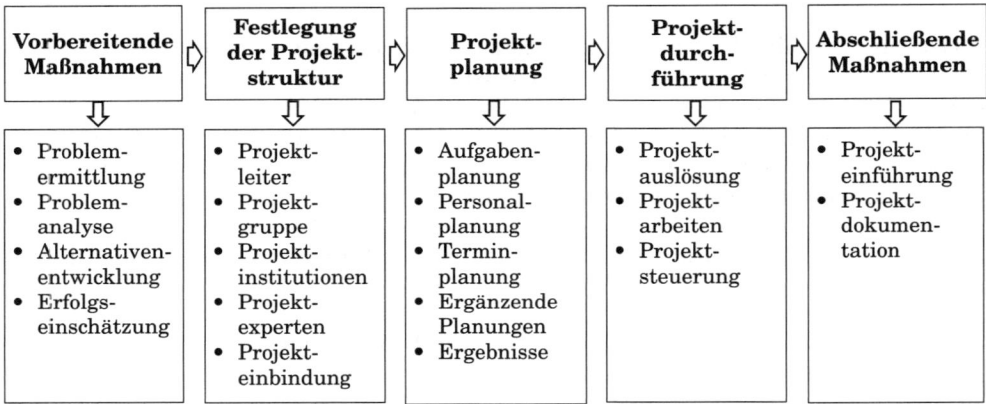

Des Weiteren erfolgt im Rahmen der strukturbezogenen Führung die Entwicklung des Unternehmens. Hiermit befasst sich die **Organisationsentwicklung**, die einen längerfristigen Prozess der Unternehmen und der in ihnen tätigen Menschen im Rahmen des geplanten Wandels darstellt (*French / Bell, Thom*).

In ihrem Rahmen wurde eine Vielzahl von **Konzepten** entwickelt, zu denen zählen – siehe ebenfalls Kapitel C.:

Wertschöpfende Konzepte	o Outsourcing	o Insourcing
Lean-Konzepte	o Lean-Aufbaukonzept o TQM-Management	o Just-in-time-Konzept
Team-konzepte	o Teamarbeit o Qualitätszirkel	o Teilautonome Arbeitsteams
Kooperative Konzepte	o Strategische Allianzen	o Joint Ventures

2.2 Personenbezogene Führung

Die personenbezogene Führung erfolgt im Rahmen der **Personalführung**. Mit ihr werden die Ziele und grundlegenden Strategien bzw. Entscheidungen des Unternehmens auf den einzelnen hierarchischen Ebenen durch Vorgesetzte personenbezogen umgesetzt. Im Kapitel D. werden ausführlich behandelt:

- **Führungsbeteiligte**
- **Führungsinstrumente**
- **Führungserfolg**.

2.2.1 Führungsbeteiligte

Als Beteiligte am personenbezogenen Führungsprozess sind zu unterscheiden:

❑ **Vorgesetzte** als Führungskräfte, die im Rahmen der institutionalen Unternehmensführung tätig werden. Im Hinblick auf sie wird grundsätzlich eingegangen auf:

○ Merkmale von Vorgesetzten	○ Typen von Vorgesetzten

❑ **Mitarbeiter**, denen die Vorgesetzten entsprechende Aufgaben übertragen. Dabei kann es sich um einzelne Mitarbeiter oder um Gruppenmitglieder handeln. Wie schon bei den Führungskräften sind auszuführen:

○ Merkmale von Mitarbeitern	○ Typen von Mitarbeitern

2.2.2 Führungsinstrumente

Vorgesetzte setzen personenbezogene Führungsinstrumente ein, um den angestrebten Führungserfolg herbeizuführen. Zu unterscheiden sind:

❑ **Führungsmittel**, die von Führungskräften unmittelbar genutzt werden, also offen legen, *womit* geführt wird, z.B.:

○ Ziele	○ Kooperation	○ Personalbeurteilung
○ Pläne	○ Delegation	○ Personalentlohnung
○ Kontrolle	○ Partizipation	○ Personalentwicklung
○ Information	○ Kritik	
○ Kommunikation	○ Status	

❑ **Führungstechniken**, die Aufschluss darüber geben, *wie* geführt wird, also grundsätzliche Verhaltens- und Verfahrensweisen beschreiben, die bei der Bewältigung der Führungsaufgaben anwendbar sind, z.B.:

○ Management by Objectives	○ Management by Exception
○ Management by Delegation	

❏ **Führungsstile**, welche die Art und Weise als Verhaltensmuster darstellen, in der Vorgesetzte die ihnen unterstellten Mitarbeiter führen, z. B.:

○ Autoritärer Führungsstil	○ Kooperativer Führungsstil

Wichtig ist, dass die Führungsinstrumente im Rahmen der Personalführung aufeinander abgestimmt sind.

2.2.3 Führungserfolg

Der Führungserfolg ist das Ergebnis, das Führungskräfte in Erfüllung ihrer Führungsaufgabe erzielen. Er soll positiv, kann aber auch negativ sein.

Hinweise auf die Effizienz der Führung von Führungskräften können die jeweiligen Ausprägungen folgender Tatbestände sein:

○ Arbeitszufriedenheit	○ Mobbing	○ Innere Kündigung
○ Betriebsklima	○ Fehlzeiten	
○ Konflikte	○ Fluktuation	

Hieraus kann sich die Zufriedenheit der Mitarbeiter im Hinblick auf die Führung durch ihre Vorgesetzten erkennen lassen.

3. Ausrichtungen der Unternehmensführung

In den letzten Jahren hat sich der Wandlungsprozess in den Unternehmen wie auch in der Umwelt erheblich beschleunigt. Die Unternehmen haben hierauf mit neuen Führungskonzepten reagiert. Im Wesentlichen sind diesbezüglich drei Ausrichtungen zu unterscheiden:

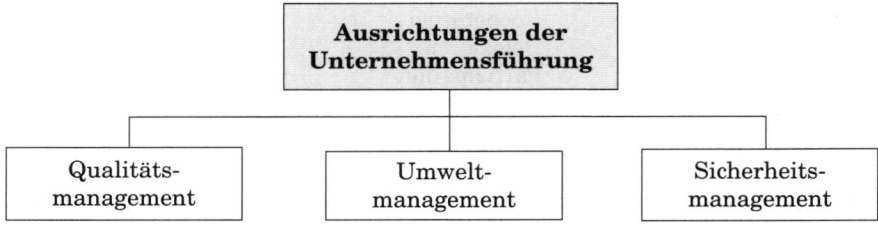

3.1 Qualitätsmanagement

Die **Qualität** ist im engeren Sinne die Güte eines Produktes. Nach der *Deutschen Gesellschaft für Qualität (DGQ)* stellt sie die Beschaffenheit dar, die eine Ware oder Dienstleistung zur Erfüllung vorgegebener Forderungen geeignet erscheinen lassen.

Im weiteren Sinne kann die Qualität auch als Summe aller Aktivitäten angesehen werden, die innerhalb eines Unternehmens sowie seiner Beziehungen zu Marktpartnern, z. B. Lieferanten und Kunden, darauf abzielen, den an das Unternehmen gestellten Erwartungen gerecht zu werden – siehe ausführlich *Carl / Kiesel, Hopfenbeck, Macharzina / Wolf, Oeldorf / Olfert*.

Als Qualitätsmanagement werden diejenigen Aktivitäten bezeichnet, die darauf abzielen, Arbeitsabläufe und Geschäftsprozesse zu optimieren. Es kann auf Produkte bzw. Dienstleistungen ausgerichtet sein und eine Erhöhung der Kundenzufriedenheit bewirken. Seine **Entwicklungsstufen** sind:

Klassische Qualitätskontrolle	○ Bis in die 60er Jahre vorherrschend ○ Durchführung einer strengen Endkontrolle der Beschaffenheit eines Erzeugnisses bzw. einer Dienstleistung ○ Stark produktorientierte Qualitätsaktivitäten
Umfassende Qualitätssicherung	○ In den 60er und 70er Jahren vorherrschend ○ Integration der klassischen Qualitätskontrolle mit dem Entwicklungs- und Fertigungsprozess ○ Erreichung einer Qualitätsverbesserung durch Einsatz von vorbeugenden Maßnahmen ○ Beginnende Prozessorientierung ○ Qualitätssicherung vor allem in technischen Bereichen ○ Qualitätssicherung durch Spezialisten
Integriertes Qualitätsmanagement	○ Ab den 80er Jahren vorherrschend ○ Qualitätsmanagement als Teil der strategischen Unternehmensführung ○ Einbeziehen aller Mitarbeiter und Förderung ihrer Motivation ○ Ausrichtung auf alle Geschäftsprozesse über den gesamten Produktzyklus ○ Konsequente Ausrichtung an den Kundenbedürfnissen

Die Produktqualität steht heute im Zuge des wachsenden Wettbewerbsdruckes im Mittelpunkt der Kaufentscheidung der Kunden. Sie ist in ihrer Bedeutung insgesamt sogar höher als der Kaufpreis einzustufen. Umfragen zu den Kundenbedürfnissen zeigen, dass die Qualität von Produkten für den immer anspruchsvoller werdenden Verbraucher künftig das bedeutendste Kaufargument darstellen wird.

Durch qualitätsbezogene Aktivitäten besteht für ein Unternehmen die Chance, **Wettbewerbsvorteile** zu erzielen. Es können unterschieden werden:

❏ **Extern wirksame Wettbewerbsvorteile**, die aus vertrauensbildenden Aktivitäten zwischen Lieferanten und Kunden resultieren. Damit lassen sich langfristige Beziehungen aufbauen.

❏ **Intern wirksame Wettbewerbsvorteile**, die eine Kostenreduzierung durch Vermeidung von Verschwendung im Unternehmen ermöglichen.

> In den letzten Jahren ist Qualität zu einem bedeutenden strategischen Wirtschafts- und Wettbewerbsfaktor geworden. Das Bemühen um Qualitätssicherung und Qualitätssteigerung ist dabei auf die gesamte Organisation des Unternehmens gerichtet.
>
> (1) Verdeutlichen Sie die zunehmende Wichtigkeit der Qualität!
>
> (2) Welche Gründe können Ihrer Ansicht nach ausschlaggebend für die Einführung eines Qualitätsmanagement sein?

Seite 236

Es ist darauf zu achten, dass die qualitätsorientierten Anstrengungen eines Unternehmens nicht einen einmaligen Vorgang darstellen, der mit der Erfüllung bestimmter Qualitätsvorstellungen abgeschlossen wird. Sie sollten einen **kontinuierlichen Verbesserungsprozess (KVP)** innerhalb des Unternehmens bewirken.

Im Rahmen des Qualitätsmanagements sind zu unterscheiden:

❏ Das **Total Quality Management (TQM)**, das die ganzheitliche und umfassende Betrachtung der Qualität in einem Unternehmen ist. Es stellt einen strategischen Führungsansatz dar, der langfristig alle Unternehmensaktivitäten am Qualitätsziel ausrichtet – siehe ausführlich Kapitel C. Seine **Instrumente** sind:

  ○ **Qualitätszirkel**, die dazu dienen, Mitglieder eines Arbeitsteams zu mehr Kreativität und Innovation zu motivieren – siehe Kapitel C.

  ○ **Qualitätsaudits**, die das Ergebnis unabhängiger systematischer Analysen sind. Es wird geprüft, inwieweit die Planvorgaben an die Qualität den tatsächlichen Gegebenheiten im Unternehmen bzw. dessen Qualitätszielen entsprechen. Insofern stellt ein Qualitätsaudit gewissermaßen eine Revision des Qualitätsmanagement-Systems dar.

❏ **Kaizen** als Prinzip, das aus der japanischen Fertigungstechnik stammt und nach permanenten Verbesserungen in allen Unternehmensbereichen sucht. Damit soll ein konsequentes Innovationsmanagement vor allem in Bezug auf Qualität, Kosteneinsparung und Erhöhung der Arbeitssicherheit in allen betrieblichen Prozessen betrieben werden. **Bestandteile** von Kaizen sind z. B.:

○ Kundenorientierung	○ Kanban
○ Umfassende Qualitätskontrolle	○ Null-Fehler-Konzept
○ Betriebliches Vorschlagswesen	○ Kleingruppenarbeit
○ Arbeitsdisziplin	

Ein umfassendes Qualitätsmanagement-System umfasst als **Elemente**:

- **Qualitätsnormen**

- **Zertifizierung**

- **Dokumentation**.

3.1.1 Qualitätsnormen

Lange Zeit fehlte eine international anerkannte Beurteilungsgrundlage für die Leistungsfähigkeit von Unternehmen. Deshalb wurden **Qualitätsnormen** (aktuelle Fassung ISO 9000:2005) von der »*Internationalen Organisation für Standardisierung*« *(ISO)* geschaffen, die allgemeine Anforderungen an ein Qualitätssicherungs-System definieren.

Die Normenreihe setzt sich aus vier **Einzelnormen** zusammen, die den Umfang der Prüfnorm regeln und im Wesentlichen folgende **Inhalte** haben:

ISO 9000	Qualitätsmanagementsysteme, Grundlagen und Begriffe
ISO 9001	Qualitätsmanagementsysteme, Anforderungen
ISO 9004	Qualitätsmanagementsysteme, Leitfaden zur Leistungsverbesserung
ISO 19011	Leitfaden für das Auditieren von Qualitätsmanagement- und/oder Umweltmanagementsystemen

Das Einhalten von Qualitätsnormen trägt dazu bei, dass das Top Management die Verantwortung für die Qualitätspolitik des Unternehmens übernimmt, eine Verbesserung der Qualität bei Produkten bzw. Dienstleistungen bewirkt wird, Schwächen in der Prozessorganisation aufgezeigt werden, Fehler vermieden werden sowie der interne Informationsfluss verbessert wird.

Oftmals sind Qualitätsnormen die **Voraussetzung** für Großaufträge oder neue Geschäftsbeziehungen. Nachteilig erweist sich deren statischer Charakter, der teilweise erhebliche Zeit- und Kostenaufwand wie auch mögliche Einschränkungen des Handlungsspielraumes für die Mitarbeiter.

3.1.2 Zertifizierung

Die Erfüllung der Anforderungen einer Qualitätsnorm kann in Unternehmen durch unabhängige Zertifizierungsgesellschaften bestätigt werden. Den Unternehmen ist es damit möglich, eine bestimmte qualitative Leistungsfähigkeit mit einem Zertifikat bzw. Qualitätsaudit nachzuweisen.

Als **Gründe** für eine Zertifizierung nach der Normenreihe ISO 9000:2005 lassen sich für ein Unternehmen nennen:

❑ Die Notwendigkeit von **vergleichbaren Qualitätsstandards**, insbesondere wenn zahlreiche internationale Systemlieferanten durch Outsourcing in die Wertschöpfungskette einbezogen werden.

❑ Zunehmend verlangen Unternehmen, die über ein Qualitätszertifikat verfügen, auch von ihren Lieferanten einen solchen **freiwilligen Qualitätsnachweis**, obgleich keine Verpflichtung dazu besteht.

❑ Die zunehmende Verlagerung der Beweispflicht der Unbedenklichkeit im Rahmen der **Produkthaftpflicht** auf die Hersteller, die nach dem Produkthaftungsgesetz zur Lieferung fehlerfreier Produkte verpflichtet sind.

❑ Das Vorhandensein eines Qualitätssicherungs-Systems nach ISO 9000:2005 ist eine Chance für Unternehmen, **neue Märkte** zu erschließen und die **Wettbewerbsfähigkeit** zu verbessern.

❑ Bei **Großabnehmern** sowie **öffentlich ausschreibenden Organisationen** ist das Zertifikat inzwischen eine unerlässliche Voraussetzung, die von teilnehmenden Unternehmen verlangt wird.

❑ Die **vertrauensbildende Wirkung** auf Kunden, die damit auf eigene Überprüfungen der Qualitätsfähigkeit des Lieferanten verzichten können.

Objekte der Zertifizierung nach ISO 9000:2005 können die Analyse und ggf. Anpassung der gesamten **Aufbau- und Prozessorganisation** des Unternehmens sein, um die Qualitätsnormen zu erreichen. Dabei ist es wichtig, die Mitarbeiter aktiv einzubeziehen und sie entsprechend aus- bzw. weiterzubilden. Als **Stufen** der Zertifizierung gibt es:

Stufe 1	Selbsteinschätzung des zu zertifizierenden Unternehmens anhand eines Fragebogens, um die Zertifizierungsfähigkeit vorab zu bewerten. Alternativ ist auch ein **Voraudit** möglich. Die Zertifizierungsstelle bewertet mit einer Befragung und stichprobenweisen Sichtung der Unterlagen, ob die Voraussetzungen für das weitere Zertifizierungsverfahren gegeben sind.

⇩

Stufe 2	Durchsicht und Bewertung der Qualitätsmanagement-Unterlagen (Handbuch, Verfahrensanweisungen, Arbeitsanweisungen).

⇩

Stufe 3	Sofern die eingereichten Unterlagen den Anforderungen der Qualitätsnorm entsprechen, wird mit einem **Qualitätsaudit** die Anwendung und Wirksamkeit der in den Qualitätsmanagement-Unterlagen beschriebenen qualitätssichernden Maßnahmen beurteilt. Bei einem positiven Ergebnis wird auf die Dauer von drei Jahren das **Zertifikat** erteilt.

⇩

Stufe 4	Mit einem jährlichen **Überwachungsaudit** überzeugt sich die Zertifizierungsstelle davon, dass das Qualitätssicherungs-System praktiziert und weiterentwickelt wird. Nach drei Jahren wird mit einem **Wiederholungsaudit** das Qualitätssicherungs-System erneut überprüft und – im positiven Fall – die Gültigkeitsdauer des Zertifikats um weitere drei Jahre verlängert.

3.1.3 Dokumentation

Die Dokumentation nimmt einen hohen Stellenwert innerhalb eines Qualitätsmanagement-Systems ein. Ihre **Bestandteile** sind:

❑ Das **Qualitätsmanagement-Handbuch**, das den generellen Rahmen für die Dokumentation enthält. Es ist auf das Gesamtunternehmen ausgerichtet, dokumentiert die Unternehmenspolitik und gibt Hinweise auf begleitende Dokumente. Des Weiteren fungiert es innerbetrieblich als **Richtlinie**, im Einzelfall aber auch als Information für Kunden. Es umfasst:

- ❍ Auflistung der unternehmensbezogenen Qualitätsmanagement-Grundsätze, welche die Grundlage für die Qualitätspolitik sind
- ❍ Darstellung der Aufbauorganisation des Qualitätsmanagements, d.h. seiner jeweiligen Zuständigkeiten bzw. Verantwortlichkeiten
- ❍ Darstellung der Prozessorganisation des Qualitätsmanagements, z.B. der Auswahl der Lieferanten
- ❍ Regeln zur Pflege und Aktualisierung des Qualitätsmanagement-Handbuches

❑ Die **Qualitätsmanagement-Verfahrensanweisungen**, die einzelne Teilbereiche oder Abteilungen dokumentieren, bereichsübergreifende Regelungen festlegen und den Umfang des Qualitätsaudits bestimmen. Sie haben qualitätsrelevante **Abläufe** zum Gegenstand, z.B. Arbeitsabläufe, Verantwortlichkeiten.

❑ Die **Qualitätsmanagement-Arbeitsanweisungen**, deren Inhalt die genaue Festlegung des Vorgehens etwa bei Fertigungs- und Prüfvorgängen ist.

In Deutschland finden sich zahlreiche Unternehmen, die Qualitätszirkel als ein mitarbeiterbezogenes Führungsinstrument einsetzen.

(1) Worin liegen Ihrer Auffassung nach die Schwerpunkte des Einsatzes von Qualitätszirkeln in den einzelnen Funktionsbereichen?

(2) Worin sind die Vorteile von Qualitätszirkeln für die Mitarbeiter
und die Unternehmen zu sehen?

Seite 236 f.

3.2 Umweltmanagement

Seit einigen Jahren nehmen umweltpolitische Fragestellungen einen immer bedeutsamer werdenden Stellenwert ein, da natürliche Ressourcen nur noch in begrenztem Maße zur Verfügung stehen. Bedeutsame **Entwicklungen** sind:

❑ Die Unternehmen haben die Bedeutung der **Ökologie** erkannt und integrieren
zunehmend umweltbezogene Ziele in ihre Unternehmensziele.

❑ Gleichzeitig ist auch das **Umweltbewusstsein** in der Bevölkerung im Verlaufe
der letzten Jahre erheblich gestiegen.

Das Umweltmanagement befasst sich mit dem Umweltschutz. Deshalb wird es
auch als **Umweltschutzmanagement** bezeichnet. Es kann institutionell oder als
Tätigkeit gesehen werden. Seine Aufgabe besteht darin, das Prinzip der Umwelt-
schonung bei allen betrieblichen Prozessen und Aktivitäten soweit wie möglich zu
verwirklichen – siehe ausführlich *Oeldorf / Olfert*.

Konsequenzen des Umweltmanagements für die Unternehmen können sein:

❑ Berücksichtigung sicherheitsbezogener Anforderungen
❑ Schaffung umweltorientierter Organisationskonzepte
❑ Gewährleistung langfristiger Wettbewerbsfähigkeit von Unternehmen
❑ Neuausrichtung der bisherigen Produktpolitik.

Die **Öko-Audit-Verordnung**, die strukturell mit den Normentwürfen zum Qualitätsmanagement vergleichbar ist, stellt die Grundlage des Umweltmanagements
dar. Ihr Ziel ist, einen integrierten Umweltschutz im Unternehmen einzuführen.
Im Rahmen des Umweltmanagements sind zu unterscheiden:

• **Umweltschutzverhalten**

• **Umweltschutzinstitutionen**.

3.2.1 Umweltschutzverhalten

Die Umsetzung des Umweltschutzes im Unternehmen hängt vor allem von der Einstellung der Unternehmensleitung und der Mitarbeiter zum Umweltschutz ab. Grundlegende **Verhaltensweisen** des Managements können sein:

❏ **Passives Umweltschutzverhalten**, bei dem die Verantwortlichen defensiv agieren, weil die grundsätzliche Bereitschaft zur Förderung des Umweltschutzes nicht gegeben ist.

❏ **Angepasstes Umweltschutzverhalten**, bei dem sich die Unternehmen den gegebenen und als solche akzeptierten umweltrechtlichen Vorschriften in notwendig erscheinendem Umfang anpassen.

❏ **Gestaltendes Umweltschutzverhalten**, bei dem die Verantwortlichen den Umweltschutz aktiv als Ziel des Unternehmens aufnehmen und anstreben, die Umweltschutzanforderungen des Marktes und des Staates möglichst früh und umfassend in die betrieblichen Prozesse zu integrieren.

Umweltschutzmaßnahmen können in allen betrieblichen Bereichen ergriffen werden, insbesondere im Zusammenwirken mit dem technischen Umweltschutz. Sie können sich z. B. beziehen auf:

Entwicklungsbereich	Produktmerkmale	langlebig, reparatur-/wartungsfreundlich, recycelbar
	Produktbestandteile	nicht toxisch, neben-/spätwirkungsfrei
	Produktverwendung	risikofrei, abfallarm, emissionsarm
	Produktentsorgung	abbaubar, entsorgungssicher, wiederverwendbar
Produktionsbereich	Ressourcen	energie-/rohstoffsparend (Wasser, Luft, Stoffe)
	Emissionen	emissionsarm (Wasser, Boden, Luft, Lärm)
	Rückstände	abfallarm, recycelbar, abbaubar
	Risiken	risikoarm (Gesundheit, Umwelt), sicher
Marketingbereich	Produktpolitik	umweltfreundliche Produkte/Bestandteile
	Preisgestaltung	Preise zu Gunsten ökologischer Produkte
	Verpackung	wenig aufwändig, wieder verwertbar, abbaubar
	Werbung	ökologischen Nutzen verdeutlichen
Materialbereich	Materialmerkmale	haltbar, sicher, abbaubar, recycelbar
	Materialinformation	Inhaltsstoffe/Herstellungsverfahren bekannt
	Materialtransport	Optimierte Routen, umweltfreundliche Transportmittel
	Materiallagerung	Minimierung riskanter Bestände
	Materialentsorgung	Recycling, Abfallvernichtung, -beseitigung

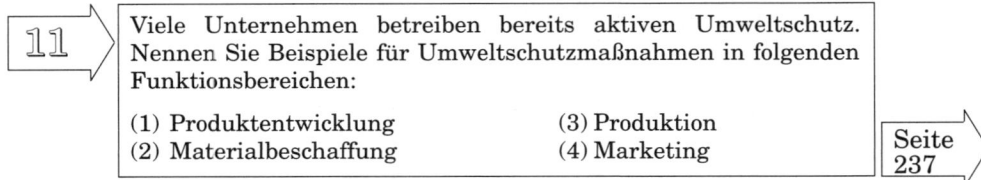

11

Viele Unternehmen betreiben bereits aktiven Umweltschutz.
Nennen Sie Beispiele für Umweltschutzmaßnahmen in folgenden
Funktionsbereichen:

(1) Produktentwicklung   (3) Produktion
(2) Materialbeschaffung   (4) Marketing

Seite
237

3.2.2 Umweltschutzinstitutionen

Grundsätzlich bestehen zwei Möglichkeiten der Einbindung des Umweltmanagements in das Unternehmen – siehe ausführlich *Hopfenbeck, Macharzina/Wolf, Oeldorf/Olfert, Stahlmann.* Das sind:

❑ Der **Umweltschutzbeauftragte**, dessen Aufgabe die **bereichsübergreifende Koordination** aller umweltbezogenen Aktivitäten ist. In größeren Unternehmen existieren häufig auch **Umweltfachstellen** bzw. **Umweltreferate**, die eng mit der mittleren und oberen Führungsebene zusammenarbeiten. Dadurch ergibt sich eine mehrstufige Verankerung der Umweltschutzfunktion.

Aufgrund seiner hohen strategischen Bedeutung sollte der Umweltschutz grundsätzlich »Chefsache« sein, d.h. zu den primären Aufgaben des Top Managements zählen. Zu den **Aufgaben** des Umweltschutzbeauftragten zählen z.B.:

○ Ökologieorientierte Unterstützung von betrieblichen Entscheidungsprozessen
○ Analyse von Umweltschwachstellen
○ Beratung bei Konzeption und Entwicklung umweltfreundlicher Produkte und Verfahren
○ Planung und Überwachung der technischen Maßnahmen zur Verbesserung des betrieblichen Umweltschutzes
○ Überwachung von Gefahrguttransporten
○ Einberufung und Moderation von Umweltausschüssen, »Umwelt-Qualitätszirkeln« und Projektgruppen
○ Überwachung der Einhaltung von Umweltgesetzen
○ Erfassung und Beurteilung der Kosten des Umweltschutzes
○ Anbieten von innerbetrieblichen Aus- und Weiterbildungsmaßnahmen zum Umweltschutz
○ Auswertung und Prämierung von umweltbezogenen Verbesserungsvorschlägen
○ Sicherstellung der Verwirklichung externer Auflagen
○ Planung und Begleitung von Umweltaudits

Schwerpunkte der **funktionsbezogenen Betätigungsfelder** des Umweltschutzbeauftragten können z.B. sein:

Beschaffungs-bereich	○ Umweltbewusster Einkauf ○ Ökologische Verbesserung der Inputstoffe ○ Einkaufsverbote für umweltfeindliche Produkte ○ Suche nach umweltverträglichen Einsatzstoffen
Fertigungs-bereich	○ Umweltfreundliche Verfahren ○ Energiesparende Maschinen ○ Einsatz umweltfreundlicher Transportsysteme ○ Überprüfung von externem/internem Recycling
Marketing-bereich	○ Ökologiegerechte Strategien und Sachziele ○ Ökologisches Marketing-Mix ○ Umweltverträglichkeitsprüfung bei Planung neuer Produkte ○ Aufbau von Redistributionskanälen

❏ Der **Umweltausschuss**, dessen Implementierung eine weitere Möglichkeit darstellt, um dem Umweltmanagement im Unternehmen einen hohen Stellenwert einzuräumen. Er fungiert primär als **Informations-** und **Beratungsgremium**.

Aus Effizienzgründen ist auf eine **interdisziplinäre Zusammensetzung** seiner Mitglieder zu achten. Grundsätzlich sollten außer den Fachvertretern der einzelnen Unternehmensbereiche auch der Umweltschutzbeauftragte sowie der Betriebsrat mit einbezogen sein.

Zu den **Aufgaben** des Umweltausschusses zählt es, insbesondere betriebsspezifische Probleme zu lösen, z. B.:

○ Materialfragen
○ Energieversorgung
○ Wasserversorgung
○ Abfallentsorgung
○ Sondermüllentsorgung
	○ Umweltprobleme im Produktionsprozess
	○ Einhaltung gesetzlich vorgeschriebener
	  Grenzwerte für Umweltbelastungen,
	  Lärm etc.

Die Unternehmen haben sich darauf einzustellen, dass die ökologischen Probleme von heute wichtige Wettbewerbsfelder von morgen werden. Diese Erkenntnis ist für sie Aufgabe und Chance zugleich.

Die Ökologie nimmt auch im Wirtschaftsleben eine immer größere Bedeutung ein, auf die Unternehmen und Verbraucher reagieren.

(1) Zeigen Sie grundsätzliche Strategien eines Unternehmens zur Reduzierung von Umweltbelastungen auf. Nennen Sie Beispiele!

(2) Der kritische Verbraucher achtet beim Kauf zunehmend auch auf die Umweltverträglichkeit der Erzeugnisse. Welche Kriterien sind von ökologisch interessierten Unternehmen bei der Produktgestaltung zu beachten?

Seite 238

3.3 Sicherheitsmanagement

Das Sicherheitsmanagement stellt auf die eingesetzten Materialien und die Fertigungsverfahren ab. Es ist auf den umfassenden Schutz von Menschen, z.B. von Arbeitnehmern und Kunden ausgerichtet – siehe ausführlich *Oeldorf/Olfert* – und kann beruhen auf:

❑ **Traditionellen Sicherheitskonzepten**, die sich vorrangig auf den **technischen Arbeitsschutz** beziehen, der umfasst:

> ○ Die **Arbeitssicherheit**, deren Einhaltung zu den wesentlichen Aufgaben eines Arbeitsdirektors zählt.
>
> ○ Die **Unfallverhütung**, zu deren Zweck die Berufsverbände sog. Unfallverhütungsvorschriften erlassen haben, die zu beachten sind.
>
> ○ Den **Gesundheitsschutz**, der mithilfe von Betriebsvereinbarungen gefördert werden kann, z.B. in Bezug auf Maßnahmen zur Verhütung von Arbeitsunfällen.

In den vergangenen Jahren lag der Schwerpunkt der sicherheitsbezogenen Aktivitäten eines Unternehmens insbesondere im Bereich der **Arbeitsverfahren** und **Arbeitsmethoden**, die auf die Bearbeitung bzw. Verarbeitung von Materialien ausgerichtet waren.

❑ **Modernen Sicherheitskonzepten**, die wesentlich umfassender sind. Ihr Spektrum reicht von der Beschaffung über die Fertigung und die Nutzung der Produkte durch den Verbraucher bis hin zur Außerbetriebnahme.

Überwiegend sind die Unternehmen ständig mehr oder weniger großen Sicherheitsrisiken ausgesetzt, die unerwünschte Folgen aus Unfallereignissen sind, z.B. Ausfälle von Mitarbeitern durch Verletzungen oder von Fertigungsanlagen.

Zahlreiche **gesetzliche Sicherheitsvorschriften** sind zu beachten, z.B.:

> ○ Die **Produkthaftung**, aufgrund der ein Hersteller für die Schäden aus der Benutzung eines von ihm in den Verkehr gebrachten fehlerhaften Erzeugnisses eine verschuldensunabhängige Gefährdungshaftung für Personen- und Sachschäden übernimmt.
>
> ○ Die **Umwelthaftung**, die ein Unternehmen für den Fall übernehmen muss, dass Schäden durch Umwelteinwirkungen (z.B. Freisetzen von Dämpfen, Gasen) verursacht worden sind. In der Betriebshaftpflichtversicherung ist die Haftpflicht für Schäden, die sich aus Umwelteinwirkungen ergaben, ausgeschlossen.

Um der hohen Bedeutung des Sicherheitsmanagements gerecht zu werden, sollten Sicherheitsbeauftragte eingesetzt werden, z.B. als Beauftragte für die IT-Sicherheit oder die Arbeitssicherheit.

13 ➤ Erläutern Sie, was unter den folgenden Begriffen zu verstehen ist, die Sie in diesem Kapitel kennen gelernt haben:

- ❑ Unternehmensführung
- ❑ Institutionale Unternehmensführung
- ❑ Führungskraft
- ❑ Kompetenz
- ❑ Autorität
- ❑ Führungsebene
- ❑ Top Management
- ❑ Middle Management
- ❑ Lower Management
- ❑ Unternehmensleitung
- ❑ Bereichsleitung
- ❑ Gruppenleitung
- ❑ Funktionale Unternehmensführung
- ❑ Sachbezogene Führung
- ❑ Führungsprozess
- ❑ Ziel
- ❑ Zielarten
- ❑ Zielbildungsprozess
- ❑ Top-down-Prinzip
- ❑ Bottom-up-Prinzip
- ❑ Gegenstromverfahren
- ❑ Planung

- ❑ Planungsarten
- ❑ Planungsgrundsätze
- ❑ Planungsprozess
- ❑ Durchführung
- ❑ Kontrolle
- ❑ Kontrollarten
- ❑ Steuerung
- ❑ Prozessbezogene Führung
- ❑ Strukturbezogene Führung
- ❑ Aufbaustrukturierung
- ❑ Projektstrukturierung
- ❑ Organisationsentwicklung
- ❑ Personenbezogene Führung
- ❑ Personenbezogene Führungsinstrumente
- ❑ Qualität
- ❑ Qualitätsmanagement
- ❑ Total Quality Management
- ❑ Kaizen
- ❑ Qualitätsnorm
- ❑ Zertifizierung
- ❑ Umweltmanagement
- ❑ Sicherheitsmanagement

Seite 238 ➤

B. Prozessbezogene Führung

Die prozessbezogene Führung ist am Führungsprozess ausgerichtet – siehe grundlegend Kapitel A. Führungsbezogen sollen im Einzelnen vertieft werden:

Prozessbezogene Führung	Zielsetzung
	Planung
	Kontrolle

1. Zielsetzung

Ziele beschreiben erwünschte zukünftige Zustände, die das Unternehmen zu erreichen bestrebt ist. Sie **disziplinieren** damit das Leistungsverhalten der Mitarbeiter, **motivieren** diese aber auch zur Leistungserfüllung, sofern die Ziele vernünftig und erreichbar erscheinen. Zu unterscheiden sind:

1.1 Strategische Zielsetzung

Strategische Ziele sind langfristig orientiert. Sie werden meist von zentralen Planungsinstanzen im Unternehmen unter der Verantwortung des Top Managements vereinbart bzw. festgeschrieben und dienen der Ausrichtung der Unternehmenspolitik sowie der strategischen Erfolgsfaktoren des Unternehmens.

Inhaltlich sind strategische Ziele auf die Gesamtheit der Unternehmensaktivitäten ausgerichtet. Dabei lassen sich nur globale Aussagen treffen, weil eine relativ große Unsicherheit hinsichtlich der Realisierbarkeit der Ziele besteht. **Strategische Ziele** sind z.B.:

○ Verbesserung der Marktposition	○ Verbesserung des Kundenservice
○ Sicherung der Marktführerschaft	○ Erhöhung der Produktqualität
○ Erhaltung der Unabhängigkeit	○ Schaffen neuer Vertriebswege
○ Schaffung/Erhaltung inländischer Arbeitsplätze	○ Verbesserung des Unternehmensimages

Strategische Ziele werden im Wesentlichen von der **Grundsatzplanung** sowie der **strategischen Planung** beeinflusst, die noch beschrieben werden.

1.2 Taktische Zielsetzung

Die taktische Zielsetzung obliegt dem Middle Management. Sie wird aus der strategischen Zielsetzung abgeleitet, wobei dies in vielen Fällen im Zusammenwirken mit dem Top Management erfolgt. Die taktische Zielsetzung ist mittelfristig ausgerichtet und verbindet den strategischen mit dem operativen Planungsprozess.

Wegen des kürzeren Planungshorizontes ist die taktische Zielsetzung detaillierter möglich als die strategische Zielsetzung. Der Zielsetzungsprozess erstreckt sich auf alle Teilbereiche des Unternehmens. Er beinhaltet z. B. als **taktische Ziele**:

○ Verbesserung der Produktqualität in den nächsten 2 Jahren
○ Steigerung der Eigenkapitalquote in den kommenden 4 Jahren
○ Erhöhung des Angebots an Teilzeitarbeitsplätzen in den nächsten 2 Jahren

---

In Großunternehmen geschieht der Zielsetzungsprozess zumeist sowohl in zentralen Planungsinstanzen als auch in dezentralen, bereichsbezogenen Planungsinstitutionen (*Rahn*).

1.3 Operative Zielsetzung

Die operative Zielsetzung ist kurzfristig ausgelegt. Sie wird aus der taktischen Zielsetzung abgeleitet und fällt grundsätzlich in den Zuständigkeitsbereich des Lower Managements, kann im Einzelfall aber auch vom Middle Management wahrgenommen werden.

Operative Ziele legen Aufgaben der einzelnen Funktionsbereiche und deren Aufgabenträger fest, was durch den überschaubaren Zeitraum ermöglicht wird. Sie können z. B. sein:

○ Senkung der Fluktuationsrate um 2 % im laufenden Jahr
○ Verkürzung der Lieferzeiten auf durchschnittlich 2 Tage
○ Kampagne zur Einführung eines neuen Produktes

Die schnelllebigen Prozesse in den Unternehmen, die weiter voranschreitende Globalisierung der Wirtschaft und die vermehrte Delegation von Entscheidungsprozessen auf untere hierarchische Ebenen können teilweise eine direkte Vernetzung von strategischen und operativen Zielen zur Folge haben.

Es ist darauf hinzuweisen, dass die Begriffe »taktisch« und »operativ« vielfach nicht einheitlich verwendet werden. So kann unter taktischer Zielsetzung die oben als operative Zielsetzung beschriebene Zielsetzung verstanden werden und umgekehrt.

2. Planung

Die Planung ist die gegenwärtige gedankliche Vorwegnahme zukünftigen wirtschaftlichen Handelns unter Beachtung des Rationalprinzips. Sie basiert auf den **Zielen** des Unternehmens, die mit ihrer Hilfe realisiert werden sollen.

Das grundlegende **Problem** der Planung besteht in der Ungewissheit als mangelnder bzw. Vorhersehbarkeit der Ereignisse. Deshalb werden **Prognosen** erforderlich, welche die Komplexität und Dynamik der betrieblichen Prozesse sowie das Geschehen in der Umwelt des Unternehmens einbeziehen müssen.

In Zukunft wird deswegen die **computergestützte Planung** an Bedeutung zunehmen. Die Speicherung von Plandaten in einer Datenbank ermöglicht den effektiven Zugriff und verhindert gleichzeitig kosten- sowie zeitintensive Suchaktivitäten. Im Folgenden sollen behandelt werden:

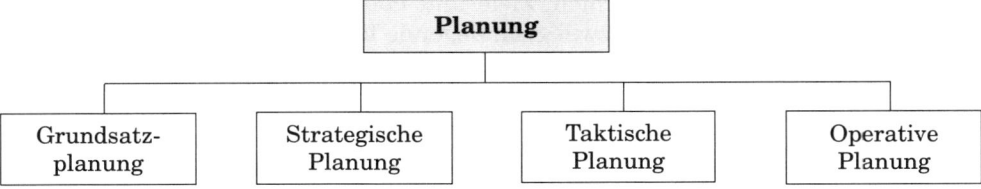

2.1 Grundsatzplanung

Ausgangspunkt des wirtschaftlichen Handelns ist die **Unternehmensphilosophie**. Aus ihr lässt sich eine **Unternehmensvision** ableiten, die aus der Gegenwart heraus versucht, ein mögliches »Zukunftsbild« des Unternehmens zu skizzieren. Dabei ergibt sich für die Unternehmensführung die Notwendigkeit, über die Gewinnziele hinaus ethische Gesichtspunkte stärker zu berücksichtigen.

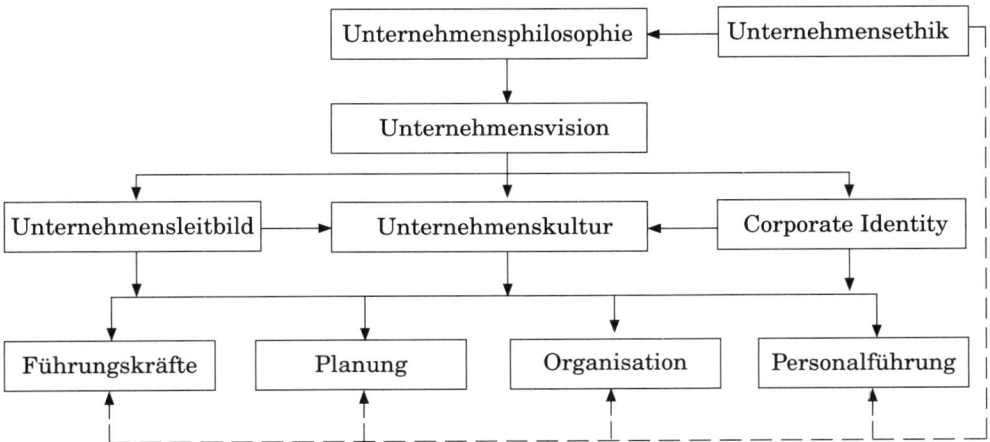

Die Unternehmensführung wird in einen grundlegenden unternehmenspolitischen Rahmen eingebettet, der als Grundsatzplanung umfasst:

- **Unternehmensphilosophie**
- **Corporate Identity**
- **Unternehmenskultur**
- **Unternehmensethik**.

2.1.1 Unternehmensphilosophie

Die Unternehmensphilosophie ist die »Weltanschauung« des Unternehmens, das mit ihr ganzheitlich betrachtet wird (*Ulrich / Fluri*). Sie dient der Positionierung in seinem wirtschaftlichen und gesellschaftlichen Umfeld sowie der Offenlegung seiner Zwecke, Werte bzw. Normen, Ziele und Potenziale. Primär wirkt sich die Unternehmensphilosophie auf zwei grundlegende **Bereiche** aus, die – zusammen mit der Corporate Identity – die Unternehmenskultur schaffen:

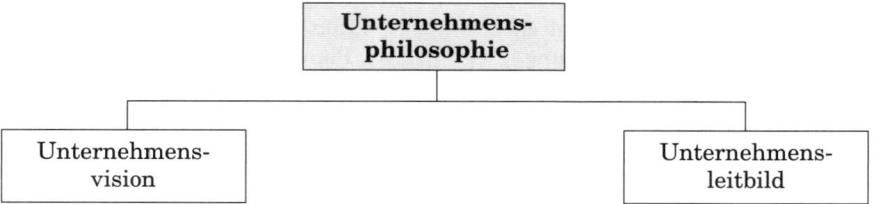

2.1.1.1 Unternehmensvision

Die Unternehmensvision ist ein mehr oder weniger konkretes **Zukunftsbild** eines Unternehmens. Sie prägt das Unternehmenskonzept maßgeblich, indem sie Aussagen über die künftige Beschaffenheit der Realität trifft. Ihre **Merkmale** sind:

- ❏ Sie ist in hohem Maße **subjektiv**.
- ❏ Sie ist primär **zukunftsbezogen**.
- ❏ Sie beschränkt sich zumeist auf **qualitative Aspekte**.
- ❏ Sie hat **Vorgabecharakter**.
- ❏ Sie ist **entwicklungsfähig**.
- ❏ Sie soll die Führungsinstrumente **zielgerichtet** beeinflussen.
- ❏ Sie soll die **persönliche Überzeugung** des Top Management widerspiegeln.
- ❏ Sie muss den bisherigen Zustand signifikant **verändern**.

Die Unternehmensvision steht in engem Zusammenhang mit der strategischen Ausrichtung des Unternehmens. Deshalb ist es notwendig, dass die in ihr formulierten Ziele anspruchsvoll, eindeutig und erreichbar sind.

Zahlreiche Beispiele aus der Praxis lassen das Vorhandensein von Unternehmens-
visionen bei erfolgreichen Unternehmen erkennen, die damit ihre Ideenpotenziale
bündeln und zielgerichtete Aktivitäten einleiten.

2.1.1.2 Unternehmensleitbild

Das Unternehmensleitbild dient dazu, die in der Unternehmensphilosophie veran-
kerten Werte und Normvorstellungen des Top Managements in Form von **Unter-
nehmensgrundsätzen** festzuschreiben. Es vermittelt damit den Handlungsrah-
men und die Handlungsperspektive für die Entscheidungen auf allen Führungsebenen.

Das Unternehmensleitbild umfassende Unternehmensgrundsätze sind z. B.:

❏ Nach der **Ausrichtung** der Unternehmensgrundsätze

Extern ausgerichtete Unternehmens- grundsätze	Sie zielen primär auf eine emotionale Ansprache der Adressaten ab. Damit erhalten sie die Funktion von Public Relations, d.h. sie versuchen die breite Öffentlichkeit anzusprechen. **Beispiel**: »Wir begeistern Kunden für den Computer.«
Intern ausgerichtete Unternehmens- grundsätze	Sie sind zumeist rational und stellen den Ausgangspunkt für die strategische Planung dar. Mit ihnen kommt der betrieblichen Gesamtperspektive eine größere Bedeutung zu. **Beispiel**: »Wir wollen als kundenorientierter, innovativer und leistungsstarker Marktführer im europäischen Handel Waren und Dienstleistungen anbieten und damit die Lebensqualität der Menschen spürbar steigern.«

❏ Nach der **Zwecksetzung** der Unternehmensgrundsätze

Orientierungs- funktion	Mit ihrer Hilfe sollen das Selbstverständnis bzw. die Identität des Unternehmens nach innen und außen verdeutlicht werden.
Motivations- funktion	Die verstärkte Identifikation der Mitarbeiter mit dem Unter- nehmen und eine realistische Zielvorstellung von der künftigen Ausrichtung steigern die Motivation auf allen Ebenen.

❏ Nach den **Inhalten** der Unternehmensgrundsätze

Allgemeine Inhalte	○ Tätigkeitsgebiet ○ Vision ○ Selbstverständnis	○ Leistungsprogramm ○ Marktstellung ○ Geografische Reichweite

| **Aufgaben-spezifische Inhalte** | ○ Führungsprinzipien
○ Finanzierungs-/
  Investitionsgrundsätze
○ Marktstrategie
○ Wettbewerbsstrategie
○ Organisationsmethodik | ○ Vertriebsgrundsätze
  (Kunde ist König,
  Servicebewusstsein)
○ Personalpolitische
  Maximen (Führungskräfte
  aus den eigenen Reihen) |
| **Adressaten-spezifische Inhalte** | ○ Kapitaleigner
○ Unternehmensleitung
○ Arbeitnehmer
○ Lieferanten | ○ Kapitalgeber
○ Kunden
○ Staat
○ Gesellschaft |

Um die mit dem Unternehmensleitbild beabsichtigten Ziele erreichen zu können, ist es hilfreich, die Mitarbeiter an ihrer Formulierung zu **beteiligen**. Damit wird die vom Unternehmen zu wünschende Identifikation der Mitarbeiter gefördert.

Zahlreiche Großunternehmen haben Unternehmensgrundsätze formuliert, die nach innen und außen kommuniziert werden. Sie sollen die »Werte« des Unternehmens zum Ausdruck bringen.

(1) Welche Elemente sollten Ihrer Ansicht nach Unternehmensgrundsätze beinhalten?

(2) Versuchen Sie ein Leitbild für eine Großbank, ein Computerunternehmen und eine Luftverkehrsgesellschaft zu erstellen.

Seite 238 f.

2.1.2 Corporate Identity

Die Corporate Identity repräsentiert die **Unternehmensidentität**, indem sie das Selbstverständnis eines Unternehmens darstellt. Ziel des Top Managements ist die Schaffung einer unverwechselbaren Corporate Identity, damit das Unternehmen von Mitarbeitern und Öffentlichkeit als Persönlichkeit wahrgenommen wird.

Die ausgeprägte Persönlichkeit eines Unternehmens trägt insbesondere in Märkten mit hoher Wettbewerbsintensität und nahezu austauschbaren Produkten dazu bei, dass sich ein Unternehmen von seinen Konkurrenten wirksam abhebt. Daraus ergibt sich ein **strategischer Wettbewerbsvorteil**, der das Unternehmen darin unterstützt, eine vertrauensvolle Beziehung zum Kunden aufzubauen.

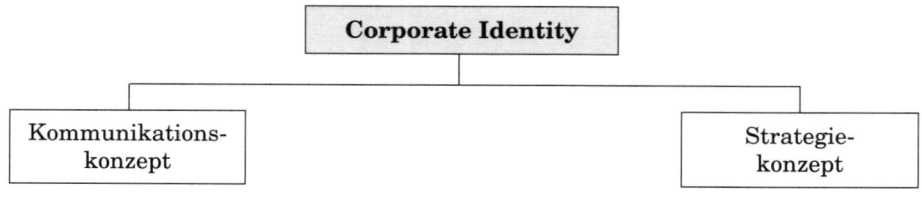

2.1.2.1 Kommunikationskonzept

Die Corporate Identity ist zunächst ein Kommunikationskonzept, das auf das Unternehmen selbst, d. h. auf seine Mitarbeiter und auf seine Umwelt ausgerichtet ist:

❑ Nach **innen** soll ein »**Wir-Gefühl**« bzw. ein »**Wir-Bewusstsein**« geschaffen werden, das die Entwicklung einer Unternehmenskultur fördert. Neben einer Identifizierung der Mitarbeiter mit »ihrem« Unternehmen soll sich die Corporate Identity auch positiv auf die Arbeitsleistung der Mitarbeiter auswirken. **Interne Adressaten** sind (*Ehrmann*):

○ Mitarbeiter	○ Betriebsrat
○ Führungskräfte	○ Sprecherausschuss

❑ Nach **außen** wird mit der Corporate Identity das Ziel verfolgt, ein adressatengerechtes **Firmenimage** aufzubauen, z. B. durch die erfolgreiche Vermarktung von Sachgütern bzw. Dienstleistungen. **Externe Adressaten** können sein (*Ehrmann*):

○ Marktpartner (z. B. Kunden, Lieferanten, Kreditinstitute)	○ Medien (z. B. Printmedien, Fernsehen)
○ Gesellschaftliche Gruppen (z. B. Gewerkschaften, Parteien, Umweltschützer)	○ Sonstige Adressaten (z. B. Multiplikatoren)
	○ Potenzielle Mitarbeiter

2.1.2.2 Strategiekonzept

Die Corporate Identity umfasst auch ein Konzept der strategischen Unternehmensführung und ist damit maßgeblicher Bestandteil des Führungsprozesses. Sie trägt dazu bei, dass strategische Zielsetzungen in taktische und operative Pläne und Maßnahmen umgesetzt werden. Das Strategiekonzept besteht aus:

❑ Dem **Unternehmensverhalten** als Corporate Behaviour. Es ist das bedeutsamste Instrument und kann nach innen (z. B. Mitarbeiter) und außen (z. B. Kunden, Öffentlichkeit) ausgerichtet sein. Als Verhaltensbereiche lassen sich unterscheiden:

Unternehmens- politischer Bereich	**Beispiele**: Führungsstil des Top Managements, Konditionenpolitik, Informationspolitik, Umweltpolitik
Personalbezogener Bereich	**Beispiele**: Verhalten der im Unternehmen tätigen Personen untereinander, Verhalten dieser Personen zu Außenstehenden
Medienbezogener Bereich	**Beispiele**: Alle Formen der Kommunikationspolitik, z. B. Stil der Öffentlichkeitsarbeit, Verhältnis zur Presse, Werbestil

❑ Dem **Unternehmenserscheinungsbild** als Corporate Design, dessen Gegenstand das visuelle Erscheinungsbild eines Unternehmens ist. Es soll das Unternehmen nach innen und außen als Einheit erscheinen lassen. Dies kann vor allem durch den zielgerichteten Einsatz von Gestaltungselementen geschehen, die sich z. B. beziehen können auf:

Grafische Gestaltung	**Beispiele**: Gestaltung des Firmenlogos, Typografie, Hausfarben, Druckerzeugnisse, Präsentationsunterlagen, Messestand
Produkt- gestaltung	**Beispiele**: Gestaltung von Produktverpackungen mit hohem Nutzwert oder ansprechende Werbeanzeigen
Architektonische Gestaltung	**Beispiele**: Zeitgemäße Außenarchitektur, arbeitsergonomische Erkenntnisse berücksichtigende Innenarchitektur

❑ Der **Unternehmenskommunikation** als Corporate Communication, die über eine ganzheitliche Kommunikationsstrategie und alle nach innen und außen gerichteten Aktivitäten ein klar strukturiertes Vorstellungsbild des Unternehmens in der Öffentlichkeit und bei den Mitarbeitern bewirken möchte.

Alle drei Elemente bzw. Instrumente wirken eng zusammen, um das Strategiekonzept zu ergeben.

2.1.3 Unternehmenskultur

Die Unternehmenskultur ist ein unternehmensbezogenes **Wertsystem** von Vorstellungen, Orientierungsmustern, Verhaltensnormen, Denk- und Handlungsweisen (*Carl / Kiesel*). Jedes neugegründete wie auch schon länger bestehende Unternehmen verfügt über eine spezifische Kultur mit jeweiligen Wertvorstellungen und Verhaltensweisen. Dabei ist es unerheblich, ob diese Kultur schriftlich fixiert ist.

Durch die Unternehmenskultur wird das **Verhalten** aller Führungskräfte und Mitarbeiter eines Unternehmens entscheidend geprägt. Sie kann auch dazu beitragen, dass sich ein Unternehmen deutlich von den Wettbewerbern abhebt. Die Unternehmenskultur lässt sich erkennen durch:

❑ Die **Hervorhebung unternehmenseinheitlicher Sprachregelungen**, z. B. des Begriffes »Mitarbeiter« anstelle »Untergebener« . Dadurch soll eine höhere Wertschätzung der beschäftigten Personen gezeigt werden.

❑ Die **Betonung unternehmenstypischer Besonderheiten**, z. B. einer traditionsreichen Firmengeschichte, einer wirkungsvollen Personalentwicklung, eines umfangreichen Weiterbildungsprogrammes.

❑ Den **Hinweis auf besondere unternehmensstrategische Faktoren**, z. B. der Markt-, Kunden-, Service- bzw. Qualitätsorientierung des Unternehmens.

Die Entwicklung der Unternehmenskultur zählt zu den wichtigsten **Aufgaben** der Unternehmensleitung. Im Folgenden sollen betrachtet werden:

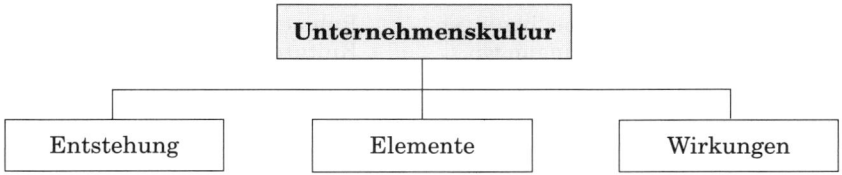

2.1.3.1 Entstehung

Die Unternehmenskultur entsteht, indem eine Vielzahl von Gegebenheiten auf das Unternehmen einwirkt. Herauszuheben sind (*Carl / Kiesel*):

❑ Die **Umstände** der Unternehmensgründungen, z.B. die Gründung von Kreditgenossenschaften als »Hilfe zur Selbsthilfe« oder von Sparkassen, die der Förderung und Pflege des Sparens für jedermann dienen sollen.

❑ Die **Personen** der Unternehmensgründer, z.B. *Bill Gates* (Microsoft), *Gottlieb Daimler / Carl Benz* (Daimler-Benz) bzw. *Dietmar Hopp / Hasso Plattner* (SAP).

❑ Die **Entwicklung** der Unternehmen, die über Generationen hinweg bewahrend gewesen sein kann mit der Folge, dass Besitzstände verteidigt und Veränderungen widerstanden wurde.

Die Entstehung der Unternehmenskultur ist das Ergebnis von **Lernprozessen**, die sich über viele Jahre hinweg erstreckt haben können.

2.1.3.2 Elemente

Die Unternehmenskultur kann verschiedene Elemente umfassen. So gibt es:

❑ **Globale Elemente**

> ○ Persönlichkeitsstrukturen der Führungskräfte (Lebensläufe, Werte, Mentalitäten)
> ○ Rituale/Symbole (räumliche und gestalterische Symbole, Verzicht auf Krawatte)
> ○ Kommunikation (nach innen/außen, Kommunikationsstil)

❑ **Managementbezogene Elemente**

> ○ Strategien   ○ Organisationsstrukturen
> ○ Strategiedurchsetzung   ○ Organisationsprozesse
> ○ Führungssysteme   ○ Umweltorientierung

❑ **Umfeldbezogene Elemente** als unterschiedliche Rahmenbedingungen

○ Wirtschaftliche Rahmenbedingungen	○ Gesellschaftliche
○ Technologische Rahmenbedingungen	Rahmenbedingungen
○ Ökologische Rahmenbedingungen	○ Kulturelle Rahmenbedingungen

2.1.3.3 Wirkungen

Von einer stark ausgeprägten Unternehmenskultur können unterschiedliche Wirkungen ausgehen (*Steinmann / Schreyögg*). **Positive Wirkungen** sind:

❑ Förderung des Leistungsvermögens des Unternehmens
❑ Verringerung der Komplexität zwischen Unternehmen und Umwelt
❑ Effiziente Kommunikation durch einfache bzw. unmittelbare Abstimmungsprozesse
❑ Schnelle Entscheidungs- und Problemlösungsprozesse durch gemeinsame »Sprache«
❑ Zügiges Umsetzen von Entscheidungen
❑ Geringer Kontrollaufwand durch Einbeziehung der Beteiligten
❑ Hohe Motivation/Loyalität/Einsatzbereitschaft der Mitarbeiter.

Als **negative Wirkungen** einer starken Unternehmenskultur sind zu nennen:

❑ Tendenz zur Innenorientierung (Abkapselung des Unternehmens nach außen)
❑ Trägheitsmoment bzw. Verhinderung von Veränderungsprozessen
❑ Tendenz zur Inflexibilität durch (unsichtbare) Barrieren.

Den negativen Wirkungen kann durch geeignete Maßnahmen begegnet werden, ohne dass sie aber immer völlig abstellbar sind.

15   Ein Unternehmen der High-Tech-Branche steht vor dem Problem, sich gegenüber anderen Wettbewerbern besser zu positionieren. Ein Ansatzpunkt hierzu ist die Schaffung einer Corporate Identity.

(1) Welche Elemente kann/sollte ein wirkungsvolles Corporate-Identity-Mix umfassen?

(2) Worin besteht die Zielsetzung eines strategischen Corporate-Identity-Konzeptes?

(3) Welche konkreten Maßnahmen können dem Unternehmen zur Förderung einer Corporate Identity dienen?

Seite 239

2.1.4 Unternehmensethik

Die Unternehmensethik ist die **Lehre von** denjenigen **idealen Werten**, die in der Marktwirtschaft zu einem friedenstiftenden Gebrauch der unternehmerischen Handlungsfreiheit anleiten sollen, also z. B. nicht vordergründig ausschließlich auf Gewinnerzielung ausgerichtet sind. Es ist unternehmensethisch, bestimmte Ziele bzw. Handlungsweisen anzustreben und andere auszuschließen:

Unternehmensethische Ziele	*Nicht* unternehmensethische Ziele
○ Humanität	○ Umweltverschmutzung
○ Ökologie	○ Lebensmittelskandale
○ Verbraucherorientierung	○ Unseriöse Vermarktungen
○ Verantwortungsbewusstsein	○ Gesundheitsschädliche Produkte

Die Unternehmensethik lässt sich insbesondere kennzeichnen durch (*Macharzina / Wolf*):

❏ Die **Begründbarkeit** des ethischen Handelns, das nicht aufgrund von Willkür oder Traditionen erfolgt, sondern durch die praktische Vernunft begründet ist.

❏ Die **Prämisse**, dass Handlungen nicht ausschließlich nach wirtschaftlichen Gesichtspunkten zu bewerten sind.

❏ Die **Interessen aller Bezugsgruppen** eines Unternehmens, die in angemessener Weise Berücksichtigung finden sollten.

❏ Die **Wirkung** des ethischen Handelns, die kurzfristig, mittelfristig und langfristig sein kann.

❏ Die **Selbstverpflichtung** des Unternehmens, die dadurch stärker zum Ausdruck kommt.

Das Unternehmen hat immer mehr auch eine gesellschaftliche Verpflichtung, der es nachkommen sollte, insbesondere indem es sich ethisch verhält.

2.2 Strategische Planung

Die strategische Planung ist eine **langfristige Planung**. Sie wird vom Top Management wahrgenommen und ist darauf gerichtet, strategische Pläne zu erarbeiten und Strategien zu formulieren.

Strategien sind Handlungsanweisungen zur Lösung grundlegender langfristiger Probleme des Unternehmens und seiner Funktionsbereiche. Mit ihnen soll den Herausforderungen begegnet werden, denen das Unternehmen in vielfältiger Weise ausgesetzt ist. Wie diese sind auch die Strategien immer wieder verschieden, d. h. keine Strategie ist mit einer anderen vergleichbar.

Strategische Entscheidungen können nur vom Top Management getroffen werden. Sie beziehen sich auf einzelne Produkte, die am Markt angeboten werden. Darüber hinaus liefern sie Aussagen über die Bereiche, die dazu langfristig Beiträge leisten sollen. Dabei basieren sie auf **externen** und **internen Analysen**.

Mithilfe der Strategien strebt das Unternehmen an, sich in seinem Umfeld zu positionieren. Dazu sind folgende **Grundfragen** zu klären (*Steinmann / Schreyögg*):

❑ *In welchen Geschäftsfeldern wollen wir tätig sein?*
❑ *Wie wollen wir den Wettbewerb in diesen Geschäftsfeldern bestreiten?*
❑ *Was ist unsere langfristige Erfolgsbasis bzw. Kernkompetenz?*

Bei der Suche nach der richtigen Strategie muss das Unternehmen sich darüber klar werden, worin die Ursachen für den Erfolg liegen. Sie werden als **strategische Erfolgsfaktoren** bezeichnet und nehmen eine zentrale Rolle innerhalb der strategischen Planung ein, z.B. als (*Grabner-Kräuter, Becker*):

❍ Schnelligkeit der Entscheidungen	❍ Einhaltung der Lieferzeiten
❍ Ausmaß der Markt- und Kundennähe	❍ Anzahl der Innovationen
❍ Konzentration auf Kernkompetenzen	❍ Qualität der Produkte
❍ Qualität des Service	❍ Qualität des Personals
❍ Höhe der Kapazitätsauslastung	❍ Bekanntheitsgrad des Unternehmens
❍ Intensität der Forschung/Entwicklung	❍ Höhe des Marktwachstums

Die Wirkung einzelner Erfolgsgrößen darf bei der strategischen Planung nicht isoliert betrachtet werden. In der Praxis können strategische Erfolgspotenziale kombiniert auftreten und sich gegenseitig positiv wie auch negativ beeinflussen.

Die Erfolgsfaktoren unterliegen einem **Wandel** im Zeitablauf. Ursachen hierfür können ein verändertes betriebliches Umfeld oder neue Wettbewerber sein. Dies hat zur Konsequenz, dass heute wirksame strategische Erfolgsfaktoren in der Zukunft möglicherweise erfolglos sind und durch andere abgelöst werden müssen.

Als strategische Planung werden behandelt:

• **Strategische Planungskonzepte**

• **Strategische Analysen**

• **Strategien**

• **Portfoliotechniken**.

2.2.1 Strategische Planungskonzepte

Strategische Planungskonzepte bilden den Ausgangspunkt der Strategieformulierung, indem sie Strategien aus den Unternehmenszielen ableiten. Es gibt:

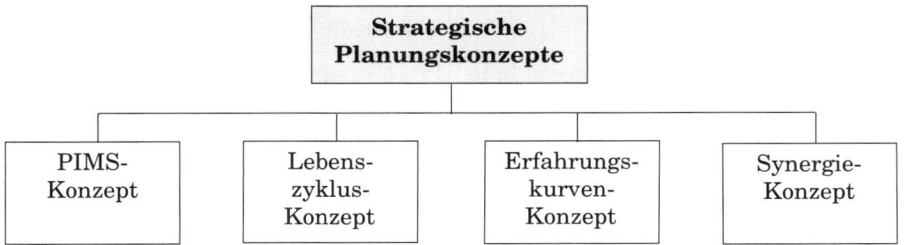

2.2.1.1 PIMS-Konzept

Das PIMS-Projekt stellt eine seit den 60er Jahren betriebene empirische Studie dar, die erfolgsbeeinflussende Faktoren eines Unternehmens untersucht als:

P = Profit (Gewinn)	**M** = Market (Markt)
I = Impact of (Einwirkung auf)	**S** = Strategies (Strategien)

An dem PIMS-Projekt waren zahlreiche amerikanische, europäische und asiatische Unternehmen beteiligt, die verschiedenen Branchen angehörten. Ziel des Projektes war es, allgemein gültige strategische Gesetzmäßigkeiten zu beschreiben und Strategien empirisch zu fundieren. Dabei wurden die für den strategischen Erfolg maßgeblichen Bestimmungsfaktoren aus den Daten vieler Geschäftsbereiche der untersuchten Unternehmen herausgefiltert.

Als wichtige **strategische Erfolgsfaktoren** wurden dabei ermittelt (*Roventa, Dunst, Hentze / Brose / Kammel*):

❑ Die **Marktattraktivität**, z.B. Marktwachstum, Exportquote, Importquote

❑ Die **Wettbewerbsposition**, z.B. relativer Marktanteil, relatives Gehaltsniveau, relative Produktqualität gegenüber dem Wettbewerb

❑ Die **Investitionsattraktivität**, z.B. Investitionsintensität, Investitionshöhe

❑ Die **Kostenattraktivität**, z.B. Marketingaufwand zu Umsatz, Forschungs- und Entwicklungsaufwand zu Umsatz

❑ **Allgemeine Unternehmensmerkmale**, z.B. Unternehmensgröße, Diversifikationsgrad

❑ **Veränderungen der vorgenannten Größen**, z.B. Marktanteilsänderungen.

Die **Kernaussage** des PIMS-Konzeptes ist, dass ein Unternehmen mit hohem Marktanteil eine hohe Rentabilität erzielt, da es zumeist über eine hohe kumulierte Erfahrung verfügt, die realisierbare Kostendegressionseffekte bewirkt (*Ziegenbein*).

Vorteile	Nachteile
○ Beteiligte Unternehmen liefern ständig Daten ○ Veränderungsprozesse werden transparent gemacht ○ Forschungsergebnisse (z. B. Erfahrungskurven-Konzept) lassen sich empirisch belegen	○ Herangezogene Bilanzdaten sind zeitpunktbezogen ○ Wegen Freiwilligkeit der Teilnahme keine repräsentative Datenbasis ○ Interdependenzen der Erfolgsfaktoren bleiben unberücksichtigt ○ Auch Unternehmen mit geringem Marktanteil können rentabel arbeiten

Die Aussagen aus der PIMS-Studie sind nach wie vor für die strategische Planung von großer Bedeutung, weil in konkreten Entscheidungssituationen aus den Erfahrungen anderer Unternehmen in vergleichbaren Wettbewerbs- bzw. Marktsituationen entsprechende Lehren gezogen werden können.

2.2.1.2 Lebenszyklus-Konzept

Das Lebenszyklus-Konzept basiert auf der Annahme, dass ein Produkt nur eine begrenzte **Lebensdauer** hat und seine Absatzchancen im Zeitablauf einer zyklischen Entwicklung unterliegen. Es dient dazu, die Entwicklung von Produkten, Märkten, Technologien, Unternehmen und Branchen zu untersuchen.

Mit dem Lebenszyklus-Konzept werden die Entwicklung der **Kosten** sowie der idealtypische durch verschiedene Phasen gekennzeichnete Verlauf des **Umsatzvolumens** von Produkten oder Märkten beschrieben:

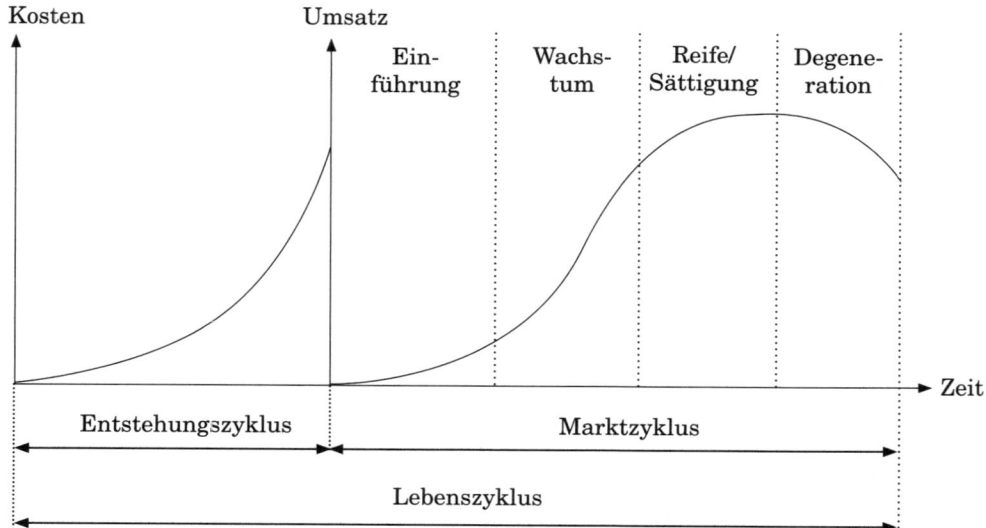

Der **Entstehungszyklus** ist dadurch gekennzeichnet, dass ausschließlich Kosten anfallen, z. B. für Unternehmens- und Umweltanalysen, Produktplanung, Produktentwicklung, Vorbereitung der Markteinführung.

Beim **Marktzyklus** werden Umsatzerlöse mit dem Erzeugnis erzielt, wobei die Umsatzkurve s-förmig verläuft. Die Produktlebensdauer umfasst mehrere **Phasen**, die jedes Produkt unterschiedlich durchläuft, je nach individueller Vermarktungsdauer und jeweiligem Marktvolumen (*Meffert*):

	Einführungs-phase	Wachstums-phase	Reife/ Sättigungs-phase	Degene-rations-phase
Anzahl der Wettbewerber	einer/sehr wenige	mehrere/ viele, erreicht Höchstwert	rückläufig, Konsoli-dierungs-tendenzen	wenige
Marktanteil	sehr hoch	hoch, aber geringer	geringer	klein
Marktposition	Marktführer	Marktführer oder nachran-giger Anbieter	Nachrangiger Anbieter oder Grenzanbieter	Grenz-anbieter
Umsatz-entwicklung	langsames Wachstum	schnelles Wachstum	Stagnation auf hohem Niveau	Rückgang
Produkt-ergebnis	Verlust	steigender Gewinn	sinkender Gewinn	Verlust
Preiselastizität *	niedrig	mittel	hoch	niedrig
Preis/Einheit	hoch	sinkend	Richtung Grenzkosten	stabil
Kunden	Innovatoren	Frühadopter	breite Mitte	Nachzügler
Wachstumsrate	unbestimmt	hoch	gering	null/negativ
Marktpotenzial	unklar	deutlicher	überschaubar bzw. transparent	unbekannt
Kundentreue	gering	höher	abnehmend	höher

Beachtenswert ist, dass die kostenintensive Entstehungsphase von Produkten in Zukunft immer länger wird, der umsatzwirksame Marktzyklus sich zunehmend verkürzt, was die große Bedeutung des Lebenszyklus-Konzeptes verdeutlicht. Die Unternehmen versuchen, die Lebenszyklen ihrer Produkte positiv zu beeinflussen, z. B. bei Automobilen durch Vorstellung von Sondermodellen mit Klimaanlage/ Winterausrüstung oder besonderes Design in der Reifephase.

---

* Die Preiselastizität gibt an, um wie viel Prozent sich die Absatzmenge eines Produktes ändert, wenn der Preis für dieses Produkt um 1 % erhöht oder gesenkt wird.

Je nach Lebenszyklusphase können **strategische Maßnahmen** sein:

- ❑ **Einführungsphase**: Markt abschöpfen und durchdringen
- ❑ **Wachstumsphase**: Neue Segmente/Distributionskanäle erschließen
- ❑ **Reife-/Sättigungsphase**: Produkt und Markt modifizieren
- ❑ **Degenerationsphase**: Investieren, Abwarten, Selektieren, Ernten, Eliminieren.

Einsatzbereiche des Lebenszyklus-Konzepts sind z. B.:

- ❑ Prognose der Absatzmöglichkeiten eines Produktes
- ❑ Planung des Einsatzes der absatzpolitischen Instrumente
- ❑ Beurteilung der Erfolgsträchtigkeit eines Produktes
- ❑ Ableitung von Forschungs- und Entwicklungsaktivitäten
- ❑ Grundlage für die Planung von Strategien
- ❑ Instrument der strategischen Programmplanung im Produkt-Markt-Bereich.

> **16**
>
> (1) Das PIMS-Konzept ist eine breit angelegte Studie zur Identifizierung strategischer Erfolgsfaktoren. Zeigen Sie, welche Aussagekraft das PIMS-Konzept für die strategische Planung in einem Unternehmen aufweist!
>
> (2) Welche Faktoren können Ihrer Ansicht nach den Erfolg einer strategischen Geschäftseinheit maßgeblich beeinflussen?
>
> (3) Das Funktelefon (»Handy«) ist ein Produkt, das mittlerweile eine relativ große Marktdurchdringung erreicht hat. Zeigen Sie anhand des Lebenszyklus-Konzeptes seine bisherige und voraussichtliche Entwicklung in der Zukunft auf. Stellen Sie Maßnahmen dar, die einen erfolgreichen Marktauftritt unterstützen!
>
> (4) Nennen Sie Beispiele für Produkte bzw. Branchen, die den folgenden Lebenszyklusphasen zugeordnet werden können:
>
>   ○ Einführungsphase
>   ○ Wachstums-/Reifephase
>   ○ Degenerationsphase
>
> (5) Führen Sie Kritikpunkte an, die gegen das Lebenszyklus-Konzept sprechen.

Seite 239 f.

2.2.1.3 Erfahrungskurven-Konzept

Das Konzept der Erfahrungskurve befasst sich mit Kostendegressionseffekten, die sich über längere Zeit hinweg in vielen Branchen einstellen, z. B. durch Erfindungen oder höhere Produktivität. Es besagt, dass sich die preisbereinigten **Stückkosten** um jeweils einen bestimmten Prozentsatz reduzieren lassen, wenn sich die kumulierte Produktionsmenge im Zeitablauf verdoppelt.

Dieser Kostendegressionseffekt wurde von der *Boston Consulting Group* in den 60er-Jahren in vielen Unternehmen derart nachgewiesen, dass typischerweise die Kosten bei einer Verdopplung der kumulierten Ausbringungsmenge um 20 % bis 30 % sanken. Eine solch hohe Kostensenkung dürfte heute vielfach nicht mehr vorzufinden sein. Es ist anzunehmen, dass sie sich inzwischen eher halbiert hat.

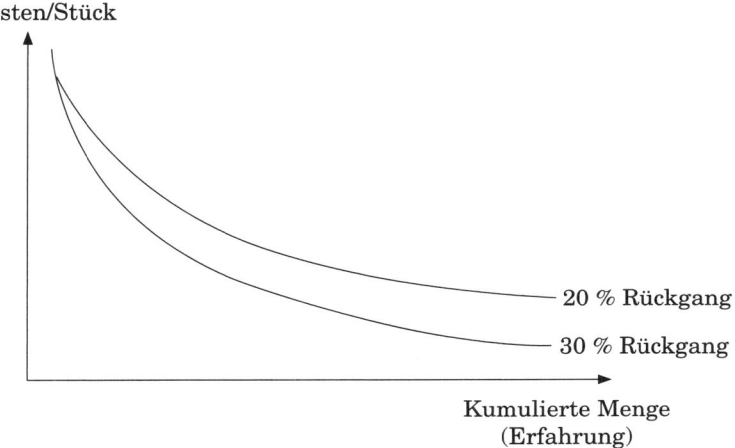

Das Erfahrungskurven-Konzept bezieht sich auf die Gesamtheit der Lernprozesse, d.h. auf alle Kostenelemente eines Unternehmens. **Ursachen** der Erfahrungskurve und der möglichen Kostenreduktion sind z.B.:

❍ Standortanpassungen	❍ Verbesserte Arbeitsorganisation
❍ Neue Produktionsprozesse	❍ Verbesserte Führung
❍ Kostensenkung durch Rationalisierung	❍ Verbesserte Ausbildung
❍ Methodische Verbesserungen	❍ Lerneffekte
❍ Verbesserte Kapazitätsnutzung	❍ Produktstandardisierung

Nach dem Erfahrungskurven-Konzept bewirkt ein hoher Marktanteil ein hohes kumuliertes Produktions- und Absatzvolumen, wodurch die Stückkosten sinken und die Rentabilität ansteigt. Seine **Einsatzgebiete** liegen in der strategischen Planung sowie der Kosten-, Preis-, Wachstums- und Marktanteilspolitik.

Als **Kritik** am Erfahrungskurven-Konzept als Instrument der strategischen Planung wird genannt:

❏ Eine Kostenprognose ist nur auf Basis des Einzelfalles möglich.

❏ Produktveränderungen müssen berücksichtigt werden.

❏ Später eintretende Wettbewerber können z.B. modernere Fertigungsverfahren einsetzen und haben daher niedrigere Stückkosten.

❏ Ein Verhalten bzw. der Einfluss von Nachfragern, Märkten und Umwelt wird nicht berücksichtigt.

❏ Die strategische Positionierung eines Produktes muss nicht allein durch geringe Kosten bedingt sein. Ggf. versprechen auch Differenzierung und/oder Konzentration auf bestimmte Marktnischen einen langfristigen Marktvorteil.

❏ Die zur Realisierung des Erfahrungskurveneffektes notwendige Kapazitätserweiterung kann ggf. zu einem Marktdruck führen. Möglicherweise wird damit auch die Flexibilität des Unternehmens eingeschränkt.

2.2.1.4 Synergie-Konzept

Das Synergie-Konzept (*Ansoff*) beschreibt den »2+2=5-Effekt«, der besagt, dass das Gesamte zusammengefügt mehr sein kann als die Summe seiner Teile. Für ein Unternehmen lassen sich Leistungsverbesserungen und Wettbewerbsvorteile beschreiben, die es erlangt, wenn es sein bisheriges Know-how durch Kooperation mit Marktpartnern in neuen Produkt- und Marktbereichen nutzt.

Die konsequente **Ausnutzung von Synergieeffekten** wird für die Unternehmen immer wichtiger, z. B. aus folgenden Gründen:

○ Rückläufige Diversifikation	○ Globalisierung der Märkte
○ Trend vom Wachstum zur Leistung	○ Trend zu Systemanbietern
○ Technologischer Wandel	○ Zunehmende Kostenorientierung

Die Nutzung des Synergie-Konzeptes, die zumeist durch Kooperation geschieht, erstreckt sich vor allem auf (*Rahn*):

❏ Den **Marketingbereich** (z. B. Nutzung gemeinsamer Distributionskanäle)
❏ Den **Fertigungsbereich** (z. B. gemeinsame Fertigungsanlagen)
❏ Den **Forschungs- und Entwicklungsbereich** (z. B. gemeinsame Grundlagenforschung).

Synergie-Überlegungen haben in jüngerer Zeit im Rahmen der strategischen Planung große Bedeutung erlangt. Beispiele sind auch **strategische Allianzen** und **Joint Ventures** – siehe Kapitel C.

17

In der betriebswirtschaftlichen Ausbildung an den Hochschulen werden zunehmend computergestützte Unternehmensplanspiele eingesetzt, mit deren Hilfe komplexe Entscheidungsprozesse in einem leistungswirtschaftlichen Unternehmen simuliert werden können. Um einen möglichst hohen Realitätsbezug zu gewährleisten, wird in diesen Unternehmensplanspielen i.d.R. auch das Erfahrungskurven-Konzept im Bereich der Fertigungswirtschaft berücksichtigt.

(1) Welche Erkenntnisse liefert das Erfahrungskurven-Konzept für die strategische Planung?

(2) Welche Maßnahmen sind zu ergreifen, damit sich Erfahrungskurven-Effekte einstellen?

Seite 241

2.2.2 Strategische Analysen

Strategische Analysen dienen der Bestimmung der strategischen Ausgangsposition eines Unternehmens. Sie sind der Kern eines jeden strategischen Planungsprozesses und eine notwendige Voraussetzung für die Strategieformulierung.

Da strategische Entscheidungen maßgeblichen Einfluss auf die Zukunft eines Unternehmens haben, ist es erforderlich, Veränderungen sowohl im unternehmensinternen Bereich als auch im Unternehmensumfeld möglichst frühzeitig zu erkennen, zu interpretieren und zielgerichtete Maßnahmen einzuleiten. Als strategische Analysen werden behandelt:

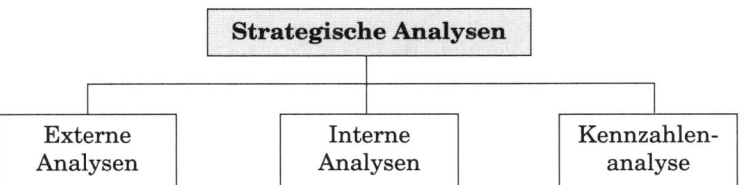

2.2.2.1 Externe Analysen

Mithilfe externer Analysen werden die Gegebenheiten untersucht, die außerhalb des Unternehmens vorzufinden sind. Es lassen sich unterscheiden:

- **Umfeldanalyse**

- **Marktanalyse**

- **Konkurrentenanalyse**

- **Branchenstrukturanalyse**.

2.2.2.1.1 Umfeldanalyse

Die Umfeldanalyse ist eine Untersuchung wesentlicher Faktoren und sich abzeichnender Trends, welche die Umwelt des Unternehmens betreffen. Sie wird auch **Umweltanalyse** im weiteren Sinne genannt und zielt darauf ab, Chancenpotenziale zu erkennen, die mit neuen Strategien realisierbar sind, sowie Gefahrenpotenziale festzustellen, die durch neue Strategien vermeidbar, umgehbar oder verminderbar sind.

In die Umfeldanalyse sind auch **Interessengruppen** einzubeziehen, die das Unternehmensgeschehen beeinflussen können, wie z. B. Kunden und Lieferanten, Aktionäre, Regierung, Parteien, Gewerkschaften, Verbraucherverbände. Sie kann sich beziehen auf:

Wirtschaftliches Umfeld	Sozialprodukt, Industrieproduktion, Preis- und Einkommensentwicklung, Kapitalmärkte, Beschäftigungssituation
Gesellschaftliches Umfeld	Arbeitszeit- und Freizeitänderungen, Arbeitsmentalität, kulturelle Normen, Bildungsniveau, Sparverhalten, Anspruchsniveau, regionale Verschiebungen, Modeströmungen, Wertewandel
Technologisches Umfeld	Stand der Technik, neue Materialien, neue Energien, Stand der Forschung und Entwicklung, Produktveränderungen, Produktinnovationen, Produktionstechnologie, Umwelttechnologie
Rechtliches Umfeld	Zu beachtende Gesetze, erwartete Gesetze bzw. Gesetzesänderungen, neue Verordnungen
Politisches Umfeld	Gegebene politische Lage, erwartete politische Veränderungen, internationale Entwicklungen
Ökologisches Umfeld	Geografische Bedingungen, klimatische Situation, Umweltschonung, Verfügbarkeit von Energie und Rohstoffen, Entsorgung

Die Ergebnisse der Umfeldanalyse fließen in den Strategieentwurf ein.

2.2.2.1.2 Marktanalyse

Die Marktanalyse ist das systematische und methodisch einwandfreie Untersuchen eines Marktes mit dem Ziel, marktbezogene **Informationen** zu erlangen. Sie wird einmalig oder fallweise zeitpunktbezogen durchgeführt und dient dem Vergleich von Strukturgrößen, z. B. Marktstruktur, Konkurrenzverhalten.

Die Marktanalyse kann folgende **Elemente** umfassen (*Gälweiler*):

❍ Marktpotenzial (Marktvolumen)	❍ Gestaltung der Marketing-
❍ Marktwachstum	aktivitäten
❍ Marktanteile (eigene, fremde)	❍ Beurteilung des
❍ Preisentwicklung	Rentabilitätspotenzials

Die Durchführung einer umfassenden Marktanalyse ist insbesondere für neu ge-
gründete Unternehmen eine wichtige Voraussetzung für die strategische Planung.

Die Umfeldanalyse soll Chancen und Risiken eines Unternehmens
möglichst frühzeitig erkennbar machen. In der Bankwirtschaft vollziehen sich gegenwärtig gewaltige Veränderungsprozesse, welche
die Kreditinstitute vor neue Herausforderungen stellen.

(1) Zeigen Sie charakteristische Megatrends bzw. Herausforderungen für die Kreditwirtschaft auf!

(2) In welcher Weise können die Kreditinstitute Ihrer Auffassung
nach auf die veränderten Rahmenbedingungen reagieren?

Seite
241 f.

2.2.2.1.3 Konkurrentenanalyse

Die Konkurrentenanalyse dient dazu, systematisch Informationen über die Mitbewerber zu sammeln und zu bewerten. Sie erstreckt sich meist nicht auf sämtliche
Wettbewerber, sondern nur auf die zwei bis drei wichtigsten Konkurrenten.

Es sollte aber auch auf potenzielle Konkurrenten geachtet werden, die noch nicht
in der Branche tätig sind, sowie kleinere Wettbewerber, die erfolgreich Marktnischen besetzt haben, da sie eine hohe Wachstumsdynamik aufweisen und aggres-
siv am Markt agieren.

Mithilfe der Konkurrentenanalyse versucht das Unternehmen, die voraussicht-
lichen strategischen Schritte der Wettbewerber zu erkennen und die Reaktionen
der Wettbewerber auf Veränderungen in der Branche sowie auf eigene strategische
Maßnahmen herauszufinden. Ihre **Informationsquellen** können sein (*Ehrmann*):

❍ Jahresabschlüsse	❍ Internetrecherchen
❍ Pressekonferenzen	❍ Gezielte Befragungen
❍ Verbandsmitteilungen	❍ Unternehmenspublikationen in
❍ Bankauskünfte	Fachzeitungen und -zeitschriften

Die Konkurrentenanalyse umfasst nach *Porter* vier **Grundelemente**:

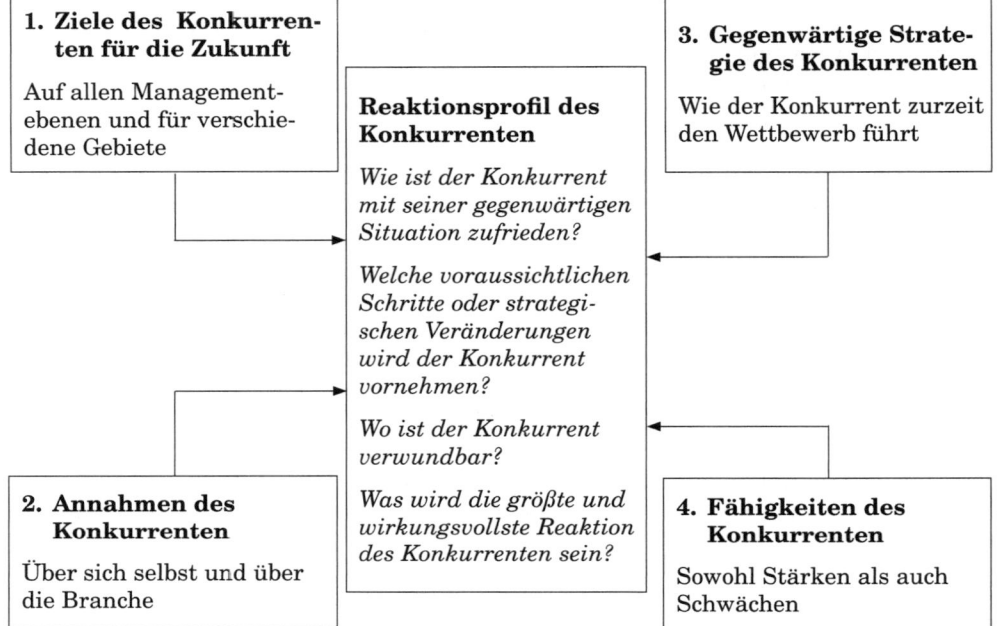

Die **Kenntnis der Ziele des Konkurrenten** für die Zukunft erlaubt eine Aussage darüber, ob dieser Wettbewerber mit seiner gegenwärtigen Position zufrieden ist oder nicht. Darüber hinaus sind Vorhersagen möglich, wie ein Wettbewerber auf Strategieänderungen der Konkurrenz reagieren wird und inwieweit er eigene bereits eingeleitete Maßnahmen ernsthaft verfolgt.

Die **Kenntnis der Annahmen des Konkurrenten** sind zu identifizieren. Sie lassen sich in Annahmen eines Wettbewerbers über sich selbst und Annahmen des Wettbewerbers über die Branche sowie die anderen Unternehmen innerhalb dieser Branche aufteilen.

Jedes Unternehmen arbeitet auf der Grundlage von Annahmen über seine eigene Situation. Sie lenken das Verhalten des Unternehmens und seine Reaktionen auf Ereignisse. Wird bei der Analyse festgestellt, dass die Annahmen eines Wettbewerbers über seine Situation nicht zutreffen, so steht ein gewichtiger »strategischer Hebel« zur Verfügung.

Die **Kenntnis der gegenwärtigen Strategie des Konkurrenten** bedingt, dass sämtliche Funktionsbereiche des Wettbewerbers analysiert werden.

Die **Kenntnis der Fähigkeiten des Konkurrenten** bewirkt eine Einschätzung des Reaktionsvermögens. Die Fähigkeiten eines Wettbewerbers werden mit einer Stärken-Schwächen-Analyse festgestellt. Sie kann sich beziehen auf:

○ Produkte	○ Gesamtkosten
○ Händler/Vertrieb	○ Finanzielle Stärke
○ Marketing/Verkauf	○ Organisation
○ Verfahren	○ Allgemeine Management-
○ Forschung/Technik	fähigkeit

Verfeinert werden kann die Untersuchung durch Aussagen zu:

○ Kernfähigkeiten	○ Anpassungsfähigkeit
○ Wachstumsmöglichkeiten	○ Durchhaltevermögen
○ Fähigkeit zur schnellen Reaktion	○ Mitarbeiterpotenzial

Aus den vier Grundelementen kann ein **Reaktionsprofil** des Konkurrenten erstellt werden.

2.2.2.1.4 Branchenstrukturanalyse

Die Formulierung einer Wettbewerbsstrategie wird insbesondere durch die Branche bestimmt, in der das Unternehmen tätig ist. Als **Branche** wird eine Gruppe von Unternehmen bezeichnet, die Produkte herstellen, die sich gegenseitig nahezu ersetzen können.

Nach *Porter* bestimmen fünf **Wettbewerbskräfte** die Wettbewerbsintensität und die Rentabilität einer Branche, wobei die stärkste Wettbewerbskraft ausschlaggebend ist:

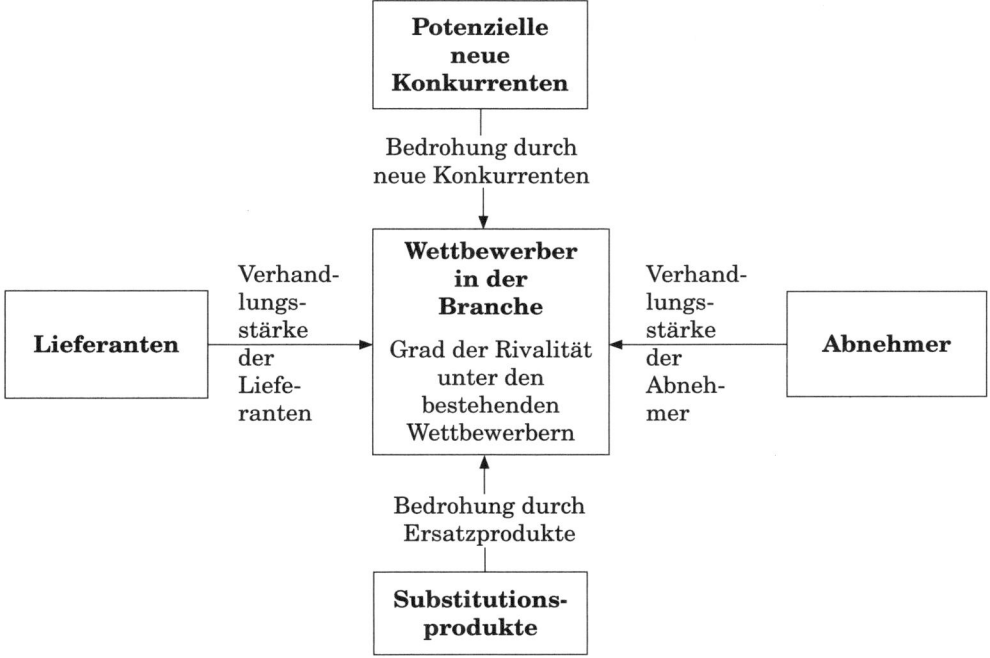

Die **Gefahr des Markteintrittes neuer Konkurrenten** hängt von der Höhe der existierenden Markteintrittsbarrieren und den erwarteten Reaktionen ab. **Markteintrittsbarrieren** können sein:

Betriebsgrößenersparnisse	Sie liegen vor, wenn die Stückkosten bei steigender absoluter Menge pro Zeiteinheit sinken. Neuanbieter haben deshalb wegen der Größenvorteile der etablierten Wettbewerber nur die Option, entweder zu hohen Kosten oder mit hohem Produktionsvolumen in den Markt einzusteigen.
Größenunabhängige Kostenvorteile	Etablierte Unternehmen können über Kostenvorteile verfügen, die für neue Konkurrenten unerreichbar sind, z.B. durch den Besitz von speziellen Produkttechnologien, spezialisiertem Know-how, günstigem Zugang zu Rohstoffen, Standortvorteilen.
Produktdifferenzierung	Etablierte Unternehmen verfügen oft über bekannte Marken, die eine stark ausgeprägte Käuferloyalität bewirken können. Das erschwert es neuen Anbietern, in den Markt einzudringen.
Kapitalbedarf	Ein Markteintritt ist teilweise mit einem hohen Kapitalbedarf (z.B. für Beschaffung von Anlagevermögen, Einführungswerbung) und möglicherweise mit unwiederbringlichen Investitionen (z.B. für Forschung und Entwicklung) verbunden.
Umstellungskosten	Das sind einmalige Kosten, die für einen Abnehmer anfallen, wenn er vom Produkt eines Lieferanten zu dem eines anderen wechselt. Zu ihnen zählen z.B. Kosten für Zusatzgeräte, Umschulungskosten der Mitarbeiter.
Zugang zu Vertriebskanälen	Es können Restriktionen im Zugang zu Vertriebskanälen bestehen, z.B. in Form langfristiger vertraglicher Bindungen ohne Kündigungsmöglichkeit zu bestimmten Absatzmittlern.
Staatliche Politik	Der Staat kann den Markteintritt neuer Unternehmen begrenzen bzw. verhindern, z.B. durch Lizenzzwang, Umweltschutzvorschriften oder Begrenzung des Zugangs zu den Rohstoffen.

Bei den **erwarteten Reaktionen** handelt es sich um mögliche Vergeltungsmaßnahmen der etablierten Wettbewerber. Anzeichen für eine hohe Vergeltungswahrscheinlichkeit sind:

- Erfahrungswerte über harte Vergeltungsmaßnahmen in der Vergangenheit
- Umfangreiche Möglichkeiten der etablierten Unternehmen zur Vergeltung, z.B. überschüssige Liquidität, starke Position gegenüber den Vertriebskanälen
- Langsames Branchenwachstum und begrenzte Möglichkeiten, Neuanbieter aufzunehmen, ohne die Rentabilität etablierter Unternehmen zu verringern
- Höhe der Austrittsbarrieren, z.B. stark spezialisierte Fertigungsanlagen, hohe Fixkosten des Austritts/bestehende Leasingverpflichtungen.

Der **Druck durch Substitutionsprodukte** besteht, da alle Unternehmen einer Branche mit Wettbewerbern konkurrieren, die Ersatzprodukte mit gleichen bzw. ähnlichen Funktionen herstellen. Diese Produkte begrenzen prinzipiell das Gewinnpotenzial einer Branche, da sie eine Preisobergrenze bewirken.

Ersatzprodukte von Wettbewerbern sind besonders dann zu beobachten, wenn sich deren Preis-Leistungs-Verhältnis tendenziell verbessert und die Umstellungskosten zu ihnen niedrig sind. Auch erhöht sich der Druck durch Substitutionsprodukte, wenn deren Hersteller damit hohe Gewinne erzielen.

Die **Verhandlungsstärke der Abnehmer** ist eine weitere Wettbewerbskraft, denn die Abnehmer konkurrieren mit der Branche, indem sie die Preise drücken, höhere Qualität oder bessere Leistung fordern und Wettbewerber gegeneinander ausspielen. Dies geschieht i. d. R. auf Kosten der Rentabilität der Branche.

Die Stärke der wichtigsten Abnehmergruppen hängt jedoch von ihrer individuellen Situation als Abnehmer und dem Anteil ihrer Käufe an den gesamten Umsätzen der Branche ab. Merkmale für eine **hohe Marktmacht** der Abnehmer sind z. B.:

Konzentrations-grad der Abnehmer-gruppe	Die Abnehmer sind bedeutende Unternehmen, die als Groß-abnehmer über eine erhebliche Einkaufsmacht verfügen. Sie werden mit einem erheblichen Prozentsatz des Absatzes der Branche beliefert, z. B. Hersteller in der Automobilbranche, die erheblichen Druck auf die Preise der Zulieferunternehmen aus-üben, oder Discounter im Lebensmittelhandel.
Standardisierung/ fehlende Produkt-differenzierung	Die Produkte der Lieferanten einer Branche sind aufgrund hoher Standardisierung fast beliebig austauschbar. Bei Verhandlungen können die Lieferanten gegeneinander ausgespielt werden.
Niedrige Umstel-lungskosten	Falls die Abnehmer nur schwach an bestimmte Lieferanten gebunden sind, können sie flexibel ihre Lieferanten wechseln.
Niedrige Gewinne	Niedrige Gewinne bewirken, dass die Abnehmer ihre Beschaffungskosten senken wollen.
Drohung mit Rückwärts-integration	Wenn Abnehmer glaubwürdig damit drohen, die Herstellung von Vorprodukten aufzunehmen, die bisher von Zulieferern gefertigt wurden, können sie oft Zugeständnisse aushandeln.

Die Macht der Abnehmer erhöht sich z. B. mit steigender Konzentration auf der Käuferseite. Deshalb ist eine vorausschauende Abnehmerauswahl notwendig.

Die **Verhandlungsstärke der Lieferanten** verhält sich spiegelbildlich zur Verhandlungsstärke der Abnehmer. Merkmale für eine hohe Verhandlungsstärke von Lieferanten sind z. B.:

Konzentrations-grad der Lieferanten	Liegt ein hoher Konzentrationsgrad der Lieferanten vor, können diese bei ihren Abnehmern Einfluss auf Preis, Qualität, Lieferbedingungen und Zahlungsmodalitäten nehmen.
Konkurrenz von Ersatzprodukten	Lieferanten verfügen über eine günstige Wettbewerbsposition, wenn keine Ersatzprodukte vorhanden sind.
Auftragsvolumen für Lieferanten	Lieferanten, die ihre Produkte an mehrere Branchen verkaufen, können ihre Machtposition ausspielen.
Bedeutsamkeit des Produkts	Es besteht eine hohe Lieferantenmacht, wenn die Produkte der Lieferanten für ihre Abnehmer von großer Bedeutung sind.
Möglichkeiten zur Vorwärtsinte-gration	Wenn Lieferanten glaubwürdig mit Vorwärtsintegration drohen, d.h. sie weiten ihre Aktivitäten auf nachgelagerte Produktions- oder Handelsstufen aus, verschlechtern sich damit die Einkaufskonditionen der Abnehmer.

Der **Grad der Rivalität unter den bestehenden Wettbewerbern** in der Branche äußert sich in Positionskämpfen. Sie können über Preiswettbewerb, Werbeschlachten, Produktinnovationen, Verbesserung von Zusatzleistungen, bzw. Service- oder Garantieleistungen ausgetragen werden. Anzeichen für einen hohen Rivalitätsgrad in einer Branche sind z.B.:

Zahlreiche oder gleich ausgestattete Wettbewerber	Die Branche weist einen geringen Konzentrationsgrad auf. Die Wahrscheinlichkeit ist dabei groß, dass einige Wettbewerber Maßnahmen gegenüber Neueinsteigern einleiten.
Langsames Branchenwachstum	Expansionswillige Unternehmen müssen versuchen, ihren Marktanteil deutlich zu erhöhen, sie sollten z.B. eine aggressive Preispolitik betreiben.
Hohe Fix- oder Lagerkosten	Sie zwingen zu einer hohen Kapazitätsauslastung, insbesondere vor dem Hintergrund eines hohen Kapitaldienstes (Zins- und Tilgungszahlungen für Fremdkapital).
Fehlende Differenzierung/niedrige Umstellungskosten	Der Wettbewerb wird hauptsächlich über Preis und Service ausgetragen, da die Wettbewerber eine nahezu gleichartige Produktpalette anbieten.
Große Kapazitätserweiterungen	Sie können Überkapazitäten und Preissenkungen in der Branche bewirken, da aufgrund von Kostenremanenzen eine kurzfristige Reduzierung von Fixkosten nicht immer möglich ist.
Heterogene Wettbewerber	Die Wettbewerber unterscheiden sich stark voneinander und sorgen durch ihre Strategien und Beziehungen für ständige Unruhe am Markt.
Hohe strategische Einsätze	Der Erfolg auf dem spezifischen Markt ist für das Unternehmen z.B. aus Imagegesichtspunkten besonders wichtig.
Hohe Austrittsbarrieren	Sie zwingen zum Verbleib in einem Markt und zu immer neuen Versuchen, dort erfolgreich zu sein. Hierzu zählen u.a. stark spezialisierte Fertigungsanlagen, hohe Fixkosten des Austritts, strategische Wechselbeziehungen, emotionale Barrieren sowie administrative und soziale Restriktionen.

Porter sieht in der Rivalität unter den bestehenden Wettbewerbern die zentrale Triebkraft einer Branche. Sie ergibt sich aus den Ausprägungen der anderen vier Wettbewerbskräfte.

Die Globalisierung des Wirtschaftsgeschehens bewirkt eine Verschärfung des Wettbewerbs der Unternehmen.

(1) Führen Sie Branchen an, in denen Ihrer Auffassung nach deshalb ein ausgesprochen harter Wettbewerb unter den Anbietern herrscht!

(2) Welche Faktoren können das Ausmaß der Wettbewerbsintensität beeinflussen?

(3) *Porter* unterscheidet fünf Wettbewerbskräfte, die innerhalb einer Branche wirken. Versuchen Sie eine Branchenstrukturanalyse bezüglich der einzelnen Wettbewerbskräfte für die deutsche Automobilindustrie durchzuführen! Seite 242

2.2.2.2 Interne Analysen

Mithilfe interner Analysen erfolgt die Untersuchung der Gegebenheiten, die sich unmittelbar auf das Unternehmen beziehen. Sie werden auch als **Unternehmensanalysen** bezeichnet und stehen in enger Verbindung zu externen Analysen. Die für die internen Analysen notwendigen Informationen lassen sich zum großen Teil unmittelbar aus dem Datenbestand des Unternehmens entnehmen. Es gibt:

• **Potenzialanalyse**

• **Lückenanalyse**

• **Stärken-Schwächen-Analyse**

• **Wertketten-Analyse**.

2.2.2.2.1 Potenzialanalyse

Die Potenzialanalyse ist ein weit verbreitetes Instrument zur Analyse der verfügbaren Stärken bzw. Ressourcen eines Unternehmens. Sie wird auch **Ressourcenanalyse** genannt und dient dazu, den Ist-Zustand der Erfolgspotenziale festzustellen. Auf dieser Grundlage kann dann die zukünftige Entwicklung der verfügbaren Potenziale strategisch geplant werden.

Nur das frühe Erkennen und die zielgerechte Nutzung vorhandener Potenziale ermöglicht eine Strategie, die sich auf die Erfolgschancen bzw. Stärken im Unternehmen konzentriert und die Schwächen der Mitbewerber ausnützt. Die Erkenntnisse aus der Konkurrentenanalyse sollten in die Potenzialanalyse einfließen.

Die Potenzialanalyse erstreckt sich auf sämtliche **Unternehmensbereiche**. Dabei kann sie z.B. erfassen (*Ehrmann, Kreikebaum, Ebling / Kreuzer*):

Fertigungs-bereich	○ Struktur der Anlagen ○ Ausstattung der Anlagen ○ Modernisierungsgrad der Anlagen ○ Kapazitätsumfang der Anlagen ○ Elastizität der Anlagen ○ Qualität der Fertigungsplanung und Fertigungssteuerung ○ Qualifikation des Fertigungspersonals	
Marketing-bereich	○ Sortiment ○ Werbekonzept ○ Effizienz des Vertriebes ○ Produktzweck in Hinblick auf die Lösung von Kundenproblemen ○ Altersstruktur der Produkte ○ Öffentlichkeitsarbeit ○ Kundenservice ○ Akquisitorische Wirkung des Leistungsprogramms	
Forschungs- und Entwicklungs-bereich	○ Intensität und Wirksamkeit der FuE-Tätigkeit ○ Innovationsmöglichkeit/-bereitschaft ○ Kooperationsmöglichkeit/-bereitschaft ○ Personal-/Finanzausstattung	
Finanz-bereich	○ Eigenkapitalquote ○ Kapitalstruktur ○ Liquiditätsgrad	○ Verschuldungsgrad ○ Kapitalbeschaffungs-möglichkeiten
Personal-bereich	○ Altersstruktur ○ Qualifikationsprofil ○ Motivation	○ Betriebsklima ○ Weiterbildungsmöglichkeiten ○ Akademikerquote

Der **Ablauf** der Potenzialanalyse erfolgt in mehreren Schritten (*Mann*):

Informations-sammlung mithilfe eines Ad-hoc-Brainstorming	○ Sammlung von vergangenen Erfolgen und Misserfolgen ○ Ursachenanalyse der Erfolge/Misserfolge ○ Sammlung zukünftiger Stärken und Schwächen ○ Feststellung zukünftiger Chancen und Bedrohungen ○ Auswertung der gesammelten Informationen

$\Downarrow$

Identifikation der wichtigsten Schlüsselfak-toren	○ Auflistung/Bewertung der Schlüsselfaktoren nach Wichtigkeit ○ Herausfiltern der fünf bis zehn wichtigsten Schlüsselfaktoren ○ Überprüfung der Schlüsselfaktoren durch Diskussion

Visualisierung der Schlüssel- faktoren	○ Darstellung der eigenen Schlüsselfaktoren bzw. Stärken in Relation zum stärksten Mitbewerber in einem Formblatt ○ Verwendung eines Schemas mit Ausprägungen von –3 bis +3, wobei der Mitbewerber die neutrale Position 0 einnimmt ○ Relative Bewertung der Stärken bzw. Schlüsselfaktoren gegenüber diesem Mitbewerber

⇩

Ermittlung der noch nutzbaren Potenziale	○ Bestimmung der grundsätzlich nutzbaren Potenziale ○ Annahme des unbegrenzten Vorhandenseins der für die Verstärkung der Schlüsselfaktoren erforderlichen Mittel

Das Ergebnis der Potenzialanalyse lässt sich **grafisch** vorteilhaft darstellen:

Kriterien	Beurteilung						
	besser		gleich			schlechter	
	+ 3	+ 2	+ 1	0	– 1	– 2	– 3
Markenstärke			○				
Werbepräsenz		○					
Distribution im Handel					○		
Produkt-Aufmachung	○						
Produktion						○	
Lieferfähigkeit			○				
Innovationsfähigkeit					○		
Entscheidungsfähigkeit	○						
Produktqualität					○		
Außendienst				○			

○
Eigene Position
im Vergleich
zum (stärksten)
Wettbewerber

Die Potenzialanalyse kann aufgrund der Identifizierung von vorhandenen oder zukünftigen Erfolgspotenzialen des Unternehmens eine wichtige Voraussetzung für die **Lückenanalyse** sein.

2.2.2.2.2 Lückenanalyse

Die Lückenanalyse dient der frühzeitigen Identifikation einer Lücke zwischen der gegenwärtigen Entwicklung und der strategischen Zielsetzung eines Unternehmens. Sie wird auch **GAP-Analyse** genannt. Zu unterscheiden sind:

❑ Die **einfache Lückenanalyse**, die das Ergebnis des Vergleiches der Entwicklungslinie als einer von der Unternehmensleitung formulierten Soll-Vorgabe, z.B. als Zielkurve des erwünschten Umsatzes, mit einer zweiten Kurve ist, die den erwarteten Umsatzverlauf des Basisgeschäfts darstellt:

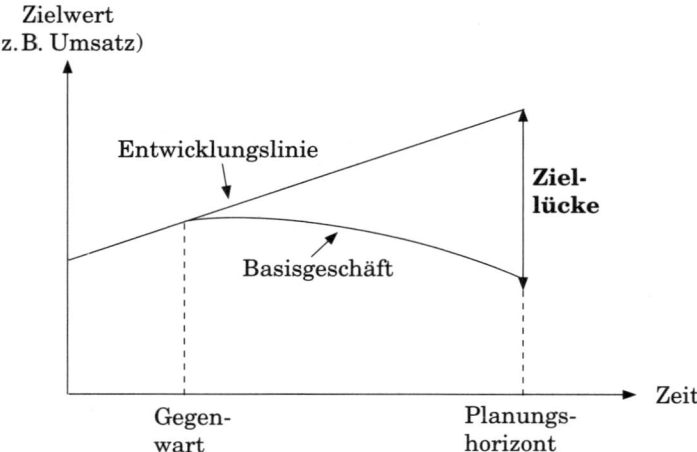

Die Werte der gewünschten **Entwicklungslinie** ergeben sich aus den Vorstellungen der Unternehmensleitung über die in der Zukunft erforderlichen Umsätze unter fiktiver Nutzung aller Potenziale des Marktes.

Die Entwicklungslinie zeigt an, ob alle Potenziale des Unternehmens genutzt werden, um zukünftige Chancen wahrzunehmen und Gefahren zu umgehen. Auch können zukünftig zu erwartende Veränderungen innerhalb der Potenziale des Unternehmens miteinbezogen werden.

Beim erwarteten **Basisgeschäft** wird unterstellt, dass der Umsatzverlauf bei bestehenden Produkten auf den gegenwärtigen Märkten durch einen Produktlebenszyklus beschreibbar ist und das unternehmerische Konzept weitgehend unverändert bleibt. Das Basisgeschäft stellt die Extrapolation von Vergangenheitswerten bei gegebenen Erfolgspotenzialen und Beibehaltung der bisherigen Unternehmenspolitik dar.

Werden beide Kurven bis zum Planungshorizont verfolgt, ist eine **Ziellücke** als Abstand zwischen beiden Linien erkennbar. Sie bildet den Ansatzpunkt für die Lückenanalyse, mit der die Ursachen der Lücke identifiziert werden.

❑ Ergibt sich aus der einfachen Lückenanalyse die Notwendigkeit, Änderungen in der Strategie vorzunehmen, wird eine **differenzierte Lückenanalyse** erforderlich, die eine operative und eine strategische Lücke sein kann:

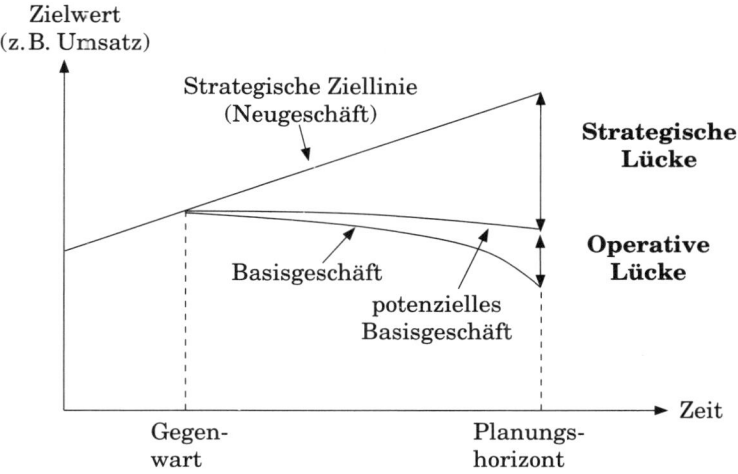

Die **operative Lücke** kann durch unterstützende Maßnahmen geschlossen werden, um die alten Produkte auf den bisherigen Märkten besser zu positionieren, z. B. durch Rationalisierungsmaßnahmen, Kapazitätsanpassung, Investitionsprojekte, Motivation, Ausweitung absatzpolitischer Instrumente.

Zur Schließung der **strategischen Lücke** sind zusätzliche strategische Maßnahmen zu initiieren. Sie werden auch Hauptstoßrichtungen genannt und sind Bestandteile des Strategieentwurfes. Je weiter die Linien voneinander entfernt sind, umso notwendiger ist eine Strategieänderung, z. B. ein Angriff auf Konkurrenzunternehmen durch eine deutliche Preissenkung.

Eine seit mehreren Generationen im Familienbesitz befindliche Bäckerei in einem ländlichen Stadtteil einer deutschen Großstadt möchte ihre Unternehmenspolitik stärker an strategischen Gesichtspunkten ausrichten. Da sie mit Großbäckereien, die über weitverzweigte Filialnetze verfügen, in Konkurrenz steht, sind mittel- bis langfristig Umsatzeinbrüche und ein Rückgang der Rentabilität zu erwarten.

Zeigen Sie mögliche Maßnahmen auf, wie diese Bäckerei die operative und strategische Lücke schließen kann.

Seite 242

2.2.2.2.3 Stärken-Schwächen-Analyse

Die Stärken-Schwächen-Analyse vergleicht vergangenheits- und gegenwartsbezogen die positiven und negativen Merkmale eines Unternehmens mit denen der bedeutendsten Konkurrenten. Damit ist sie eine wichtige Ergänzung der Potenzialanalyse, die auf den gegenwärtigen Stand der Erfolgspotenziale des Unternehmens abstellt.

Zur Analyse der Stärken und Schwächen eines Unternehmens sollte ein Führungskräfte-Team gebildet werden, deren Mitglieder unterschiedlichen Unternehmensbereichen angehören. **Elemente** der Stärken-Schwächen-Analyse können z. B. sein *(Carl / Kiesel)*:

Marktleistung	Sortimentsumfang, Produktqualität, Servicegrad
Preis	Preis-Leistungs-Verhältnis, Zahlungsbedingungen
Marketing	Vertriebsorganisation, Zugang zu Vertriebskanälen, Liefertermine, Lagerbestände, Werbung, Außendienst, Verkaufsförderung, Öffentlichkeitsarbeit
Fertigung	Fertigungsverfahren, Fertigungstiefe, Produktivität und Flexibilität der Anlagen
Forschung und Entwicklung	Produktinnovation, Innovationsgeschwindigkeit, Prozessinnovation, Patent- und Lizenzwesen
Finanzen	Eigenkapitalquote, Liquidität, Kapitalstruktur, Rentabilität
Kosten	Gemeinkostenanteile, Beschaffungspreise
Personal	Qualität, Motivation, Fluktuation

Um auch künftige Umweltentwicklungen in die Analyse einzubeziehen, sind die Chancen- und Risikopotenziale des Unternehmens früh zu analysieren:

Chancen	**Risiken**
○ Diversifikation ○ Eintritt in neue Märkte/Branchen ○ Steigerung der Kaufkraft ○ Erhöhung des Marktwachstums ○ Passives oder defensives Verhalten der Mitbewerber ○ Kostensenkung durch Outsourcing ○ Verlagerung an kostengünstigere Standorte ○ Just-in-time-Belieferung durch Lieferanten ○ Strategische Allianzen in Vertrieb, Produktion und Beschaffung	○ Auftreten neuer Billiganbieter aus dem Ausland ○ Umsatzeinbrüche bei eigenen Produkten durch erfolgreiche Substitutionsprodukte der Konkurrenten ○ Konjunkturrückgang ○ Zunehmende Einkaufsmacht der Kunden ○ Lieferantenkonzentration ○ Protektionismus ○ Veränderte Marktbedürfnisse ○ Wertewandel der Verbraucher

Das **Stärken-Schwächen-Profil** eines Unternehmens ergibt sich aus den Bewertungsergebnissen und kann grafisch dargestellt werden:

Ressourcen (Leistungspotenzial)	Beurteilung				
	schlecht		gleich		besser
	1	2	3	4	5
Marktanteil			○		●
Strategie		●		○	
Finanzsituation		○		●	
Forschung u. Entwicklung	●	○			
Produktion			○	●	
Infrastruktur		●	○		
Logistik			● ○		
Kosten	●	○			
Führungssysteme		○		●	
Produktivität			●	○	

● Eigenes Unternehmen

○ Stärkster Wettbewerber

Eine Stärken-Schwächen-Analyse sollte nicht nur von Großunternehmen durchgeführt werden. Auch kleine und mittelständische Unternehmen können aus ihr wertvolle Hinweise erlangen.

2.2.2.2.4 Wertketten-Analyse

Die von *Porter* entwickelte Wertketten-Analyse ist ein Instrument, um mögliche Ansatzpunkte zur Verbesserung der Wettbewerbsposition eines Unternehmens zu erkennen. Sie wird auch als **Wertschöpfungsketten-Analyse** bezeichnet.

Die Wertketten-Analyse beschränkt sich nicht auf eine Untersuchung unternehmensinterner Abläufe. Sie umfasst auch eine markt- bzw. branchenbezogene Analyse möglicher Wettbewerbsvorteile, denn erfolgreiche Unternehmen müssen in der Lage sein, das für den Kunden wichtige Ergebnis des Leistungserstellungsprozesses preisgünstiger oder qualitativ besser als die Konkurrenten anzubieten.

Bei der Wertketten-Analyse wird ein Unternehmen in strategisch relevante Funktionsbereiche bzw. Aktivitäten gegliedert, die Kosten- und Differenzierungsvorteile gegenüber Wettbewerbern bewirken können.

Der **Wert** ist dabei derjenige Preis, den die Kunden für eine bestimmte Problemlösung eines Unternehmens zu zahlen bereit sind. Um Wettbewerbsvorteile zu realisieren, muss er höher sein als die Kosten der Wertschöpfung.

Der **Gesamtwert der betrieblichen Leistungserstellung** ergibt sich aus:

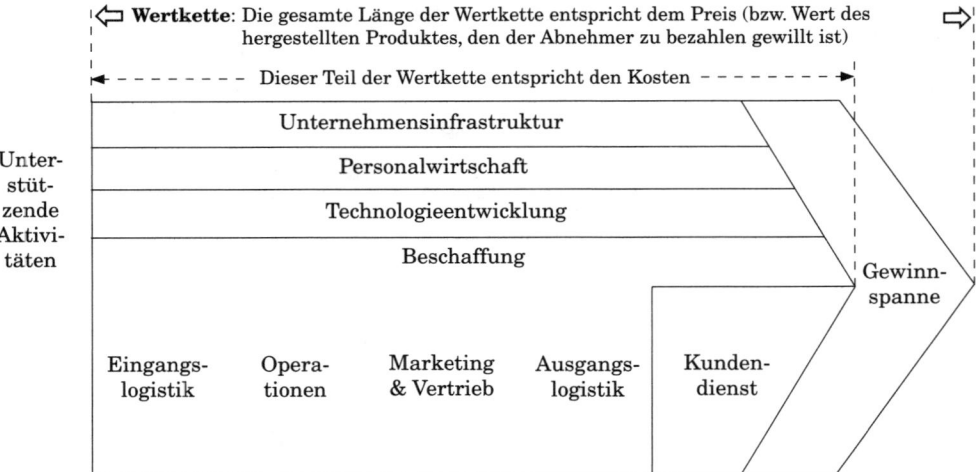

❏ Den **Wertaktivitäten**, die sich unterteilen lassen in:

Primäre Aktivitäten	Sie sind unmittelbar mit der Herstellung und dem Vertrieb des Produktes verbunden und setzen sich zusammen aus:
	○ **Eingangslogistik** als sämtliche Abwicklungstätigkeiten, die mit der Bereitstellung von Betriebsmitteln und Werkstoffen verbunden sind, z.B. Beschaffung von Roh-, Hilfs- und Betriebsstoffen, Eingangskontrolle, Teilebereitstellung.
	○ **Operationen** als alle Tätigkeiten, die den Fertigungsprozess umfassen, z.B. Materialumformung, Zwischenlager, Montage, Instandhaltung, Qualitätskontrolle, Verpackung.
	○ **Marketing** und **Vertrieb** mit Aktivitäten wie z.B. Kundenakquisition, Kundenbetreuung, Werbung, Verkaufsförderung, Außendienst, Distributionskanäle, Preisfestlegung.
	○ **Ausgangslogistik** als Abwicklungstätigkeiten, die mit der Auslieferung des Produktes bzw. der Dienstleistung an den Kunden zusammenhängen, z.B. Fertiglager, Transport, Auftragsabwicklung.
	○ **Kundendienst** als sämtliche Tätigkeiten, die auf die Produktpflege ausgerichtet sind, z.B. Werterhaltung, Reparaturdienst, Ersatzteillieferung.

Unterstützende Aktivitäten	Ihre Aufgabe ist es, die primären Aktivitäten aufrecht zu erhalten, indem die gesamte Versorgung des Unternehmens gewährleistet wird. Sie umfassen:
	○ **Beschaffung**, die sich auf alle Einkaufsaktivitäten des Unternehmens bezieht, z. B. Computerdienstleistungen, Transportdienstleistungen.
	○ **Technologieentwicklung**, wozu z. B. Forschung und Entwicklung, Bürokommunikation, Marktforschung, Informationssysteme zählen.
	○ **Personalwirtschaft**, die alle personenbezogenen Aktivitäten betrifft, z. B. Personalbeschaffung, Personaleinstellung, Personaleinsatz, Personalfortbildung, Personalentwicklung, Personalentlassung.
	○ **Unternehmensinfrastruktur**, die als Aktivitäten z. B. Unternehmensführung, Rechnungswesen, Finanzwirtschaft, Rechtsfragen, Außenkontakte betreffen.

❑ Der **Gewinnspanne**, die sich als Differenz zwischen dem Gesamtwert und der Summe der Kosten des Erzeugnisses bzw. der Dienstleistung ergibt, welche durch die Ausführung der Wertaktivitäten entstanden sind.

Die Wertkette des einzelnen Unternehmens ist in ein System vor- und nachgelagerter Wertketten seiner Kunden und Lieferanten eingebettet. Daraus ergibt sich das **Wertschöpfungssystem** einer Branche.

Ein Immobilienmakler in der Rechtsform der GmbH, der zwanzig Mitarbeiter beschäftigt, ist bislang nur regional im Raum München vertreten. Der Geschäftsführer erwägt eine Expansion in die neuen Bundesländer und führt deshalb eine Stärken-Schwächen-Analyse durch.

(1) Welche Faktoren sollten grundsätzlich in die Prüfung einbezogen werden?

(2) Welche Informationsquellen könnte der Geschäftsführer heranziehen, um seine unmittelbare Konkurrenz einschätzen zu können? Seite 243

2.2.2.3 Kennzahlenanalyse

Kennzahlen beziehen sich auf wichtige betriebliche Tatbestände, Gegebenheiten, Abläufe bzw. Zusammenhänge und stellen diese in konzentrierter Form dar. Sie können für inner-, zwischenbetriebliche oder zeitliche Vergleiche ermittelt werden und geben der Unternehmensleitung schnell einen Überblick über die Leistungsfähigkeit des Unternehmens.

Die im Rahmen der Kennzahlenanalyse gewonnenen Kennzahlen stellen auch
Ausgangspunkte für die strategische Ausrichtung des Unternehmens dar, die vom
Top Management vorgenommen wird. Es lassen sich unterscheiden:

❏ **Absolute Kennzahlen** (Einzelzahlen, Summen, Differenzen)
❏ **Relative Kennzahlen** (Beziehung von zwei Größen zueinander)
❏ **Unternehmenskennzahlen** (auf das Gesamtunternehmen ausgerichtet)
❏ **Funktionskennzahlen** (beziehen sich auf Funktionsbereiche).

Die ausschließlich isolierte Betrachtung von Kennzahlen ist zumeist ohne großen
Informationswert. Ein Aussagewert ergibt sich häufig erst, indem ein zeitlicher
bzw. sachlicher Zusammenhang zwischen den Kennzahlen hergestellt wird.

Unternehmen bedienen sich oftmals nicht lediglich mehrerer unabhängig von-
einander stehender Kennzahlen, sondern sie verwenden **Kennzahlensysteme**.
Mit ihrer Hilfe ist es möglich, betriebswirtschaftliche Zusammenhänge in ihren
Wechselwirkungen offen zu legen. Sie gehen dabei jeweils von einer bestimmten
Ausgangs-Kennzahl aus, die das Untersuchungsziel bestimmt und sich baumför-
mig weiterentwickelt.

Ein weit verbreitetes Kennzahlensystem ist das **Du Pont-System**. Es stellt die
Kennzahl »Return on Investment« als Ertrag aus investiertem Kapital in den Mittelpunkt der Betrachtung und zeigt auf, wie die geplanten Einsatz-, Ertrags- und
Erfolgsgrößen in einen sinnvollen Zusammenhang gebracht werden können. Damit werden Ursache-Wirkung-Zusammenhänge deutlich gemacht.

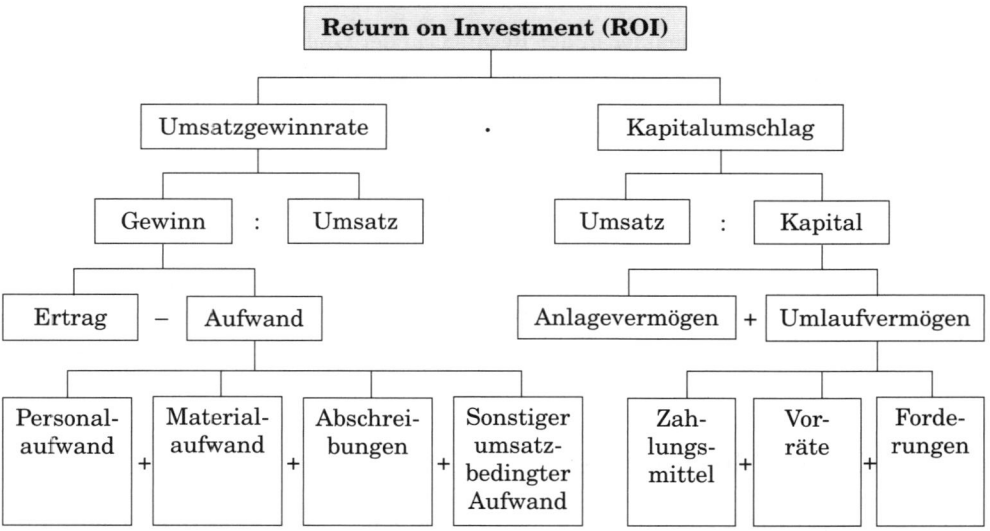

Kennzahlen ermöglichen einen hohen Informationsstand und dienen der Über-
sichtlichkeit betrieblicher Prozesse. Damit können Ziele gut formuliert und ihre

Erfüllung einfach kontrolliert werden. Sie berücksichtigen aber keine qualitativen Daten und auch nicht bzw. kaum Zielkonflikte.

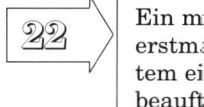

Ein mittelständiges Handelsunternehmen steht vor der Aufgabe, erstmals ein umfassendes kennzahlenorientiertes Planungssystem einzuführen. Als Assistent der Geschäftsführung werden Sie beauftragt, für die nächste Sitzung der Geschäftsführung eine Tischvorlage zu erstellen, die eine kritische Bewertung eines auf Kennzahlen basierenden Planungssystemes beinhaltet.

Stellen Sie einen Katalog mit Vor- und Nachteilen zusammen, die ein kennzahlengestütztes Planungssystem aufweisen kann!

Seite 243

2.2.3 Strategien

Strategien basieren auf externen und internen Analysen. Die Unternehmensleitung hat eine bestimmte »**Marschrichtung**« zur Lösung grundlegender Probleme verbindlich festzulegen, die für einen relativ langen Zeitraum gilt. Es ergibt sich folgender **Ablauf**:

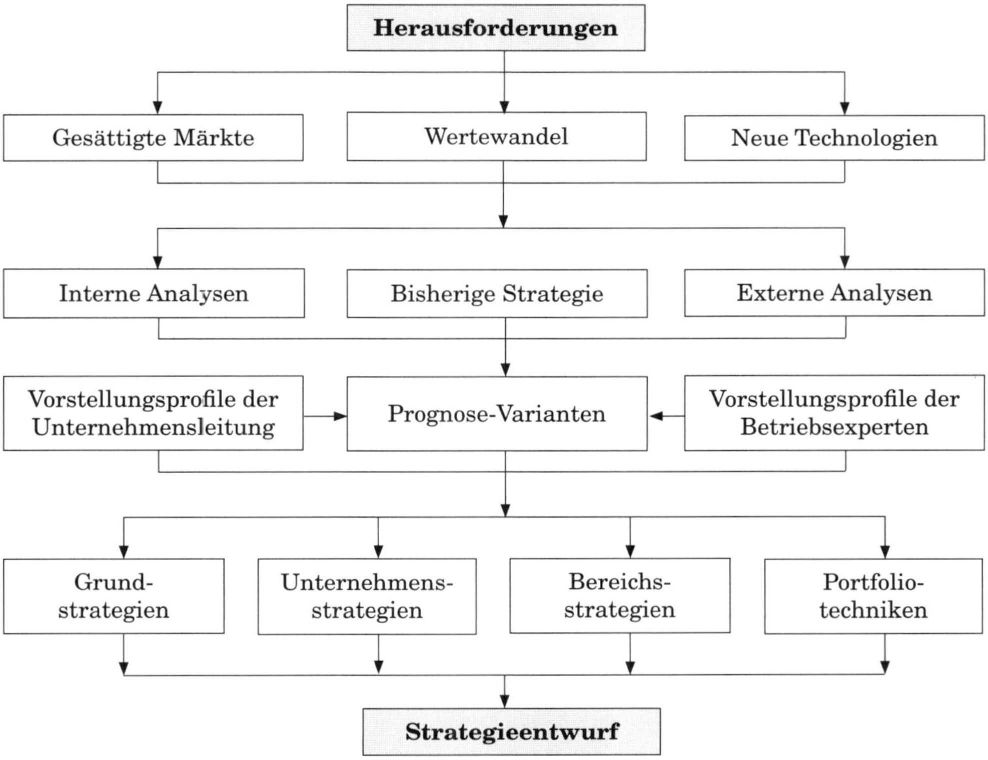

```
                        ┌──────────────────────┐
                        │   Herausforderungen  │
                        └──────────────────────┘

  Gesättigte Märkte        Wertewandel        Neue Technologien


  Interne Analysen      Bisherige Strategie    Externe Analysen


Vorstellungsprofile der                      Vorstellungsprofile der
Unternehmensleitung  →  Prognose-Varianten  ←  Betriebsexperten


  Grund-         Unternehmens-      Bereichs-        Portfolio-
  strategien     strategien         strategien       techniken


                        ┌──────────────────────┐
                        │   Strategieentwurf   │
                        └──────────────────────┘
```

Dabei sind die Herausforderungen des Marktes anzunehmen und die aus internen und externen Analysen erkannten Chancen zu nutzen, Positionen auszubauen, Risiken zu vermeiden, Schwächen zu mindern, Stärken zu erhalten und Nachteile zu beseitigen.

Die zur Realisierung einer Strategie erforderlichen Mittel und Verfahren werden im **Strategieentwurf** konkretisiert, der eine oder mehrere Strategiearten umfassen kann. Als Strategien lassen sich unterscheiden:

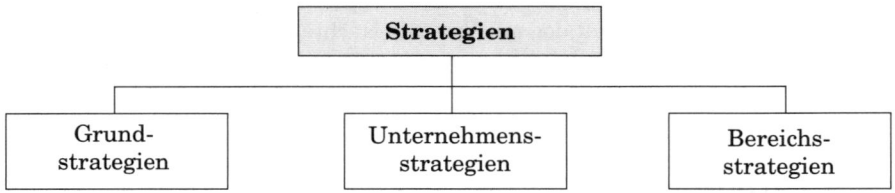

2.2.3.1 Grundstrategien

Jedes Unternehmen kann prinzipiell verschiedene Grundstrategien einsetzen, die eine grundlegende Marktpositionierung zur Folge haben. Im Wesentlichen sind das:

• **Produkt-Markt-Strategien**

• **Wettbewerbsstrategien**.

2.2.3.1.1 Produkt-Markt-Strategien

Für die von *Ansoff* entwickelte Produkt-Markt-Matrix stellt die **Lückenanalyse** die Grundlage dar. Kann ein Unternehmen nämlich seine Ziele mit den bisher verfolgten Strategien nicht erreichen, ergibt sich eine Ziellücke zwischen der gewünschten und der tatsächlichen Entwicklung.

Zur Realisierung von Wachstumschancen muss das Unternehmen geeignete strategische Maßnahmen im Produktbereich und Marktbereich einleiten, die auch **Wachstumsstrategien** genannt werden. Mit ihrer Hilfe sollen die Wachstums- und Gewinnziele erreicht werden.

Es gibt vier verschiedene **strategische Stoßrichtungen**, die in wachsenden Märkten bzw. Branchen nutzbar sind:

Märkte Produkte	Gegenwärtige Märkte	Neue Märkte
Gegenwärtige Produkte	Marktdurchdringungs-strategie	Marktentwicklungs-strategie
Neue Produkte	Produktentwicklungs-strategie	Diversifikations-strategie

Da sich der Schwierigkeitsgrad der Realisierung dieser Grundstrategien in der Praxis recht unterschiedlich darstellt, ist deren Umsetzung in strategische Maßnahmen oftmals daran gebunden, dass das Unternehmen vom gegenwärtigen Betätigungsfeld ausgeht (gegenwärtige Produkte in gegenwärtigen Märkten = **Marktdurchdringung**) und versucht, in neue Dimensionen vorzudringen (neue Produkte in neuen Märkten = **Diversifikation**).

Diese **Abfolge**, der noch die Marktentwicklung und Produktentwicklung zwischengeschaltet sind, lässt sich grafisch darstellen:

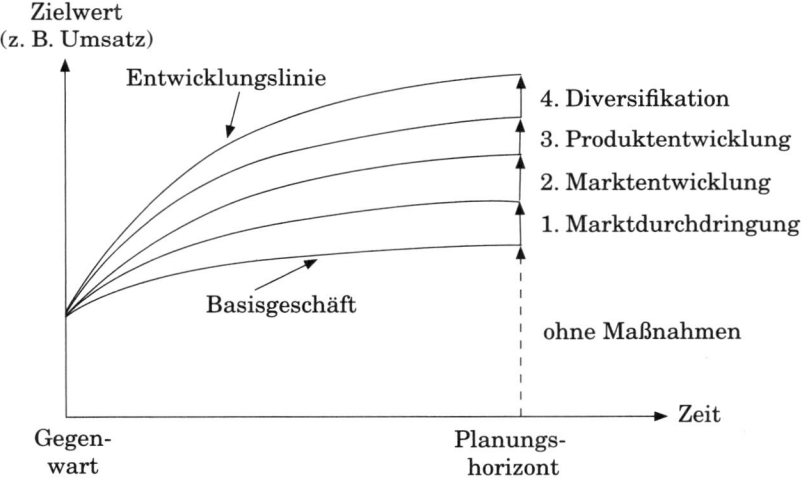

Im Folgenden sollen die Produkt-Markt-Strategien näher behandelt werden:

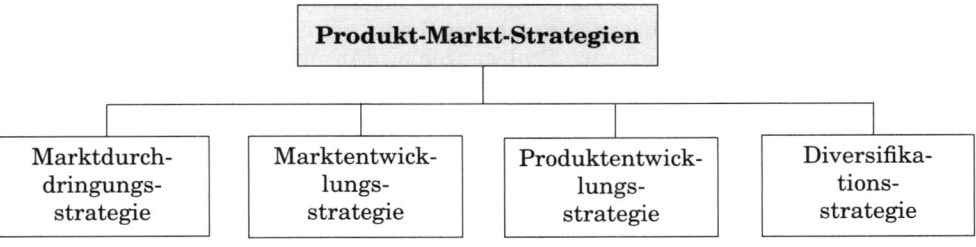

2.2.3.1.1.1 Marktdurchdringungsstrategie

Die Marktdurchdringungsstrategie dient der Ausschöpfung des Marktpotenzials von existierenden Produkten in bestehenden Märkten durch eine Intensivierung der Marketinganstrengungen mit dem Ziel, das Marktvolumen und den eigenen Marktanteil zu vergrößern. Sie wird auch **Marktintensivierungsstrategie** oder **Marktpenetrationsstrategie** genannt.

Aus der Marktdurchdringungsstrategie ergeben sich die übrigen Grundstrategien. Mit ihr ist ein hohes **Synergiepotenzial** verbunden. Die mit dieser Strategie einhergehenden Risiken stellen sich als gering dar.

2.2.3.1.1.2 Marktentwicklungsstrategie

Die Marktentwicklungsstrategie zielt darauf ab, für die gegenwärtig existierenden Produkte neue Märkte zu erschließen. **Ansatzpunkte** dazu können sein:

❑ Die **Erschließung zusätzlicher geografischer Marktgebiete**, z.B. durch Absatz von Produkten in bislang unerschlossenen regionalen, nationalen und internationalen Märkten.

❑ Das **Eindringen in zusätzliche Marktsegmente**, z.B. durch die Entwicklung neuer Anwendungsmöglichkeiten für die bestehenden Produkte oder neue Dienstleistungen, die bisherige Produkte ergänzen. Damit werden die Eintrittsbarrieren für mögliche neue Konkurrenten erhöht.

❑ Die **Erschließung neuer Teilmärkte**, z.B. durch Produktvariationen mit zielgruppenspezifischen Problemlösungen oder »psychologische« Produktdifferenzierung über den gezielten marktsegmentspezifischen Einsatz von Werbemaßnahmen.

Die Marktentwicklungsstrategie ermöglicht nicht nur die Nutzung der vorhandenen Ressourcen, sie bietet auch hohe Synergieeffekte bei begrenztem Risiko.

Ein Unternehmen der Konsumgüterindustrie ist in seiner Branche einem starken Konkurrenzdruck ausgesetzt. Deshalb hat der Vorstand in seiner letzten Sitzung beschlossen, das vorhandene Marktpotenzial besser auszuschöpfen. Hierzu soll eine Marktdurchdringungsstrategie dienen. Schlagen Sie zwei Ansatzpunkte hierfür vor und nennen Sie Beispiele für jeweils dazugehörige Aktivitäten!

Seite 243

2.2.3.1.1.3 Produktentwicklungsstrategie

Die Produktentwicklungsstrategie dient dazu, neue Produkte für bestehende Märkte zu entwickeln. Sie wird insbesondere von Unternehmen praktiziert, deren Produkte kurze Lebenszyklen aufweisen. Ihre Realisierung erfordert die **Innovation** von Produkten, die erfolgen kann als (*Jung*):

❑ **Echte Produkt-Innovationen**, die noch nie da gewesene Marktneuheiten, d.h. völlig neue Produkte auf dem Markt darstellen.

❑ **Quasi-Innovationen**, die in enger Beziehung mit bereits vorhandenen Produkten stehen bzw. eine Modifikation bisheriger Produkte sind.

❑ **Me-too-Produkte**, die Imitations-Produkte sind, welche einem Original-Produkt in vielen Eigenschaften und Fähigkeiten gleichen. Sie sind nur Innovationen innerhalb des Unternehmens und werden ohne bestimmte Vorteile gegenüber einem bereits bestehenden, meist erfolgreichen Produkt eines anderen Anbieters auf den Markt gebracht.

Bei der Innovation neuer Produkte wird vielfach auf Bekanntes zurückgegriffen. **Bezugspunkte** können sein:

○ Vorhandene Produkte	○ Verwandte Problemstellungen
○ Bereits eingesetzte Rohstoffe	○ Bisherige Kunden
○ Bekannte Technologien	○ Bisherige Zulieferer

Langfristiges **Ziel** eines Unternehmens sollte es sein, eine systematische Innovationspolitik zu betreiben. Dabei ist zu berücksichtigen, dass mit echten Innovationen im Allgemeinen höhere Gewinnchancen verbunden sind als mit Me-too-Produkten, allerdings aber auch ein höherer Zeit- und Kostenbedarf sowie höhere Risiken.

2.2.3.1.1.4 Diversifikationsstrategie

Bei der Diversifikationsstrategie verlässt das Unternehmen seine bisherigen Betätigungsfelder, um neue Produkte in neuen Märkten zu platzieren. Sie ist die anspruchsvollste Strategie, bei der verschiedene **Arten der Diversifikation** unterschieden werden können:

❑ Die **horizontale Diversifikation**, bei der Produkte auf der gleichen Leistungsstufe wie die bisherigen Erzeugnisse aufgenommen werden, d.h. sie stehen im engen sachlichen Zusammenhang mit dem bisherigen Produktionsprogramm. Dabei werden z.B. gleiche Werkstoffe, verwandte Technologien oder das bestehende Vertriebssystem genutzt.

❑ Die **vertikale Diversifikation**, bei der Produkte in das Leistungsprogramm integriert werden, die zu einer dem Unternehmen vor- und/oder nachgelagerten Wirtschaftsstufe gehören. Sie kann erfolgen als:

Rückwärts-integration	Dabei wird die Herstellung von **Vorprodukten** aufgenommen, die bisher von einem Zulieferer gefertigt wurden.
Vorwärts-integration	Das Unternehmen weitet seine Aktivitäten auf **nachgelagerte Stufen** der Produktion oder des Handels aus.

❑ Die **laterale Diversifikation**, bei der sich das Unternehmen in völlig neuen Produkten und Märkten engagiert, d.h. es besteht keinerlei Zusammenhang zwischen den bereits vorhandenen und den neuen Produkten.

Formen der Diversifikationsstrategie sind (*Steinmann / Schreyögg*):

❑ Die **Akquisition von Unternehmen**, die am häufigsten vorkommt, da sie recht einfach und schnell zu vollziehen ist, indem das notwendige Know-how, die Produktionsanlagen sowie der Kundenkreis zugekauft werden. Im Verlaufe des Akquisitionsprozesses und der Einbindung des gekauften Unternehmens in die eigene Organisationsstruktur ergeben sich aber oftmals Probleme, sodass die Akquisition nicht den gewünschten Erfolg bringt.

❑ Die **Errichtung eines eigenen Unternehmens** erfolgt selten. Wichtige Gründe liegen in unzureichendem Know-how und insgesamt zu hohem Risiko. Allerdings verspricht dieser Schritt im Falle der Realisierung gute Erfolgschancen.

❑ Die **Kooperation mit anderen Unternehmen** geschieht häufig, z.B. über Lizenznahmen oder Joint Ventures. Dabei vermindert sich die Unabhängigkeit des Unternehmens. Erfolgschancen bestehen vor allem, wenn getrennt entwickeltes Know-how gemeinsam vermarktet wird.

24 | Ein Unternehmen der Konsumgüterindustrie möchte die Produktentwicklungsstrategie einsetzen, um sich langfristig gegenüber recht aggressiv agierenden Konkurrenten durchsetzen zu können.

(1) Welche Handlungsmöglichkeiten kommen für deren Realisierung in Betracht?

(2) Führen Sie Beispiele für »Echte Produkt-Innovationen«, »Quasi-Innovationen« und »Me-too-Produkte« an!

Ein bekannter deutscher Automobilhersteller hat Mitte der 80er-Jahre in erheblichem Umfang diversifiziert. Es wurden Geschäftsfelder in den Konzern integriert, die mit dem eigentlichen Kerngeschäft in keinem bzw. in nur einem geringen Zusammenhang standen.

(3) Welche Motive können ein Unternehmen grundsätzlich dazu bewegen, eine Diversifikationsstrategie einzuschlagen?

(4) Führen Sie Beispiele für die verschiedenen Arten der Diversifikation an!

(5) Welche Probleme kann Ihrer Ansicht nach eine Diversifikationsstrategie nach sich ziehen?

Seite 243 f.

2.2.3.1.2. Wettbewerbsstrategien

Wettbewerbsstrategien beziehen sich auf offensive oder defensive Maßnahmen mit dem Ziel, für das Unternehmen eine gefestigte Wettbewerbsposition zu schaffen. Sie basiert auf strategischen Wettbewerbsvorteilen gegenüber der Konkurrenz, z.B. Produkte mit höchster Qualität, Produkte mit niedrigstem Preis, bester Service, freundlichstes Personal. Wichtig ist, dass die Abnehmer sie erkennen.

Porter unterscheidet drei grundlegende **Wettbewerbsstrategien**, um sich bezüglich der Wettbewerbskräfte erfolgreich zu positionieren bzw. die bisherige Wettbewerbsposition zu verbessern. Sie unterscheiden sich vor allem im:

❑ Strategischen Vorteil (Kostenvorsprung/Einzigartigkeit des Produktes)
❑ Strategischen Zielobjekt (Gesamtmarkt/Teilmarkt bzw. »Marktnische«).

	Strategischer Vorteil	
	Einzigartigkeit aus Sicht des Käufers	Kostenvorsprung
Branchen-weit	**Differenzierungs-strategie**	**Strategie der umfassenden Kostenführerschaft**
Beschränkung auf ein Segment	**Strategie der Konzentration auf Schwerpunkte**	

(linke Achse: **Strategisches Zielobjekt**)

2.2.3.1.2.1 Differenzierungsstrategie

Mit der Differenzierungsstrategie werden eigene Leistungen bzw. Produkte angestrebt, die als einzigartig für die Branche angesehen werden. Sie wird auch **Präferenzstrategie** genannt, da sie sich darum bemüht, dem Verbraucher einen besonderen Nutzenvorteil zu vermitteln.

Die **erfolgreiche Differenzierung** eines Produktes gegenüber dem Wettbewerb kann z.B. erfolgen über:

o Herausragende Produkteigenschaften, die Kunden einen Zusatznutzen gewähren
o Gute Marketingfähigkeiten, z.B. zielgruppengerechte Werbekampagnen
o Perfekten Service, der z.B. durch ein umfassendes Vertriebsnetz gewährleistet wird
o Deutlich über dem Niveau der Konkurrenz befindliche Qualität des Produktes
o Hohe Investitionen im Bereich von Forschung und Entwicklung
o Gutes Betriebsklima, das für die Motivation/Kreativität der Mitarbeiter förderlich ist

Bei der Differenzierungsstrategie ist die Höhe des Produktpreises nicht das kaufentscheidende Argument für die Kunden. Die spezifischen Besonderheiten der Produkte führen dazu, dass die Verbraucher bereit sind, höhere Preise zu bezahlen.

Hieraus ergibt sich ein Wettbewerbsvorteil für das Unternehmen, der aber nicht zwangsläufig mit einem hohen Marktanteil verbunden sein muss. Im Gegenteil, er wird bei einem höheren Marktpreis eher niedriger sein. Diese Strategie könnte ebenso als »**Klein-aber-Fein-Strategie**« bezeichnet werden.

Wegen der Einzigartigkeit des Produktes ist eine hohe Kundenloyalität möglich, die das Unternehmen vor anderen Wettbewerbskräften schützt.

2.2.3.1.2.2 Strategie der umfassenden Kostenführerschaft

Die Strategie der umfassenden Kostenführerschaft besteht darin, durch eine breite Marktpräsenz große Stückzahlen zu erzielen, woraus niedrigere Kosten im Verhältnis zur Konkurrenz resultieren. Sie wird auch **(Niedrig-)Preisstrategie**, **Mengenstrategie**, **Preis-Mengen-Strategie** genannt.

In ihren Grundzügen basiert die Strategie auf dem **Erfahrungskurven-Konzept**. Sie zeichnet sich insbesondere durch einen umfassenden Kostenvorsprung eines Anbieters gegenüber seinen Konkurrenten innerhalb einer Branche aus, wobei die Produkte bzw. Dienstleistungen zumeist nur von durchschnittlicher Qualität sind.

Ein **Kostenvorsprung** ist durch eine Reihe von Maßnahmen erreichbar, z. B.:

○ Aggressiver Aufbau von Produktionsanlagen effizienter Größe
○ Energisches Ausnutzen erfahrungsbedingter Kostensenkungspotenziale
○ Strenge Kostenkontrollen (Gemeinkosten-Wertanalyse)
○ Ständige Durchführung von Rationalisierungsprozessen
○ Hohe Standardisierung und Vereinfachung der Produkte
○ Stark ausgeprägte Arbeitsteilung
○ Weitgehende Konzentration zu Lasten von Kleinabnehmern
○ Minimierung der Kosten in Bereichen wie Vertrieb, Service, Werbung

Kernelement der Kostenführerschaftsstrategie sind die **niedrigsten Kosten** im Vergleich zu den Mitbewerbern. So kann ein Unternehmen noch Erträge erwirtschaften, wenn die Konkurrenz bereits mit Verlust arbeitet. Die Kostenführerschaftsstrategie gewährt Schutz gegen mächtige Abnehmer, welche die Preise nur bis zum Niveau des zweitgünstigsten Konkurrenten drücken können.

Die **Anwendung** der Strategie der umfassenden Kostenführerschaft empfiehlt sich insbesondere in folgenden Fällen (*Carl/Kiesel*):

❑ Das Produkt ist hochstandardisiert und weitgehend automatisiert zu fertigen.
❑ Abnehmer bevorzugen ein besonders günstiges Preis-Leistungs-Verhältnis.
❑ Sie legen wenig Wert auf Qualität, Exklusivität, Design, Verpackung, Image.
❑ Sie sind relativ stark konzentriert und haben eine hohe Einkaufsmacht.
❑ Abnehmer können ohne große Umstellungskosten ihre Lieferanten wechseln.
❑ Bei einem Standardprodukt ist der Preis der kaufentscheidende Faktor.
❑ Das Produkt wird häufig und zahlreich nachgefragt, wodurch große Fertigungs-
mengen realisierbar sind.

2.2.3.1.2.3 Strategie der Konzentration auf Schwerpunkte

Während die bisher beschriebenen Wettbewerbsstrategien auf den Gesamtmarkt abzielen, ist die Strategie der Konzentration auf Schwerpunkte darauf gerichtet, **einzelne Marktsegmente** zu bearbeiten, z. B. bestimmte Abnehmergruppen, Teile des Produktprogrammes, geografisch abgegrenzte Märkte.

Als **Nischenstrategie** versucht das Unternehmen durch Einengung seiner Zielgruppe besser auf die Bedürfnisse seiner Kunden eingehen zu können als die Konkurrenz. Wenn dies gelingt, können sich Wettbewerbsvorteile ergeben.

Die Strategie der Konzentration auf Schwerpunkte zielt auf eine marktsegmentspezifische Erhöhung des Kundennutzens ab. Sie kann entweder in Form einer Differenzierung oder einer Kostenführerschaft ausgestaltet sein.

Der Möbelmarkt zählt zu den Branchen in Deutschland, in denen eine hohe Wettbewerbsintensität herrscht. Traditionelle exklusive Anbieter wie z. B. Hülsta, WK oder Rolf Benz setzen dabei gezielt die Differenzierungsstrategie ein.

(1) Worin bestehen die Hauptunterschiede der Unternehmensstrategie dieser Unternehmen beispielsweise gegenüber dem schwedischen Möbelhaus IKEA?

(2) Welchen Unternehmen würden Sie die Differenzierungsstrategie noch empfehlen? Begründen Sie Ihre Meinung!

Die Strategie der umfassenden Kostenführerschaft wird von zahlreichen Unternehmen betrieben, um strategische Wettbewerbsvorteile zu erzielen.

(3) Bei welchen Marktgegebenheiten ist die Strategie der umfassenden Kostenführerschaft grundsätzlich empfehlenswert?

(4) Beschreiben Sie die Strategie des Discounters »Aldi«!

(5) Welche Risiken können mit der Kostenführerschaftsstrategie verbunden sein?

Seite 245 f.

2.2.3.2 Unternehmensstrategien

Mithilfe der Unternehmensstrategien soll die zukünftige globale Ausrichtung des Unternehmens festgelegt werden. Das geschieht durch das Top Management. Mit den Unternehmensstrategien werden die **Hauptstoßrichtungen** des Unternehmens bestimmt, die im Marktverhalten und in der Entwicklung des Unternehmens zum Ausdruck kommen. Es lassen sich unterscheiden:

• **Verhaltensstrategien**

• **Entwicklungsstrategien**.

2.2.3.2.1. Verhaltensstrategien

Verhaltensstrategien orientieren sich an den Aktivitäten der Konkurrenz. Dementsprechend sind sie überwiegend **gegenwartsbezogen**, im Gegensatz zu den Entwicklungsstrategien, die eher zukunftsorientiert sind. Das Unternehmen setzt sich aktiv mit den Verhaltensweisen der Wettbewerber auseinander, indem es vielfältige offensive bzw. defensive **Maßnahmen** ergreift als:

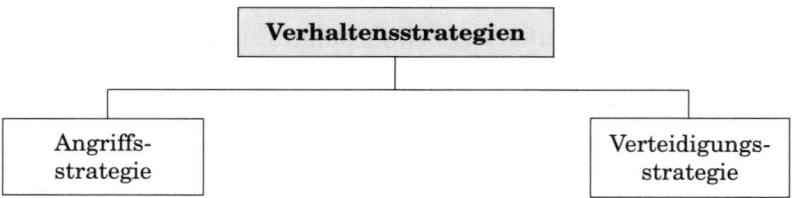

Zu den Verhaltensstrategien zählen auch (*Ehrmann*):

❑ Die **Status Quo-Strategie**, bei der das Unternehmen seinen bisherigen »Kurs« beibehält. Hier soll z.B. nach Erreichung der angestrebten Marktposition das Eindringen von Wettbewerbern verhindert werden.

❑ Die **Konfliktvermeidungsstrategie**, die dadurch gekennzeichnet ist, dass sich das Unternehmen in einer eher passiven Rolle befindet und z.B. versucht, vor der Konkurrenz auszuweichen oder Marktnischen zu besetzen.

Diese Strategien sollen nicht näher behandelt werden, da sie keine aktiven Strategien des Unternehmens, sondern eher Strategievermeidungs-Konzepte darstellen.

2.2.3.2.1.1 Angriffsstrategie

Die Angriffsstrategie ist auf Konkurrenten im Allgemeinen und auf den Marktführer im Besonderen ausgerichtet. Als **Offensivstrategie** ist es ihr Ziel, dem Branchenführer mit aggressiven Maßnahmen und ggf. unter bewusster Inkaufnahme von Konflikten Marktanteile abzunehmen. Um erfolgreich zu sein, sollte der Angreifer verfügen über:

❏ Einen **dauerhaften Wettbewerbsvorteil**, der in einem erkennbaren und langfristigen Kosten- oder Differenzierungsvorteil gegenüber dem Branchenführer bestehen könnte.

❏ **Ähnliche Wettbewerbsaktivitäten** wie der Marktführer. Da der Marktführer zumeist auch Branchenvorteile besitzt, ist zu versuchen, diese weitestgehend auszugleichen.

❏ Einen **hohen Schutz vor Vergeltungsmaßnahmen** des Branchenführers.

In Abhängigkeit von der spezifischen Markt- bzw. Branchensituation kann die Unternehmensleitung grundsätzlich unter verschiedenen **Formen** von Angriffsstrategien auswählen (*Becker*):

❏ Der **Strategie des Direktangriffes**, die auf die Hauptprodukte des Wettbewerbers abzielt. Wirksame Maßnahmen sind z. B. Preissenkungen oder die Markteinführung von neuen Produkten, welche die Konkurrenzerzeugnisse substituieren können.

❏ Der **Umzingelungsstrategie**, mit der versucht wird, den Wettbewerber von verschiedenen Seiten anzugreifen, z. B. durch die gleichzeitige Einführung eines Hochpreis-Produktes von hohem Qualitätsniveau und eines Niedrigpreis-Produktes von nur durchschnittlicher Qualität.

❏ Der **Strategie des Flankenangriffes**, die auf die Verletzbarkeit des Branchenführers ausgerichtet ist und sich darum bemüht, ungeschützte Stellen des Konkurrenten zu attackieren, z. B. indem ein attraktiveres Design oder eine zweckmäßigere Verpackung für ein Produkt entwickelt wird.

❏ Der **Guerillastrategie**, die den Marktführer »zermürben« soll, z. B. als Abnutzungskampf in Form von Abmahnungen oder Prozessen.

2.2.3.2.1.2 Verteidigungsstrategie

Die Verteidigungsstrategie versucht, die Wahrscheinlichkeit von Angriffen durch Konkurrenten zu verringern. Sie ist eine **Defensivstrategie**, mit der das Unternehmen bestrebt ist, seine Wettbewerbsvorteile auf Dauer abzusichern. Durch wirksame Abschreckung und geeignete Gegenmaßnahmen soll ein Herausforderer zur Auffassung gebracht werden, dass ein möglicher Angriff nur wenig attraktiv ist.

Maßnahmen der Verteidigung können sein:

❏ Die **Erhöhung der strukturbedingten Barrieren**, die z. B. durch folgende defensive Aktivitäten erfolgen kann:

○ Schließung von Produkt- oder Positionslücken
○ Abriegelung des Zugangs zu Vertriebs- und Zulieferkanälen
○ Erhöhung der Umstellungskosten der Abnehmer, z.B. durch kostengünstige Schulung des Personals des Abnehmers, Produktentwicklung in Zusammenarbeit mit Abnehmern, Einsatz von EDV für direkte Bestellungen oder Anfragen
○ Steigerung größenbedingter Kostendegressionen, z.B. durch Erhöhung der Werbung, Ausdehnung des Investitionsvolumens zur Beschleunigung des technologischen Wandels, kürzere Produktlebenszyklen
○ Verhinderung des Einsatzes alternativer Technologien, z.B. durch Patentieren möglicher Alternativen, Beteiligung an alternativen Technologien
○ Schutz des unternehmenseigenen Know-hows
○ Bildung von Koalitionen, um Marktbarrieren zu errichten

❑ Die **Steigerung der Vergeltungserwartung**, die durch Signale an den Konkurrenten bewirkt werden kann, aus denen die Entschlossenheit zur Verteidigung hervorgeht. Bei einem bereits begonnenen Angriff eines Konkurrenten bieten sich Abwehrmaßnahmen an, wie z.B.:

○ Störung von Test- oder Einführungsmärkten
○ Schnelle Reaktion durch eigene Produkteinführung
○ Führung von Rechtsstreitigkeiten, z.B. Patentprozesse oder kartellrechtliche Verfahren

❑ Die **Schaffung geringer Angriffsreize**, die sich grundsätzlich auf den am Markt erzielbaren Gewinn beziehen. Er ist für einen Herausforderer der Anreiz, einen Angriff einzuleiten. Als defensive Maßnahme ist einem vom Angriff bedrohten Unternehmen zu empfehlen, seine Gewinnsituation nach außen hin möglichst zu verschleiern bzw. bekannte Gewinnziele zu relativieren.

2.2.3.2.2 Entwicklungsstrategien

Während die Verhaltensstrategien eher gegenwartsorientiert sind, zeichnen sich die Entwicklungsstrategien durch ihre **Zukunftsorientierung** aus. Mit ihnen ist die Wettbewerbsposition des Unternehmens auf Dauer zu verbessern, wozu dienen:

2.2.3.2.2.1 Kooperationsstrategie

Die Kooperationsstrategie ist jede Form der **Zusammenarbeit von Unternehmen** mit dem Ziel der gemeinsamen Erfüllung einer Aufgabe. Dabei bleiben die Kooperationspartner rechtlich selbstständig, geben jedoch einen Teil der wirtschaftlichen Selbstständigkeit auf, um die gemeinsame Wettbewerbsfähigkeit zu steigern sowie eine Kollision mit nationalen und internationalen Wettbewerbsregeln zu vermeiden.

Durch die zunehmende Komplexität der Umwelt und die steigende Wettbewerbsdynamik ergreifen immer mehr Unternehmen die Kooperationsstrategie, um die Herausforderungen des Marktes durch gemeinsames Vorgehen zu bewältigen, in jüngerer Zeit vor allem auch international z.B. in Form von strategischen Allianzen und Joint Ventures.

Eine Kooperation kann auch **unternehmensintern** vorteilhaft sein, d.h. zwischen den betrieblichen Funktionsbereichen. Mit Kooperationsstrategien sind vielfältige betriebswirtschaftliche sowie steuer-, gesellschafts- und kartellrechtliche Probleme verbunden.

2.2.3.2.2.2 Internationalisierungsstrategie

Die Internationalisierungsstrategie bezieht sich auf den systematischen Aufbau und die Entwicklung von Erfolgspotenzialen auf dem Weltmarkt. Sie dient als Basis zur strategischen Zielerreichung auf ausländischen Märkten. **Motive** hierfür und damit für eine verstärkte Präsenz eines Unternehmens im Ausland können vielfältiger Art sein, z.B. (*Ehrmann*):

○ Inländischer Konkurrenzdruck	○ Rohstofforientierung
○ Inländische Marktsättigung	○ Image
○ Risikostreuung	○ Kostenvorteile
○ Kapazitätsauslastung	○ Währungsvorteile
○ Gesetzliche Vorschriften	○ Kundennähe

Internationalisierungsstrategien sind vielfach **Kooperationsstrategien**, wie oben beschrieben. Außerdem werden häufig Angebotsstrategien, Distributionsstrategien und Kommunikationsstrategien unterschieden.

Eine große Zahl deutscher Unternehmen bedient sich zunehmend der Internationalisierungsstrategien.

Zahlreiche deutsche Unternehmen versuchen im Zuge der Globalisierung der Wirtschaft, ihre Aktivitäten stärker international
auszurichten.

(1) Führen Sie mindestens fünf Motive an, die für ein stärkeres
Auslandsengagement sprechen!

(2) Nennen Sie Beispiele von Unternehmen, die eine Internationalisierungsstrategie betreiben bzw. dies beabsichtigen!

Seite
246

2.2.3.3 Bereichsstrategien

Bereichsstrategien sind Strategien, die auf die funktionalen Teilbereiche des Unternehmens abstellen. Dementsprechend sind zu nennen:

- **Materialstrategie**

- **Fertigungsstrategie**

- **Marketingstrategie**

- **Personalstrategie**

- **Finanzstrategie**

- **Forschungs- und Entwicklungsstrategie**.

2.2.3.3.1 Materialstrategie

Die Materialstrategie bezieht sich auf die langfristig ausgerichtete Materialver-
sorgung des Unternehmens. Sie kann beinhalten:

❏ Das **Schließen von Materialversorgungslücken**, z.B. durch effiziente Beschaffung des Materials bzw. durch einen verbesserten Materialeinsatz.

❏ Die **Straffung der Lieferantenstruktur**, damit eine Kontinuität der Beliefe-
rung und die Nutzung von Kostensenkungspotenzialen möglich werden.

❏ Das **Verbessern der Logistik**, z.B. durch innovative Lagerhaltungsmöglich-
keiten bzw. durch neue Transport- und Umschlagsmaßnahmen.

❏ Die **Förderung des Beschaffungsmarketing**, z.B. durch veränderte Kondi-
tionenpolitik, Kooperation mit Lieferanten, neue Beschaffungsorganisation.

❏ Das **Verbessern der Bereitstellungsmöglichkeiten**, z.B. durch Investitionen im Lager- und Transportbereich, um mehr Flexibilität zu erreichen.

❑ Das **Senken der Beschaffungskosten** für das Material, z.B. durch Reduktion der Einkaufspreise mit Lieferanten als Ergebnis von Verhandlungen.

❑ Das **Verwirklichen eines effizienten Materialeinsatzes**, z.B. durch ABC-Analyse, die ein Instrument zur wertmäßigen Klassifikation von Gütern ist.

Zur Verdeutlichung strategischer Positionen werden **Beschaffungs-Portfolios** aufgestellt, die z.B. die Lieferantenmacht und die Einkaufsmacht einander gegenüberstellen.

2.2.3.3.2 Fertigungsstrategie

Die Fertigungsstrategie dient der langfristigen Verwirklichung der Fertigungsziele des Unternehmens. Sie kann sich beziehen auf:

❑ Das **Verbessern der Fertigungsdurchführung,** z.B. durch Einsatz flexibler Maschinen bzw. die Verringerung der Rüstzeiten, wodurch eine Senkung der Fertigungskosten bewirkt werden kann.

❑ Das **Nutzen der Erfolgspotenziale**, z.B. durch kundennahe, marktorientierte Fertigung bzw. durch Förderung der Produktqualität, was die Marktposition des Unternehmens verbessern kann.

❑ Das **Vermindern** bzw. **Vergrößern der Kapazität**, z.B. durch Erweiterungsinvestitionen bzw. Vermeidung von Kapazitätsüberlastungen, wodurch für eine ausgewogene Fertigung gesorgt werden kann.

❑ Das **Verbessern der Fertigungssteuerung**, z.B. durch computergestützte Steuerung (CAM) bzw. durch computerintegrierte Fertigung (CIM), was zu einer Optimierung des Fertigungsablaufes beitragen kann.

❑ Das **Sichern der Produktqualität**, z.B. durch Festlegung der Qualitätsmerkmale bzw. verstärkte Überwachung der Qualität, um den hohen Ansprüchen der Kunden entsprechen zu können.

❑ Das **Verkürzen der Durchlaufzeiten**, z.B. durch Vermeidung von Fertigungsstörungen bzw. Termineinhaltung, um die Fertigungskosten zu minimieren.

Zahlreiche Fertigungsstrategien entstammen nicht primär fertigungswirtschaftlichen Überlegungen, sondern sind das Ergebnis von Erwägungen des Marketingbereiches.

2.2.3.3.3 Marketingstrategie

Die Marketingstrategie umfasst langfristig ausgerichtete Handlungsweisen zur Verwirklichung der Marketingziele des Unternehmens. Da das Unternehmen vom

Markt geführt wird, stellen die Marketingstrategien nicht nur **Funktionsstrategien** dar, sondern sie sind auch **Grundstrategien** und **Unternehmensstrategien** als:

❑ **Marktsegmentierungsstrategien**, worunter die differenzierte und undifferenzierte Marketingstrategie sowie die konzentrierte Marketingstrategie fallen.

❑ **Entwicklungsrichtungsstrategien**, die Wachstumsstrategien, Stabilisierungsstrategien oder Schrumpfungsstrategien darstellen können.

❑ **Verhaltensstrategien**, bei denen die Angriffsstrategie und die Verteidigungsstrategie unterschieden werden.

❑ **Produkt-Markt-Strategien**, die Marktdurchdringungsstrategien, Marktentwicklungsstrategien, Produktentwicklungsstrategien oder Diversifikationsstrategien sein können.

❑ **Wettbewerbsstrategien**, zu denen die Differenzierungsstrategie, Strategie der umfassenden Kostenführerschaft und Konzentrationsstrategie zählen.

Bei der Entwicklung einer Marketingstrategie ist es erforderlich, nicht nur die Gegebenheiten des Marktes zu berücksichtigen, sondern auch die Ressourcen des Unternehmens, die personell, finanziell oder technisch begrenzt sein können.

2.2.3.3.4 Personalstrategie

Die Personalstrategie bezweckt die Realisierung der langfristigen Personalziele. Sie kann gerichtet sein auf:

❑ Das rechtzeitige **Beschaffen von Personal**, z.B. über ansprechende Stellenanzeigen zur externen Personalakquisition oder über die Anwendung des »Prinzips der internen Aufstiegsbesetzung«.

❑ Das **Einbringen von Sozialinnovationen**, z.B. über arbeitszeit-, sozialleistungs-, personaleinsatz-, führungs-, entwicklungsorientierte Innovationen, Prämiensysteme bzw. durch die Förderung des betrieblichen Vorschlagswesens.

❑ Das **Flexibilisieren der Arbeitszeit**, z.B. durch Freizeitausgleich, Freischichten, Einführung der Gleitzeit, Jobsharing als Aufteilung eines Arbeitsplatzes auf zwei oder mehrere Personen, Altersteilzeit.

❑ Das **Verbessern der Produktivität**, z.B. durch verstärkten Einsatz der Kommunikationstechnologie, mehr Gruppenarbeit und Verantwortung von Teams.

❑ Die **Erhöhung der qualitativen Mitarbeiterkapazität** durch Verbesserung der Leistungsfähigkeit und Leistungsbereitschaft einzelner Mitarbeiter bzw.

deren Beziehungsgefüge, z.B. durch Kooperation zwischen Vorgesetzten und Mitarbeitern.

❑ Das **Senken der Personalkosten**, z.B. durch Personalanpassung, Rationalisierung, weniger Fluktuation und Fehlzeiten, bessere Personalplanung.

❑ Das **Verbessern der Entgeltstruktur**, z.B. durch neue Systeme der Arbeitsbewertung, Transparenz der Höhe und Zusammensetzung des Entgeltes.

2.2.3.3.5 Finanzstrategie

Die Finanzstrategie bezieht sich auf Handlungsweisen zur Verwirklichung langfristiger finanzwirtschaftlicher Ziele. Sie kann umfassen:

❑ Das **Sichern der Liquidität**, z.B. durch Gegenüberstellung der flüssigen Mittel und der jeweiligen Zahlungsverpflichtungen.

❑ Eine **zweckentsprechende Innenfinanzierung**, z.B. durch sinnvolle Cashflow-Verwendung.

❑ Eine **vernünftige Außenfinanzierung**, z.B. durch Erhöhung der Rentabilität aufgrund des Leverage-Effekts bzw. durch Steigerung der Investitionsrenditen.

❑ Das **Stärken der Eigenkapitalbasis**, z.B. durch Nutzung staatlicher Mittel, Einschaltung von Kapitalbeteiligungsgesellschaften als »Venture Capital«-Gesellschaften, durch Verhaltensänderungen am Kapitalmarkt.

❑ Das **Verringern von Währungsrisiken**, z.B. durch Maßnahmen der Risikokompensation bzw. durch eine flexible Absicherungsstrategie.

❑ Die zweckentsprechende **Beschaffung finanzieller Mittel**, z.B. durch Erschließung von neuen Kapitalquellen.

Die Finanzstrategie soll zu einer günstigen Kapitalausstattung, zu einer angemessenen Kapitalstruktur sowie zur langfristigen Rentabilitäts- und Liquiditätssicherung beitragen.

2.2.3.3.6 Forschungs- und Entwicklungsstrategie

Die Forschungs- und Entwicklungsstrategie beinhaltet Maßnahmen, die der Erreichung der langfristigen Forschungs- und Entwicklungsziele dienen, z.B. als:

❑ Das ständige **Fördern des technischen Fortschrittes**, z.B. durch Verfahrensinnovationen, Produktinnovationen und Ideenverwertung.

❏ Das verbesserte **Lösen von Kundenproblemen**, z. B. durch Nutzung verbesserter Technik und laufende Befragung der Abnehmer der Erzeugnisse.

❏ Das **Erhöhen der Forschungs- und Entwicklungsproduktivität**, z. B. durch verstärktes Engagement der Forscher und durch Förderung der Kreativität aller Beteiligten.

❏ Das **Erweitern der Ideensammlung**, z. B. durch Gespräche mit Erfindern und gezielte Beobachtung des Verhaltens der Konkurrenten.

❏ Das **Beschleunigen neuer Entwicklungsprojekte**, z. B. durch Nutzung von öffentlichen Förderungsmitteln und internationalen Ressourcen.

❏ Das **Verwerten von Schutzrechten**, z. B. durch Lizenzvergabe, Verkauf von Patenten, Eigennutzung und Fremdbezug von Lizenzen.

❏ Das **Verbessern der Produkthaftung**, z. B. durch längere Haftung für Konstruktions-, Fabrikations- und Instruktionsfehler.

27 >
> Die Personalbeschaffung umfasst alle Maßnahmen, mit denen die für die Unternehmen erforderlichen Arbeitskräfte in qualitativer, quantitativer und zeitlicher Hinsicht bereitgestellt werden. Dabei ist insbesondere die Einstellung von akademisch ausgebildeten Fachkräften für die Unternehmen mitunter ein erhebliches Prob-lem.
>
> (1) Zeigen Sie, welche Wege sich für eine externe Personalbeschaffung anbieten könnten!
>
> (2) Verdeutlichen Sie damit ggf. verbundene Probleme!

Seite 246 >

2.2.4 Portfoliotechniken

Als **Portfolio** bzw. **Portefeuille** wurde ursprünglich ein Wertpapierdepot bezeichnet, dessen Zusammensetzung unter Berücksichtigung bestimmter Kriterien – z. B. Rentabilität, Liquidität, Sicherheit bzw. Risiko der Anlagen – optimiert werden sollte.

Der Grundgedanke der Portfoliotechnik wurde in den 70er-Jahren auf ganzheitliche Problemstellungen bei diversifizierten Unternehmen übertragen. Sie bestehen aus einer Vielzahl von Elementen, z. B. aus Produkten oder Produktlinien, die zu **strategischen Geschäftseinheiten (SGE)** zusammengefasst werden und durch einen eindeutigen Kreis von Wettbewerbern gekennzeichnet sind (*Nieschlag / Dichtl / Hörschgen*).

Die Unternehmensleitung hat dabei über die Verteilung der Ressourcen auf die strategischen Geschäftseinheiten sowie die Festlegung des Verhältnisses strategischer Geschäftseinheiten zueinander zu entscheiden.

Portfoliotechniken unterstützen das Top Management bei seiner komplexen strategischen Führungsaufgabe und umfassen vor allem (*Steinmann/Schreyögg*):

❏ Die **Definition eines Maßstabes** zum Vergleich der unterschiedlichen Geschäfte

❏ Das **Aufzeigen der Erfolgspotenziale** der einzelnen strategischen Geschäftseinheiten

❏ Das **Beschreiben der strategischen Situation** einer jeden strategischen Geschäftseinheit

❏ Die **Abgabe einer Strategieempfehlung** für einzelne strategische Geschäftseinheiten.

Der Portfolio-Ansatz betrachtet das **Gesamtunternehmen**, das aus einzelnen strategischen Geschäftseinheiten (SGE) besteht. Sie werden auch strategische Geschäftsfelder (SGF) oder strategische Geschäftsbereiche (SGB) genannt und sind ein isolierter Ausschnitt aus dem Markt eines Unternehmens.

Strategische Geschäftsfelder (SGF) lassen sich durch folgende Merkmale charakterisieren:

❏ Sie umfassen Tätigkeitsfelder des Unternehmens, die voneinander weitgehend unabhängig sind.

❏ Sie nehmen eigenständige, kundenbezogene Marktaufgaben gegenüber anderen strategischen Geschäftsfeldern wahr.

❏ Sie beinhalten klar abgrenzbare Produkte bzw. Produktgruppen, die sich von anderen strategischen Geschäftsfeldern unterscheiden.

❏ Sie weisen im Allgemeinen unterschiedliche Marktchancen und Risiken auf.

❏ Sie können eigene strategische Planungen vornehmen, um Erfolgspotenziale zu schaffen und zu erhalten.

❏ Sie ermöglichen eine produkt- und zielgruppenorientierte Marktbearbeitung bei raschem Erkennen und Berücksichtigen von Kostensenkungspotenzialen.

Strategische Geschäftseinheiten (SGE) sind betriebliche Organisationseinheiten, für die sich Strategien zur Schaffung bzw. zur Erhaltung von Erfolgspotenzialen realisieren lassen. Die Bildung von strategischen Geschäftseinheiten erfolgt dabei nicht auf Dauer. Sie kann im Planungsablauf einem Wandel unterliegen, wenn sich bestimmte Bedingungen verändern, z.B. die Ressourcen.

Standardisierte Portfoliokonzepte basieren zumeist auf einer zweidimensionalen Matrix, in der die strategischen Geschäftseinheiten (SGE) als **Kreise** dargestellt werden, wobei die jeweilige Größe der Kreise deren Bedeutung für das Unternehmen ausdrückt:

❑ Auf der **vertikalen Achse** findet sich eine vom Top Management nicht beeinflussbare Umweltkomponente, z.B. das Marktwachstum.

❑ Auf der **horizontalen Achse** ist eine dem Einfluss des Top Managements unterliegende Unternehmenskomponente ausgewiesen, z.B. der relative Marktanteil.

2.2.4.1 Arten

Als Portfoliotechniken werden nachfolgend behandelt:

• **Marktwachstums-Marktanteils-Portfolio**

• **Marktattraktivitäts-Wettbewerbsvorteils-Portfolio**

• **Lebenszyklus-Wettbewerbspositions-Portfolio**

• **Technologie-Portfolio**

• **Beschaffungs-Portfolio**

• **Personal-Portfolio**.

2.2.4.1.1 Marktwachstums-Marktanteils-Portfolio

Das Marktwachstums-Marktanteils-Portfolio wurde von der Unternehmensberatungsgesellschaft *Boston Consulting Group* entwickelt. Es wird auch als **Vier-Felder-Matrix** oder **BCG-Matrix** bezeichnet und berücksichtigt die Erkenntnisse der PIMS-Studie, der Lebenszyklus-Analyse sowie des Erfahrungskurven-Konzeptes.

Die Darstellung des Marktwachstums-Marktanteils-Portfolios erfolgt in Form eines **Vier-Felder-Koordinatensystems**. Die Achsen der Matrix beziehen sich auf die wichtigsten Erfolgsfaktoren einer strategischen Geschäftseinheit und sind:

❑ Das **Marktwachstum**, das die zukunftsbezogene Komponente repräsentiert, die das Unternehmen nicht beeinflussen kann. Es verkörpert alle umweltbedingten Chancen und Risiken bzw. die Marktattraktivität einer strategischen Geschäftseinheit.

❑ Der **relative Marktanteil**, der die internen Stärken und Schwächen des Unternehmens darstellt. Er drückt das Verhältnis des eigenen Marktanteils zum Marktanteil des größten Konkurrenten aus.

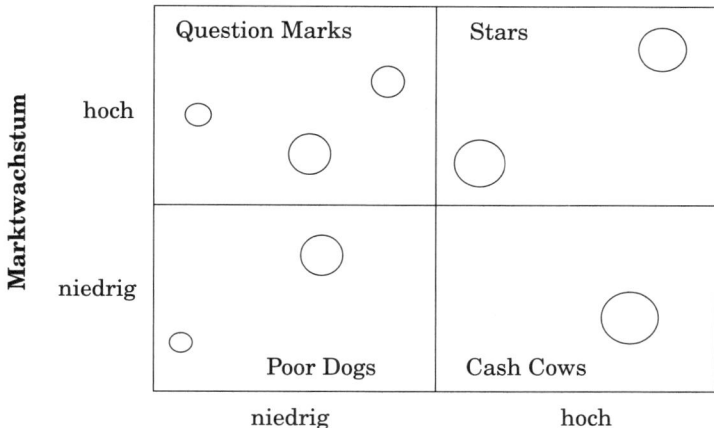

Relativer Marktanteil

Die strategischen Geschäftseinheiten werden in die vier Felder der Matrix als Kreise eingetragen, wobei der Kreisumfang ihre relative Bedeutung für das Unternehmen in Form ihres Umsatzes, Deckungsbeitrages oder Cash Flows darstellt. Sie lassen sich in vier **Grundtypen** einteilen, mit denen **Normstrategien** verbunden sind.

Die einzelnen Matrix-Felder weisen folgende **Eigenschaften** auf (*Ehrmann, Ziegenbein, Hopfenbeck*):

❑ »**Question Marks**« werden auch als »Fragezeichen«, »Problemkinder«, »Babies« oder »Nachwuchsprodukte« bezeichnet.

Eigenschaften	○ Positionierung bei hohem Marktwachstum und niedrigem Marktanteil ○ Nachwuchsprodukte, welche die Einführungsphase noch nicht verlassen haben ○ Geringe Rentabilität wegen hohem Investitionsvolumen ○ Hoher Einführungsaufwand, z.B. für Marktforschung, Werbung ○ Niedriger Deckungsbeitrag
Normstrategie	○ **Offensivstrategie** als Wachstumsstrategie bei guten Zukunftsaussichten und förderungswürdigen Produkten, um den Marktanteil zu erhöhen, erfahrungskurvenbedingte Kostenvorteile zu erzielen und ein ausgeglichenes Portfolio zu erreichen. ○ **Defensivstrategie** als Desinvestitionsstrategie bei schlechten Zukunftsaussichten und wenig erfolgsträchtigen Produkten.

❑ »**Stars**« werden auch »Sterne« oder »Spitzenprodukte« genannt.

Eigenschaften	o Positionierung bei hohem Marktwachstum und hohem Marktanteil. o Produkte in der Wachstumsphase im Lebenszyklus. o Hohe Rentabilität. o Geringer Cashflow wegen Erweiterungsinvestitionen. o Rückläufiges Marktwachstum. o Sukzessiver Übergang zu Cash Cow.
Normstrategie	o **Investitionsstrategie**, um die Wettbewerbsposition zu verstärken und die Kostenführerschaft zu verteidigen.

❑ »**Cash Cows**« sind auch als »Melkkühe« oder »Milchkühe« bekannt.

Eigenschaften	o Positionierung bei niedrigem Marktwachstum und hohem Marktanteil. o Reifestadium der Produkte im Lebenszyklus. o Verlangsamung des Marktwachstums bei gegebener Marktführerschaft. o Positiver Cashflow aus der günstigen Kostensituation als Marktführer. o Verwendung des Cashflows zur Finanzierung von Nachwuchsprodukten. o Zumeist kein Investitionsbedarf, allenfalls Ersatzinvestitionen. o Ausnutzung des Erfahrungskurveneffektes durch großen Output.
Normstrategie	o **Abschöpfungsstrategie**, um die Marktposition zu halten und möglichst lange zu festigen. Nur zwingend notwendige Investitionen durchführen, z.B. Ersatz einer defekten Anlage.

❑ »**Poor Dogs**« werden auch als »arme Hunde«, »Problemprodukte«, »Auslaufprodukte« oder »lahme Enten« bezeichnet.

Eigenschaften	o Positionierung bei niedrigem Marktwachstum und geringem Marktanteil. o Sättigungsphase der Produkte im Lebenszyklus. o Positiver Cashflow, da keine Investitionen mehr erfolgen. o Schlechte Positionierung in einem wenig attraktiven Markt. o Produkte sind potenzielle Liquidationskandidaten.
Normstrategie	o Kurzfristig eine **Haltestrategie**, bei noch positiven Deckungsbeiträgen o Mittelfristig eine **Desinvestitionstrategie**.

Die einzelnen strategischen Geschäftseinheiten unterscheiden sich in der Praxis bezüglich ihrer Wettbewerbsbedingungen und Wachstumschancen.

Die Unternehmensleitung kann die Normstrategien des Marktwachstums-Marktanteils-Portfolios für ihre Entscheidung dazu heranziehen, welche strategischen Geschäftseinheiten längerfristig gefördert bzw. aus dem Markt genommen werden.

2.2.4.1.2 Marktattraktivitäts-Wettbewerbsvorteils-Portfolio

Das Marktattraktivitäts-Wettbewerbsvorteils-Portfolio wurde von der Unternehmensberatung *McKinsey* entwickelt, weshalb es auch als **McKinsey-Matrix** bezeichnet wird. Ihr **Ziel** ist, in die Bestimmung der Matrix-Achsen mehrere Faktoren einfließen zu lassen, um differenzierter strategische Geschäftseinheiten analysieren und Normstrategien ableiten zu können als beim Marktwachstums-Marktanteils-Portfolio.

Als **Beurteilungsfaktoren** verfügt das Marktattraktiväts-Wettbewerbsvorteils-Portfolio über (*Hinterhuber*):

❑ Die **Marktattraktivität**, die auch Branchenattraktivität genannt wird. Sie wird durch externe Kriterien bestimmt:

Marktgröße	Sie drückt das auf dem Markt erzielbare Absatz- bzw. Umsatzvolumen aus.
Markt-wachstum	Es gibt an, in welchem Ausmaß das Absatz- bzw. Umsatzvolumen des Marktes zukünftig voraussichtlich steigen wird.
Markt-qualität	Dazu zählen z. B.: ○ Rentabilität der Branche ○ Stellung im Marktlebenszyklus ○ Preispolitischer Spielraum ○ Technologisches Niveau ○ Schutzfähigkeit von technischem Know-how ○ Innovationspotenzial ○ Wettbewerbsstruktur ○ Ausmaß der Investitionstätigkeit ○ Anzahl der Anbieter und Nachfrager ○ Markteintrittsbarrieren ○ Anforderungen an Distribution und Service ○ Substitutionsrisiko durch andere Produkte
Energie-/ Rohstoff-versorgung	Einflussgrößen sind z. B. : ○ Störanfälligkeit der Versorgung mit Energie und Rohstoffen ○ Preisstabilität von Energieträgern und Rohstoffen ○ Existenz von alternativen Rohstoffen und Energieträgern.
Umwelt-situation	Für sie sind z. B. bedeutsam: ○ Risiko staatlicher Eingriffe ○ Umweltbelastung ○ Inflationsauswirkungen ○ Konjunkturabhängigkeit ○ Gesetzgebung ○ Öffentliche Meinung

❑ Die **relativen Wettbewerbsvorteile**, die auch »Wettbewerbsposition« und »Wettbewerbsstärke« genannt werden. Sie bezeichnen die internen, weitgehend unternehmensabhängigen Faktoren und bestehen aus:

Relativer Markt-position	Sie bezieht sich auf den **Vergleich zum stärksten Konkurrenten** und betrifft z. B. ○ den Marktanteil und seine Veränderung ○ Größe und Finanzkraft des Unternehmens ○ Wachstumsrate ○ Rentabilität ○ Risiko (Ausmaß der Etabliertheit im Markt) ○ Marketing-Potenzial (Image, Abnehmerbeziehungen, Preisvorteile, Qualität u. a.)
Relatives Produktions-potenzial	Ihm liegt der Vergleich von **erreichter und geplanter Marktposition** zu Grunde. Es ist auf Kostenvorteile gerichtet aufgrund von: ○ Modernität und Kapazitätsauslastung der Produktionsanlagen ○ Innovationsfähigkeit und technisches Know-how ○ Lizenzbeziehungen ○ Standortvorteile ○ Steigerungspotenzial der Produktivität ○ Umweltverträglichkeit des Produktionsprozesses ○ Kundendienst ○ Erhaltung gegenwärtiger Marktanteile und voraussichtlicher Versorgungsbedingungen ○ Kostensituation bei Energie-/Rohstoffversorgung
Relatives Forschungs- und Entwick-lungs-potenzial	Das FuE-Potential bezieht sich z. B. auf: ○ Den Stand der Grundlagen- und angewandten Forschung ○ Experimentelle und anwendungstechnische Entwicklung im Vergleich zur Marktposition des Unternehmens ○ Innovationspotenzial und -kontinuität.
Relative Qualifikation des Personals	Führungskräfte und Mitarbeiter zeichnen sich z. B. aus: ○ Durch Professionalität und Urteilsfähigkeit ○ Einsatz und Kultur des Personals ○ Innovationsklima ○ Qualität der Führungssysteme

Aufgrund der zahlreichen Kriterien, die auch noch **gewichtet** werden können, ergibt sich eine insgesamt recht hohe Komplexität. Sie kann bewältigt werden, indem die einzelnen Matrix-Felder jeweils mit »niedrig«, »mittel« und »hoch« bezeichnet werden, woraus dann eine **Neun-Felder-Matrix** entsteht.

Die strategischen Geschäftseinheiten lassen sich in der Neun-Felder-Matrix als Kreise eintragen, wobei der Kreisumfang zumeist ihren relativen Umsatzanteil im Unternehmen darstellt.

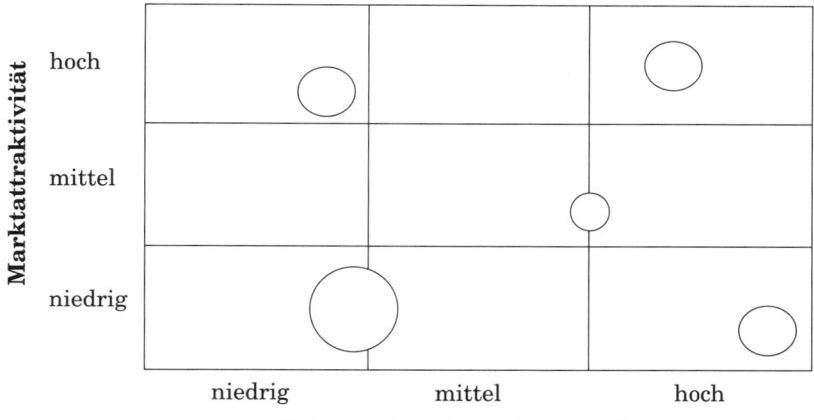

Relative Wettbewerbsvorteile

Je nach Matrix-Feld gibt es verschiedene Empfehlungen für **Normstrategien**. Es lassen sich unterscheiden (*Ziegenbein*):

❑ **Investitions- und Wachstumsstrategien**, die dem Aufbau und der Sicherung künftiger strategischer Erfolgspotenziale des Unternehmens sowie der Erschließung neuer Abnehmergruppen oder Verwendungsmöglichkeiten dienen.

❑ **Selektive Strategien**, die sein können:

> ○ Defensivstrategie zur Verteidigung der erreichten Position
> ○ Übergangsstrategie zur Konsolidierung
> ○ Offensivstrategie zur Expansion der erreichten Position

❑ **Abschöpfungs- und Desinvestitionsstrategien**, bei denen bestehende Produkte auf bisherigen Märkten eliminiert werden, falls diese zukünftig keine Erfolgschancen bieten.

Marktattraktivität		Relative Wettbewerbsvorteile		
	hoch	Selektive Strategie: **Offensivstrategie**	**Investitions- bzw. Wachstumsstrategie**	**Investitions- bzw. Wachstumsstrategie**
	mittel	**Abschöpfungs- bzw. Desinvestitions- strategie**	Selektive Strategie: **Übergangsstrategie**	**Investitions- bzw. Wachstumsstrategie**
	niedrig	**Abschöpfungs- bzw. Desinvestitions- strategie**	**Abschöpfungs- bzw. Desinvestitions- strategie**	Selektive Strategie: **Defensivstrategie**
		niedrig	mittel	hoch

Relative Wettbewerbsvorteile

Wegen seiner hohen Differenziertheit wird das Marktattraktivitäts-Wettbewerbs-vorteils-Portfolio bei Unternehmen mit relativ komplexer betrieblicher Situation genutzt.

Ein mittelständisches Unternehmen steht vor der Alternative, entweder die Vier-Felder-Matrix (BCG-Matrix) oder die Neun-Felder-Matrix (McKinsey-Matrix) zur Ableitung von Unternehmensstrategien einzusetzen.

(1) Worin bestehen die grundsätzlichen Unterschiede zwischen diesen beiden Portfoliokonzepten?

(2) Wie könnte eine Gewichtung der Beurteilungsfaktoren »Marktattraktivität« und »Relative Wettbewerbsvorteile« bei der Neun-Felder-Matrix aussehen?

Seite 246 f.

2.2.4.1.3 Lebenszyklus-Wettbewerbspositions-Portfolio

Das Lebenszyklus-Wettbewerbspositions-Portfolio wurde von der Unternehmensberatung *Arthur D. Little* entwickelt. Es ist stark absatzmarktorientiert und ermöglicht die Ableitung strategischer Handlungsempfehlungen unter besonderer Berücksichtigung des Lebenszyklus-Konzeptes. Aus ihm können als **Erkenntnisse** abgeleitet werden:

❑ Die jeweilige **Stellung** einer strategischen Geschäftseinheit bzw. eines Produktes **im Lebenszyklus** entscheidet über die Absatzchancen bzw. Marktbedeutung.

❑ Das Unternehmen sollte unter dem Gesichtspunkt der Risikostreuung versuchen, seine strategischen Geschäftseinheiten **möglichst ausgewogen** im Portfolio **zu positionieren**, was auch durch eine ausreichende Anzahl von Nachwuchsprodukten erreicht werden kann.

Das Lebenszyklus-Wettbewerbspositions-Portfolio betrachtet *(Hax / Mayluf):*

❑ Den **Lebenszyklus** einer strategischen Geschäftseinheit bzw. eines Produktes mit seinen Phasen »Einführung, Wachstum, Reife/Sättigung, Degeneration«.

❑ Die **Wettbewerbsposition** einer strategischen Geschäftseinheit bzw. eines Produktes gegenüber den Konkurrenten als zukünftige Marktstellung.

Für die Darstellung der Wettbewerbsposition gibt es die fünf Stufen »dominierend, stark, günstig, mäßig, schwach«:

Wett-bewerbs-position	Phase des Produktlebenszyklus			
	Einführung	**Wachstum**	**Reife/Sättigung**	**Degeneration**
Domi-nierend	○ Mit voller Kraft um Marktanteil kämpfen ○ Position halten	○ Position halten ○ Marktanteil halten	○ Position halten ○ Mit der Branche wachsen	○ Position halten
Stark	○ Versuchen, Position zu verbessern ○ Mit voller Kraft um Marktanteil kämpfen	○ Versuchen, Position zu verbessern ○ Um Marktanteil kämpfen	○ Position halten ○ Mit der Branche wachsen	○ Position halten oder abschöpfen
Günstig	○ Selektiv oder offensiv um Marktanteil kämpfen ○ Selektiv um Positionsverbesserung kämpfen	○ Versuchen, Position zu verbessern ○ Selektiv um Marktanteil kämpfen	○ Verwalten oder Halten ○ Nische finden und verteidigen versuchen	○ Abschöpfen oder schrittweiser Rückzug
Mäßig	○ Selektiv um Positionen kämpfen	○ Nische finden und verteidigen	○ Nische finden und ausharren oder schrittweiser Rückzug	○ Schrittweiser Rückzug oder Aufgabe
Schwach	○ Verbessern oder Aussteigen	○ Umschwung oder Aussteigen	○ Umschwung oder schrittweiser Rückzug	○ Aufgabe

Als **20-Felder-Matrix** vermittelt das Portfolio eine Vielzahl von Normstrategien.

2.2.4.1.4 Technologie-Portfolio

Das Technologie-Portfolio (*Pfeiffer / Metze / Schneider / Amler*) betrachtet die **Technologie als Schlüsselgröße** für die Zukunft eines Unternehmens. Es ist insbesondere für Unternehmen bedeutsam, die einen beträchtlichen Teil ihres Umsatzes im Forschungs- und Entwicklungsbereich investieren. Seine **Merkmale** sind:

❑ Im Gegensatz zu Produkt-Markt-Portfolios setzt es nicht am Erzeugnis bzw. an Erzeugnisgruppen an, sondern an **zu Grunde liegenden Technologien**.

❑ Während das Produkt-Markt-Portfolio sich ausschließlich auf den Marktzyklus eines Erzeugnisses beschränkt, greift das Technologie-Portfolio auf einen wesentlich **längeren Zeithorizont** zurück (Beobachtungs-, Entstehungs-, Markt- und Entsorgungszyklus).

❑ Das Technologie-Portfolio sensibilisiert das Unternehmen für **Rationalisierungsprozesse**.

Mithilfe des Technologie-Portfolios werden betrachtet:

❑ Die **Technologieattraktivität** als die vom Unternehmen weitgehend unbe-
  einflussbare Umweltsituation im Technologiebereich. Sie ist die Summe aller
  technisch-wirtschaftlichen Vorteile, die durch das Ausschöpfen der in einem
  Technologiegebiet steckenden strategischen Weiterentwicklungsmöglichkeiten
  noch gewonnen werden können.

  Die **Bestandteile** der Technologieattraktivität sind:

  ○ Weiterentwicklungspotenzial
  ○ Anwendungsbreite/Kompatibilität von Technologien
    (Chancen/Risiken einer Verbesserung der Technik)

❑ Die **Ressourcenstärke**, welche die technische und wirtschaftliche Stärke bzw.
  Schwäche der Technologie des Unternehmens in Relation zum wichtigsten
  Konkurrenten misst. Sie ist vom Unternehmen selbst steuerbar.

Das Technologie-Portfolio kann folgendes **Aussehen** haben:

Technologieattraktivität		Ressourcenstärke		
	hoch	**Selektive Strategie**	**Investitions- strategie**	**Investitions- strategie**
	mittel	**Desinvestitions- strategie**	**Selektive Strategie**	**Investitions- strategie**
	niedrig	**Desinvestitions- strategie**	**Desinvestitions- strategie**	**Selektive Strategie**
		niedrig	mittel	hoch

Ressourcenstärke

Je nach Matrix-Feld gibt es verschiedene **Normstrategien**, insbesondere für den
Bereich der Forschung und Entwicklung (*Ziegenbein*):

❑ **Investitionsstrategien**, wonach diejenigen Technologien am stärksten zu fördern sind, die sowohl eine hohe Technologieattraktivität als auch eine hohe
  Ressourcenstärke haben. Es muss konsequent in Nachwuchs- und Spitzentech-
  nologien investiert und das Know-how in Wettbewerbsvorteile umgesetzt werden.

❑ **Selektive Strategien**, die bei Technologien mit einer hohen Technologieat-traktivität und einer geringen Ressourcenstärke, einer geringen Technologie-attraktivität und einer hohen Ressourcenstärke sowie einer durchschnittlichen Technologieattraktivität und einer durchschnittlichen Ressourcenstärke ange-bracht sind.

Damit soll der technologische Vorsprung gehalten oder ausgebaut bzw. aus die-sem Bereich ausgestiegen werden.

❑ **Desinvestitionsstrategien**, die bei Technologien angewandt werden, die eine geringe Technologieattraktivität und auch eine geringe Ressourcenstärke ha-ben. Sie sind für das Unternehmen von nur geringem Wert, Forschungs- und Entwicklungsprojekte wenig Erfolg versprechend. Gegebenenfalls könnte ein Zukauf fremder Technologie oder der Verkauf von eigenem Know-how sinnvoll sein.

Die kombinierte Anwendung des Technologie-Portfolios und des Produkt-Markt-Portfolios führt zu einer Verbesserung des Erkenntniswertes, da sowohl Markt- als auch Technologiegesichtspunkte in die Strategieformulierung eingehen.

2.2.4.1.5 Beschaffungs-Portfolio

Mithilfe des Beschaffungs-Portfolios soll das Unternehmen in seinem Verhalten am Beschaffungsmarkt unterstützt werden, der durch die **Machtpositionen** so-wohl des Einkäufers als auch des Lieferanten geprägt ist (*Ziegenbein*):

Einkäufermacht	Lieferantenmacht
○ Kenntnis der Angebotsseite bezüglich Preis, Qualität und weltweiter Liefer-möglichkeiten ○ Einkaufsvolumen hat einen hohen An-teil am Lieferantenumsatz ○ Kaufteile haben Vielfachverwendung ○ Geringe Kosten bei Lieferantenwechsel ○ Freie Kapazitäten und Kostensen-kungspotenziale erlauben die Übernah-me von Kaufteilen in die Eigenfertigung	○ Keine Substitutionsmöglichkeit, da Al-leinanbieter ○ Wegen des geringen Einkaufsvolumens gilt das Unternehmen als C-Kunde ○ Kaufteile sind wichtige Bestandteile des gefertigten Endproduktes ○ Hohe Kosten (z. B. neue Werkzeuge oder Maschinen) bei Lieferantenwechsel ○ Kapazitätsauslastung beim Lieferanten und/oder Kunden

Erzeugnisse, die mit einem hohen Beschaffungsrisiko und einer großen Auswir-kung auf das Ergebnis verbunden sind, haben eine hohe strategische Bedeutung für das Unternehmen. Sie sind im **Beschaffungs-Portfolio** zu positionieren, das folgendes Aussehen hat:

	niedrig	mittel	hoch
hoch	Abschöpfungs-strategie	Abschöpfungs-strategie	Strategisches Abwägen
mittel	Abschöpfungs-strategie	Strategisches Abwägen	Diversifizierungs-strategie
niedrig	Strategisches Abwägen	Diversifizierungs-strategie	Diversifizierungs-strategie

(Y-Achse: Einkäufermacht — X-Achse: Lieferantenmacht)

Lieferantenmacht

Je nach Matrix-Feld gibt es verschiedene **Normstrategien**, insbesondere für den Beschaffungsbereich (*Ehrmann*):

☐ Die **Abschöpfungsstrategie** bewirkt ein aktives Vorgehen am Markt. Das einkaufende Unternehmen versucht seine Macht auszuspielen, z.B. über niedrige Preise oder gute Vertragskonditionen. Dabei sollte die starke Marktposition des Unternehmens nicht dazu führen, dass die Lieferantenbeziehungen gefährdet und/oder Gegenmaßnahmen ausgelöst werden.

☐ Die **Diversifizierungsstrategie** als Defensivstrategie, welche die Suche nach Alternativen beinhaltet. Der Lieferant hat eine besonders günstige Stellung auf dem Beschaffungsmarkt, die Macht des Einkäufers ist nur gering bis mittel. Der Einkäufer muss versuchen, seine Aktivitäten auf dem Beschaffungsmarkt zu intensivieren.

☐ Die **Strategie des Abwägens** stellt eine Strategie des Haltens dar. Sie ist bei Produkten ohne hohes Beschaffungsrisiko und ohne große Ergebnisauswirkung sinnvoll.

2.2.4.2 Beurteilung

Das Portfolio-Konzept zählt zu den am meisten angewandten und zu den bekanntesten Instrumenten der strategischen Planung. Es wird teilweise recht **kontrovers beurteilt**:

Stärken	Schwächen
○ Es ist ein anschauliches und relativ einfach handhabbares Verfahren zur Analyse des Unternehmens und zur anschließenden Ableitung von Strategien. ○ Es kann als »Denkraster«fungieren. ○ Es ermöglicht die Berücksichtigung externer und interner Größen. ○ Es stellt für die Unternehmensleitung ein leichtverständliches Hilfsmittel mit hoher Transparenz dar. ○ Es eignet sich auch für kleinere und mittlere Unternehmen. ○ Es ist ursachenorientiert angelegt und stellt auf die Erfolgspotenziale des Unternehmens ab.	○ In der Regel zu starre Festlegung von Beurteilungskriterien. ○ Die nicht immer ausreichende Berücksichtigung der Konkurrenz ○ Durch die Einfachheit der Portfolio-Technik und die hohe Informationsverdichtung lassen sich die in der Realität gegebenen komplexen Situationen nicht abbilden. ○ Gefahr, dass die Normstrategie »unhinterfragt«, quasi »als Rezept« für ein Matrixfeld durchgeführt wird, wodurch es zu Fehlentscheidungen kommen kann. ○ Die teilweise Vernachlässigung von qualitativen Daten.

2.3 Taktische Planung

Die taktische Planung ist **mittelfristig** ausgerichtet. Sie wird aus der langfristigorientierten strategischen Planung abgeleitet und stellt ein Bindeglied zur kurzfristig wirksamen operativen Planung dar.

Bei der taktischen Planung handelt es sich um eine **Bereichsplanung**, der nur teilweise eine zentrale Planungsautorität zu Grunde liegt:

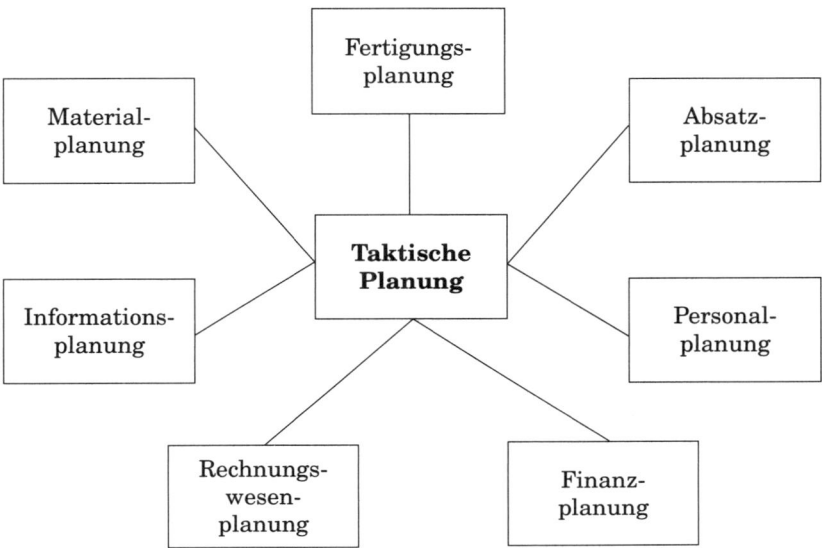

Üblicherweise wird bei der taktischen Planung vom Absatzplan ausgegangen, der zeigt, wie viele Produkte am Absatzmarkt in den nächsten Jahren voraussichtlich abgesetzt werden. Aus ihm können dann sukzessive die Pläne der übrigen betrieblichen Bereiche für den gleichen Zeitraum abgeleitet und ggf. entsprechende taktische **Budgets** erstellt werden.

Diese Vorgehensweise ist aber nicht ohne Schwierigkeiten möglich, wenn im Unternehmen **Engpässe** vorhanden sind, die es verhindern, die Möglichkeiten des Absatzmarktes auszuschöpfen, z.B. bei der Fertigungskapazität. In diesem Falle ist der betreffende Engpass der Ausgangspunkt der taktischen Planung, sofern er nicht behoben werden kann oder soll (*Olfert/Rahn*).

Beispiele für die taktische Planung sind:

❑ Die **Personalplanung**, die als Personalbedarfsplanung die mittelfristig notwendigen Qualifikationen bzw. Fähigkeitsprofile von Führungskräften und Mitarbeitern ermittelt.

❑ Die **Beschaffungsplanung**, zu deren Aufgaben es zählt, über einen mittelfristigen Zeitraum z.B. Wartungsverträge abzuschließen, damit die Anlagen geplant erhalten werden können.

❑ Die **Vertriebsplanung**, die z.B. mittelfristig das Problem zu lösen hat, ob bislang durch freie Handelsvertreter vorgenommene Akquise in Zukunft durch einen neu geschaffenen Außendienst ersetzt werden soll.

❑ Die **Fuhrparkplanung**, die zu prüfen hat, ob durch den mittelfristigen Aufbau eines unternehmensinternen Fuhrparks eine Gesamt-Optimierung erreicht werden kann.

2.4 Operative Planung

Die operative Planung stellt eine konkrete Ziel- und Maßnahmenplanung dar, mit der die Vorgaben der taktischen Planung auf der unteren Führungsebene umgesetzt werden. Sie kann aber auch bis in die mittlere Führungsebene hineinreichen.

Da sie eine **kurzfristige Planung** ist, besteht die Möglichkeit, sie recht detailliert und mit relativ genauen Planansätzen vorzunehmen. Sie erstreckt sich auf sämtliche Funktionsbereiche des Unternehmens, die miteinander verknüpft sind. Als Jahresplanung kann sie z.B. umfassen (*Olfert/Rahn*):

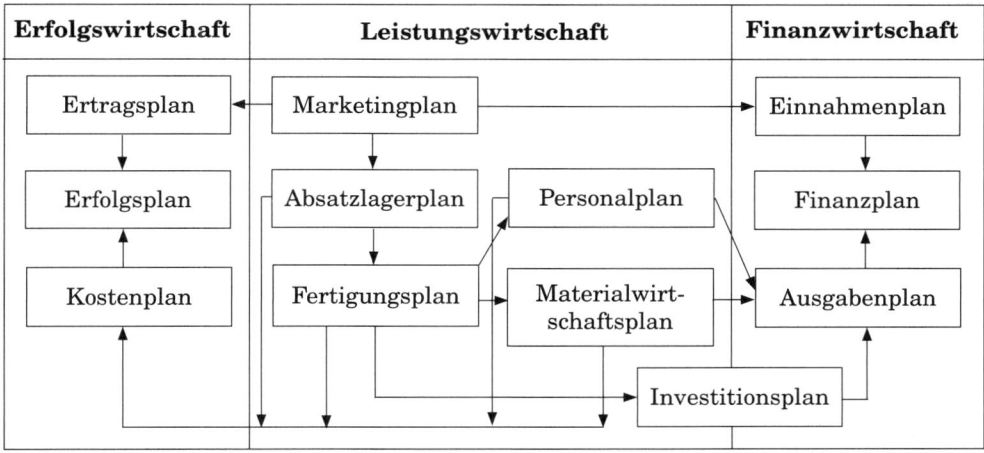

Auch hier ist vom Absatzplan auszugehen, sofern kein Engpass gegeben ist.

Die operative Planung bezieht sich aber auch auf deutlich kürzere Zeiträume als ein Jahr, z. B. als:

❏ Die **Materialplanung** als kurzfristig wirksame Entscheidung, welche Stoffe und Materialien für die Produktion benötigt werden, in welcher Qualität, in welcher Menge, zu welchen Kosten und zu welchen Konditionen. Dabei beschränken sich die Kosten nicht nur auf die Beschaffungspreise einzelner Materialien, sondern auch auf Lagerkosten sowie Zinskosten.

❏ Die **Fuhrparkplanung**, zu deren Aufgaben die Bereitstellung von Fahrzeugen, die Tourenplanung oder die Verwaltung von Leasingverträgen zählen.

❏ Die **Planung der Kundenansprache**, die sich z. B. auf erlösorientierte Vorgaben bzw. Durchsetzung bestimmter Preise in Verkaufsgesprächen, die Zulässigkeit von bestimmten Rabatthöhen, die zu erzielenden Verkaufsmengen, durchzuführende Kundenveranstaltungen, Direktwerbeaktionen oder Besuche beziehen kann.

3. Kontrolle

Die Kontrolle ist ein Vorgang der personen-, sach- und zeitbezogenen Gewinnung von Informationen, der sich der Durchführung des betrieblichen Geschehens anschließt. Sie umfasst, wie in Kapitel A. gezeigt (*Olfert / Rahn*):

❏ Die eher vergangenheitsorientierte **Überwachung**
❏ Die vergangenheits- bis zukunftsorientierte **Untersuchung**.

Ein betrieblicher Nutzen der Kontrolle ist dann zu erwarten, wenn die ermittelten Daten einen Informationswert haben, der für künftige Handlungen bedeutsam ist. Insofern kann die Kontrolle als Informationsgewinnungsprozess im Hinblick auf kommende Perioden gesehen werden. Entsprechend der Planung kann die Kontrolle erfolgen als:

❑ **Strategische Kontrolle**, die einen Prozess darstellt, der die Planung begleitet. Die **Konzeption** der strategischen Kontrolle umfasst (*Steinmann/Schreyögg*):

Strategische Prämissen-kontrolle	Sie soll gewährleisten, dass alle wesentlichen Aspekte der Realität in die strategische Planung einbezogen werden. Hierzu sind Annahmen zu treffen, die nicht weiter überprüft werden, z.B. Aufnahmekapazität des Marktes, Verfügbarkeit von Maschinen im Fertigungsprozess und Mitarbeiter im Zweischichtbetrieb.
Strategische Durch-führungs-kontrolle	Sie erfolgt nach Implementierung der Strategie und soll anhand von Störungen bzw. Abweichungen feststellen, in welchem Ausmaß festgelegte strategische Zwischenziele erreicht werden bzw. ob der gewählte strategische Kurs beibehalten werden kann. Dies geschieht durch die Formulierung und Festlegung von Meilensteinen.
Strategische Überwachung	Ihre Aufgabe besteht darin, während des gesamten Kontrollprozesses unternehmensinterne und -externe Rahmenbedingungen zu beobachten, ob unvorhergesehene Gegebenheiten die gewählte strategische Orientierung beeinträchtigen können.

❑ **Taktische Kontrolle**, die als Soll-Ist-Vergleich das Endergebnis einmalig nach der Ergebnisrealisation kontrolliert und zusätzlich eine Analyse der Abweichungsursachen vornimmt. Sie ist auf die einzelnen Unternehmensbereiche ausgerichtet und kontrolliert zumeist nur quantifizierbare Größen. Mit ihr lassen sich die Bereichsentwicklungen kritisch begleiten *(Bea/Haas)*.

❑ **Operative Kontrolle**, die darauf abzielt, Abweichungen vom kurzfristigen Planungsprozess festzustellen. Hierzu werden z.B. Plausibilitätsprüfungen durchgeführt und Gründe für Abweichungen ermittelt, die sein können:

○ Unwirtschaftlichkeiten (Ausschuss, Nacharbeit) ○ Veränderte Preise ○ Geänderte Konstruktionen	○ Andere Sortimentszusammensetzung ○ Andere Verkaufsmengen

Mithilfe der operativen Kontrolle lassen sich Abweichungen rasch und im Detail feststellen.

Wie ausführlich beschrieben, besteht die prozessbezogene Führung aus den Elementen Zielsetzung, Planung und Kontrolle.

29

Erläutern Sie, was unter den folgenden Begriffen zu verstehen ist, die Sie in diesem Kapitel kennen gelernt haben:

- ❏ Prozessbezogene Führung
- ❏ Ziel(setzung)
- ❏ Strategische Zielsetzung
- ❏ Taktische Zielsetzung
- ❏ Operative Zielsetzung
- ❏ Planung
- ❏ Grundsatzplanung
- ❏ Unternehmensphilosophie
- ❏ Unternehmensvision
- ❏ Unternehmensleitbild
- ❏ Corporate Identity
- ❏ Corporate Behaviour
- ❏ Corporate Design
- ❏ Corporate Communication
- ❏ Unternehmenskultur
- ❏ Unternehmensethik
- ❏ Strategische Planung
- ❏ PIMS-Konzept
- ❏ Lebenszyklus-Konzept
- ❏ Erfahrungskurven-Konzept
- ❏ Synergie-Konzept
- ❏ Umfeldanalyse
- ❏ Marktanalyse
- ❏ Konkurrentenanalyse
- ❏ Branchenstruktur-analyse
- ❏ Potenzialanalyse
- ❏ Lückenanalyse
- ❏ Stärken-Schwächen-Analyse
- ❏ Wertketten-Analyse
- ❏ Kennzahlen-Analyse
- ❏ Strategie
- ❏ Grundstrategie
- ❏ Marktdurchdringungs-strategie
- ❏ Marktentwicklungsstrategie
- ❏ Produktentwicklungs-strategie
- ❏ Diversifikationsstrategie
- ❏ Differenzierungsstrategie
- ❏ Strategie der umfassenden Kostenführerschaft
- ❏ Strategie der Konzentration auf Schwerpunkte
- ❏ Unternehmensstrategie
- ❏ Verhaltensstrategie
- ❏ Angriffsstrategie
- ❏ Verteidigungsstrategie
- ❏ Entwicklungsstrategie
- ❏ Kooperationsstrategie
- ❏ Internationalisierungs-strategie
- ❏ Bereichsstrategie
- ❏ Portfoliotechnik
- ❏ Marktwachstums-Marktan-teils-Portfolio
- ❏ Marktattraktivitäts-Wettbe-werbsvorteils-Portfolio
- ❏ Technologie-Portfolio
- ❏ Beschaffungs-Portfolio
- ❏ Taktische Planung
- ❏ Operative Planung
- ❏ Kontrolle
- ❏ Strategische Kontrolle
- ❏ Taktische Kontrolle
- ❏ Operative Kontrolle

Seite 247

C. Strukturbezogene Führung

Die strukturbezogene Führung eines Unternehmens erfolgt mithilfe der **Organisation**. Darunter kann verstanden werden (*Bühner, Hill / Fehlbaum*):

- Das dauerhafte **Ordnen** bzw. **Strukturieren** eines Unternehmens bzw. soziotechnischen Systems als die Tätigkeit des Organisierens.

- **Die Ordnung bzw. Struktur**, bei der das Unternehmen eine Organisation als Ergebnis des Organisierens ist, die eine Vorgabe für ihre Mitglieder darstellt.

Damit die Organisation funktionsfähig wird, sind für alle Teilnehmer zweckdienliche **Regelungen** notwendig, die generell oder fallweise getroffen werden können. Nach ihrer **Entstehung** lassen sich unterscheiden (*Bea / Göbel, Olfert, Rahn*):

❑ Die **formelle Organisation** als bewusst geschaffene und rational gestaltete Struktur zur Erfüllung unternehmerischer Zielsetzungen.

❑ Die **informelle Organisation** als soziale Struktur, die durch persönliche Wünsche, Ziele, Sympathien und Verhaltensweisen der Mitarbeiter bestimmt und spontan bzw. ungeplant gebildet wird.

Für die strukturbezogene Führung ist die formelle Organisation maßgeblich. Sie kann eine **Neuorganisation** im Sinne einer Erstorganisation oder eine **Reorganisation** sein, die eine tiefgreifende, umfassende Veränderung einer bestehenden Organisationsstruktur darstellt.

Im Hinblick auf den **Gegenstand** der Organisation gibt es (*Burghardt, Gaitanides, Olfert, Olfert / Rahn*):

❑ Die **Aufbauorganisation** als dauerhaft wirksame Gestaltung des statischen Beziehungszusammenhanges eines soziotechnischen Systems. Sie macht die Ordnung der gesamten Aufgaben, Kompetenzen und Verantwortung im Unternehmen sichtbar.

❑ Die **Prozessorganisation** als dauerhaft wirksame Gestaltung des dynamischen Beziehungszusammenhanges eines soziotechnischen Systems. Sie zeigt die Strukturierung des Prozesses der Aufgabenerfüllung durch zeitliche und räumliche Beziehungen.

❑ Die **Projektorganisation** als befristete Gestaltung projektbezogener Regelungen innerhalb eines soziotechnischen Systems. Mit ihr sind häufig ein hoher Schwierigkeitsgrad und eine erhebliche Risikobelastung verbunden.

Dementsprechend sollen als Arten der strukturbezogenen Führung die Strukturierung des Unternehmensaufbaues, der Unternehmensprozesse und der Projekte des Unternehmens verstanden werden.

Weil Unternehmen einem ständigen **Wandel** unterliegen, ist die Strukturierung kein einmalig vorzunehmender Prozess. Vielmehr bedarf es einer **Organisationsentwicklung** als längerfristig angelegtem Prozess von Veränderungen der Unternehmen und in der in ihnen tätigen Menschen (*French / Bell, Olfert, Thom*).

Strukturbezogene Führung	Arten strukturbezogener Führung
	Organisationsentwicklung

Die strukturbezogene Führung ist ein unabdingbares Erfordernis für die Funktionsfähigkeit eines Unternehmens.

1. Arten strukturbezogener Führung

Als Arten der strukturbezogenen Führung sind zu unterscheiden – siehe ausführlich *Olfert*:

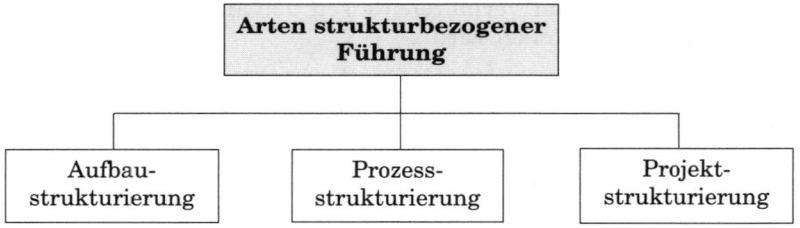

1.1 Aufbaustrukturierung

Die Strukturierung der Aufbauorganisation erfolgt in mehreren Schritten (*Olfert*):

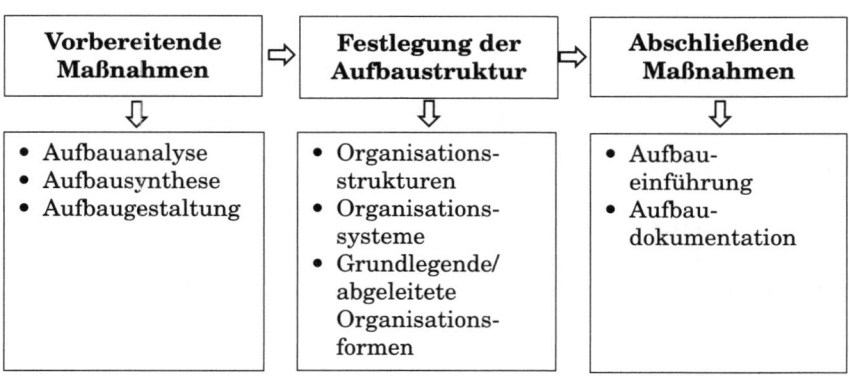

Damit wird die **Gestaltungsaufgabe** im Hinblick auf die Aufbauorganisation beschrieben. Ihr Ergebnis ist die **Unternehmensstruktur**, welche die Ordnung der Aufgaben, Kompetenzen und Verantwortungen im Unternehmen festlegt.

1.1.1 Vorbereitende Maßnahmen

Als vorbereitende Maßnahmen für die Aufbaustruktur eines Unternehmens sollen beschrieben werden:

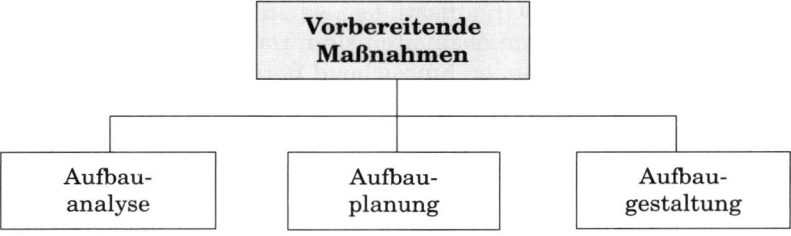

1.1.1.1 Aufbauanalyse

Die Aufbauanalyse ist die Erfassung und kritische Untersuchung der im Unternehmen bestehenden Bedingungen. Sie umfasst (*Olfert, Olfert / Rahn*):

❑ Die **Ist-Aufnahme**, die der Ermittlung des Ist-Zustandes der Aufbauorganisation dient. Sie besteht in der Sammlung, Ordnung und Untersuchung von Daten der bisherigen Struktur. Als **Aufnahmetechniken** bieten sich z. B. an:

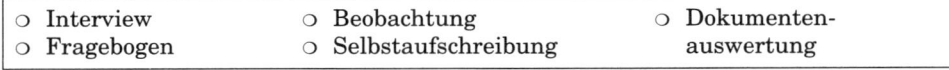

◌ Interview	◌ Beobachtung	◌ Dokumenten-
◌ Fragebogen	◌ Selbstaufschreibung	auswertung

❑ Die **Ist-Kritik**, mit der nach Schwachstellen im bisherigen Organisationsaufbau und Möglichkeiten einer Verbesserung gesucht wird. Hierbei können **Checklisten** hilfreich sein. Die Kritik sollte mit einer möglichst treffenden Begründung verbunden werden.

Die Anfertigung eines Fragebogens zur Erhebung von organisatorischen Problemstellungen/Tatbeständen ist in der Praxis mitunter mit großen Schwierigkeiten verbunden.

(1) Die Art der Fragestellung hat dabei maßgebliche Bedeutung für die Responsequote bzw. die Bereitschaft, den Fragebogen auszufüllen. Welche Fragestellungen sind Ihrer Ansicht nach geeignet, um eine möglichst hohe Resonanz zu erreichen?

(2) Nennen Sie technische Gesichtspunkte, die bei der Gestaltung und Versendung von Fragebogen zu beachten sind!

Seite 247

Die Ergebnisse der Ist-Aufnahme und Ist-Kritik werden üblicherweise in einem **Bericht** dokumentiert.

1.1.1.2 Aufbauplanung

Die Aufbauplanung legt in der Gegenwart fest, welche Struktur der Aufbauorganisation bis zu einem bestimmten Planungszeitpunkt geschaffen werden soll. Sie besteht aus (*Olfert, Olfert / Rahn*):

❏ Der **Zielplanung**, der die Organisationsziele zu Grunde liegen, die ihrerseits von den Unternehmenszielen abzuleiten sind. Darüber hinaus sollten die Ziele der Mitarbeiter und der Kunden hinreichend Berücksichtigung finden.

❏ Die **Konzeptplanung**, mit der die Anforderungen definiert werden, die durch die Planung erfüllt werden sollten, z.B. um geeignete Alternativen zur Lösung der Organisationsprobleme bereitzustellen. Ihre Ergebnisse können in einem aufbauorganisatorischen **Plan** festgehalten werden.

Schwierigkeiten der Aufbauplanung liegen in der mangelnden Voraussehbarkeit künftig geeigneter Aufbaustrukturen.

1.1.1.3 Aufbaugestaltung

Um den organisatorischen Aufbau eines Unternehmens gestalten zu können, sind folgende **Maßnahmen** erforderlich (*Olfert, Olfert / Rahn*):

• **Stellenbildung**

• **Aufbauentscheidungen**

• **Bildung der Organisationsebenen**.

1.1.1.3.1 Stellenbildung

Die Gestaltung der Aufbauorganisation beginnt damit, alle zur Zielerreichung und Aufgabenerledigung des Unternehmens erforderlichen Stellen zu bilden. Sie umfasst (*Olfert, Olfert / Rahn*):

❏ Die **Aufgabenanalyse**, die dazu dient, eine komplexe Gesamtaufgabe schrittweise und systematisch in auf Handlungsträger übertragbare Teilaufgaben zu zerlegen bzw. aufzuspalten. Das Zerlegen der Gesamtaufgabe kann erfolgen unter Verwendung folgender Analysen (*Olfert, Schmidt, Schreyögg*):

Verrichtungs-analyse	Mit ihr wird festgestellt, welche Tätigkeiten anfallen, z.B. beschaffen, fertigen, absetzen.
Objekt-analyse	Sie bezieht sich auf Objekte, z.B. Rohstoffe, Produkte, Lieferanten, Abnehmer.
Rang-analyse	Jeder Ausführung geht eine Entscheidung voraus. Deshalb gibt es **Entscheidungs-** und **Ausführungsaufgaben**.
Phasen-analyse	Eine Aufgabenerledigung erfolgt üblicherweise in drei Phasen: Planung – Durchführung – Kontrolle.
Zweck-beziehungs-analyse	Hier werden **Primäraufgaben**, die unmittelbar der Zielerreichung dienen und **Sekundäraufgaben** unterschieden, z.B. Verwaltungsaufgaben.

❑ Die **Aufgabensynthese**, die eine Zusammenfassung der durch die Aufgabenanalyse gewonnenen Teilaufgaben zu koordinierbaren Aufgabenkomplexen darstellt (*Kosiol*):

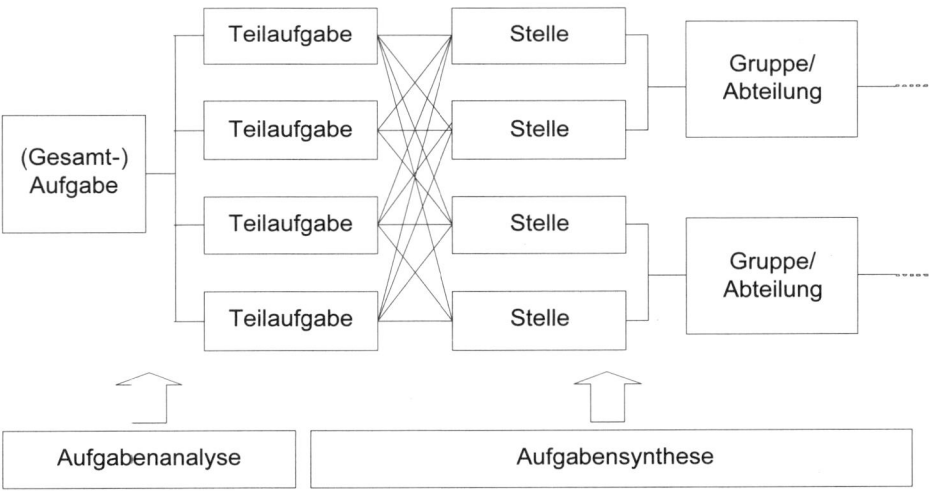

Die Stellenbildung mithilfe aller fünf aufgabenanalytischen Instrumente ist sehr aufwändig und wird deshalb in der Praxis begrenzt, z.B. indem für die Primäraufgaben sowie bedeutsame Sekundäraufgaben lediglich eine kombinierte **Verrichtungs-** und **Objektanalyse** erfolgt.

1.1.1.3.2 Aufbauentscheidungen

Bei den grundlegenden Entscheidungen, die den Stellenaufbau des Unternehmens betreffen, geht es vor allem um (*Olfert, Olfert/Rahn*):

❑ Die **Organisationseinheiten**, die zu bilden sind. Dabei sind zu unterscheiden:

Im Einzelnen ist unter den Organisationseinheiten zu verstehen:

Stellen	Sie stellen die kleinsten organisatorischen Einheiten im Unternehmen dar.
Linienstellen	Sie sind vertikal und mit Weisungsbefugnis der Aufgabenträger hierarchisch eingebunden.
Instanzen	Dabei handelt es sich um Stellen, die mit Weisungsbefugnis ausgestattet sind.
Ausführungsstellen	Sie sind dadurch gekennzeichnet, dass sie keine Leitungsbefugnisse haben.
Stabsstellen	Stäbe sind **Leitungshilfsstellen**, die horizontal und ohne Weisungsbefugnis der Aufgabenträger hierarchisch eingeordnet sind.
Assistenzstellen	Sie sind **Leitungshilfsstellen**, die unmittelbar für Aufgabenträger einer Instanz arbeiten.
Gremien	Sie stellen Personenmehrheiten dar, die haupt- oder nebenamtlich zusammenarbeiten.
Leitungsgruppen	Sie sind i.d.R. auf Dauer hauptamtlich tätige Personenmehrheiten.
Projektgruppen	Sie stellen Personenmehrheiten dar, die gemeinsam und überwiegend hauptamtlich bzw. vollzeitlich Projekte durchführen.
Kollegien	Sie erfüllen in zeitlich befristeter Tätigkeit nebenamtlich Sonderaufgaben.
Ausschüsse	Sie sind unbefristet eingerichtete Organisationseinheiten, deren Mitglieder nebenamtlich und teilzeitlich tätig sind, z. B. der Organisations- oder DV-Ausschuss.

❑ Die **Zentralisation** bzw. **Dezentralisation**, bei der entschieden wird, in welchem Maße die Stellen an ein Zentrum gebunden werden:

Zentralisation	Sie stellt die **Zusammenfassung gleichartiger Teilaufgaben** zu einem Zentrum als Mittelpunkt dar und kann sein: ○ Verrichtungs-/Entscheidungszentralisation ○ Phasen-/Verwaltungszentralisation
Dezentralisation	Hier erfolgt eine Verteilung gleichartiger Aufgaben auf mehrere Abteilungen, die nicht zu einem Zentrum gehören als: ○ Objekt-/Entscheidungsdezentralisation ○ Phasen-/Verwaltungsdezentralisation

❑ Die **Übertragung** von **Aufgaben**, **Kompetenzen** und **Verantwortung**, die jeweils gleiche Umfänge ausweisen sollten:

Aufgaben	Sie stellen dauerhaft wirksame **Aufforderungen** an Aufgabenträger dar, festgelegte Verrichtungen vorzunehmen.
Kompetenzen	Das sind **Befugnisse** einer Person, auf der Basis ihrer fachlichen Zuständigkeit geeignete Maßnahmen zur Erfüllung von Aufgaben zu ergreifen, für deren Bewältigung sie die **Verantwortung** übernimmt. Es gibt: ○ **Sachbezogene Kompetenzen** als fachliche Zuständigkeiten des Stelleninhabers. ○ **Personenbezogene Kompetenzen** als persönliche Zuständigkeiten des Stelleninhabers.
Verantwortung	Sie ist das **persönliche Einstehen** für die Folgen von selbstständigen Handlungen und Entscheidungen.

❑ Weiterhin sind zu gestalten:

Zeitumfang der Tätigkeit	Es kann sich um eine **Vollzeittätigkeit** oder **Teilzeittätigkeit** handeln.
Art der Tätigkeit	Die Tätigkeit kann **hauptamtlich**, **nebenamtlich** oder **halbamtlich** sein.
Aufgabenträger	Hier geht es um die **Bezeichnung** der Aufgabenträger als Sachbezeichnung und deren erforderliche **Qualifikation**.
Informationswege	Sie verbinden die gestalteten Organisationseinheiten miteinander, z.B. als grundlegende Informationswege wie: ❑ **Längsinformationswege**, die Über- und Unterordnungsverhältnisse zeigen. ❑ **Querinformationswege**, die Querkontakte auf gleicher Hierarchieebene darstellen. Zu weiteren Informationswegen siehe ausführlich *Olfert, Olfert/Rahn*.

> Die Organisation befasst sich im Rahmen der aufbaubezogenen Gestaltung des Unternehmens mit der Stellenbildung.
>
> (1) Durch welche Merkmale zeichnen sich Stellen aus?
>
> (2) Wie sollte ein Organisator bei der Stellenbildung vorgehen?
>
> (3) Nehmen Sie eine Aufgabenanalyse für das Schreiben eines Briefes vor.
>
> (4) Führungskräfte und Mitarbeiter müssen Verantwortung für die ihnen übertragenen Aufgaben übernehmen und Entscheidungen treffen, ohne dabei ihre Kompetenzen zu überschreiten. Beschreiben Sie grundsätzliche Verantwortungsbereiche der Führungskräfte und Mitarbeiter!

Seite 248

1.1.1.3.3 Bildung von Organisationsebenen

Entsprechend der jeweiligen Hierarchieebene erfolgen als **Maßnahmen** (*Olfert, Olfert/Rahn*):

❑ Die **Gruppenbildung**, bei der einzelne Stellen auf unterer Führungsebene zu betrieblichen Gruppen zusammengefasst werden, die in unterschiedlicher Weise strukturiert werden können, z. B. als:

○ Materialwirtschafts- gruppen	○ Personalwesen- gruppen	○ Rechnungswesen- gruppen
○ Fertigungsgruppen	○ Finanzwesen- gruppen	○ Informatikgruppen
○ Marketinggruppen		

❑ Die **Bereichsbildung**, bei der plurale Organisationseinheiten auf mittlerer Führungsebene gebildet werden, vielfach als Abteilung oder Hauptabteilung, z. B.:

○ Materialbereich	○ Personalbereich	○ Rechnungswesen- bereich
○ Fertigungsbereich	○ Finanzbereich	
○ Marketingbereich	○ Informationsbereich	

❑ Die **Leitungsbildung**, die sich auf die Unternehmensspitze als obere Führungsebene bezieht. Zu unterscheiden sind:

Rechtsform- modelle	○ **Eingremien-Modell** (z. B. nur Geschäftsführer) ○ **Zweigremien-Modell** (z. B. Geschäftsführer/Gesellschafterversammlung) ○ **Dreigremien-Modell** (z. B. Vorstand/Aufsichtsrat/Hauptversammlung)

Prinzipien-Modelle	o **Kollegialprinzip** (Gemeinsame Willensbildung aller Leiter) o **Direktorialprinzip** (Willensbildung durch einzelnen Leiter)
Ressort-Modelle	Sie bauen auf der Ressort-Kollegialität auf, d.h. jeder Entscheidungsträger ist für sein Ressort eigenverantwortlich zuständig.

Ein frischgebackener Diplom-Kaufmann mit gutem Examen steht unmittelbar vor dem Schritt ins Berufsleben. Er hat von ehemaligen Kommilitonen, die bereits in der Praxis tätig sind, viel über die verschiedenen grundsätzlichen Möglichkeiten des Berufseinstiegs gehört wie Traineeprogramm, Training-on-the-job (Direkteinstieg), Vorstands- bzw. Geschäftsleitungs-Assistent.

Nach mehreren Bewerbungen und Vorstellungsgesprächen liegt ihm ein interessantes Angebot der Position eines Vorstands-Assistenten in einem bekannten Unternehmen vor. Geben Sie ihm Hilfestellung, indem Sie aus Ihrer Sicht das mit einer solchen Funktion vielfach verbundene Aufgabenspektrum, Anforderungsprofil sowie die Zukunftsperspektiven beschreiben.

Seite 248 f.

1.1.2 Festlegung der Aufbaustruktur

Aus den Elementen der Aufbaugestaltung wird die Aufbaustruktur des Unternehmens gebildet, d.h. es erfolgt die **horizontale** und **vertikale** bzw. hierarchische **Gliederung** des Unternehmens (*Bleicher*) als:

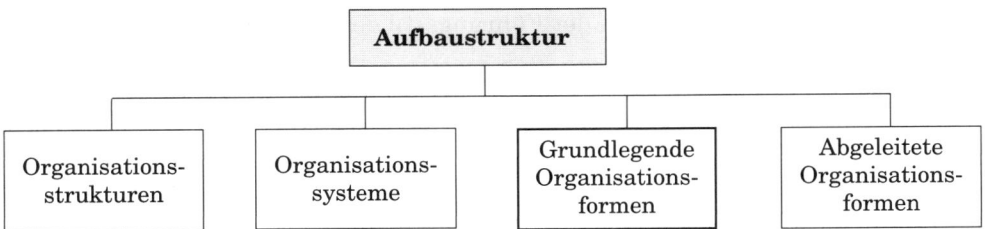

1.1.2.1 Organisationsstrukturen

Der Aufbau des gesamten Unternehmens zeigt sich in der zu gestaltenden Organisationsstruktur, die sich in zweifacher Weise darstellen lässt als (*Olfert, Olfert/Rahn*):

- **Horizontale Organisationsstruktur**
- **Vertikale Organisationsstruktur**.

1.1.2.1.1 Horizontale Organisationsstruktur

Die horizontale Organisationsstruktur ergibt sich aus den bereits dargestellten fünf **Schritten**:

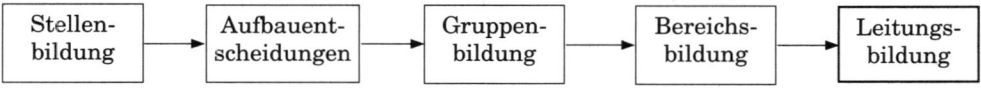

Grundsätzlich gilt für die horizontale Strukturierung, dass bei komplizierter Aufgabenstruktur deren Überschaubarkeit umso geringer und die Gefahr einer **Überorganisation** umso größer ist. Je kleiner andererseits die Gruppen gestaltet werden, umso größer wird die Gefahr einer **Unterorganisation**.

1.1.2.1.2 Vertikale Organisationsstruktur

Bei der vertikalen Organisationsstruktur geht es um zwei **Problemfelder**:

❏ Die **Leitungsspanne**, welche die Anzahl der optimal betreubaren, einem Vorgesetzten direkt unterstellten Mitarbeiter bezeichnet. Sie wird auch **Kontrollspanne** oder **Subordinationsquote** genannt.

Jeder Vorgesetzte kann nur eine begrenzte Zahl von unterstellten Mitarbeitern bestmöglich betreuen. Eine generelle **Festlegung** der Leitungsspanne auf eine bestimmte Zahl zu unterstellender Organisationseinheiten ist nicht möglich.

Einflussfaktoren können z. B. die fachliche und menschliche Qualifikation der Mitarbeiter, ihre Selbstständigkeit und Unterstellungsbereitschaft, die Komplexität der Aufgaben, aber auch der Führungsstil des Vorgesetzten sein.

Die Leitungsspanne schwankt Untersuchungen zufolge vielfach zwischen drei und sechs Mitarbeitern auf der oberen und acht bis 25 Mitarbeitern auf der unteren Führungsebene.

❏ Die **Zahl der Hierarchieebenen**, deren Festlegung für die Verantwortlichen nicht einfach ist. Sie wird z. B. von der Unternehmensgröße, der Leitungsspanne und den Unternehmensaufgaben beeinflusst. Je größer die Zahl der Mitarbeiter und damit auch die Zahl der Stellen ist, umso mehr Unternehmensebenen sind erforderlich, was zu langen Instanzenwegen führen kann.

In der Praxis werden für die Organisationeinheiten der Hierarchieebenen keine einheitlichen Begriffe verwendet. Bei größeren Unternehmen gibt es z. B.:

○ Das **Leitungsorgan**, z. B. den Vorstand einer Aktiengesellschaft.
○ Den **Bereich** bzw. das **Ressort**, das aus mehreren Hauptabteilungen besteht.
○ Die **Hauptabteilung**, der mehrere Abteilungen zugeordnet sind.
○ Die **Abteilung**, die mehrere Stellen oder verschiedene Gruppen umfasst.
○ Die **Stelle** als die kleinste organisatorische Einheit innerhalb der Hierarchie

Ein wichtiger Bestandteil von Assessment Centern, die zum Zweck der Personalauswahl und Personalentwicklung insbesondere bei Großunternehmen durchgeführt werden, ist die »Postkorbübung«. Mit ihr soll u.a. das Führungspotenzial von Kandidaten festgestellt werden. Neben der Fähigkeit, Prioritäten hinsichtlich der anstehenden Aufgaben zu setzen und zeitliche Restriktionen zu beachten, ist vor allem die Delegationsfähigkeit eine sehr wichtige Managerqualifikation.

Zeigen Sie auf, welche Vor- und Nachteile mit der Delegation von Entscheidungsbefugnissen bzw. Aufgaben von Vorgesetzten auf Mitarbeiter verbunden sind!

Seite 249

1.1.2.2 Organisationssysteme

Das Organisationssystem ist eine Menge von Organisationseinheiten, die über Informationswege miteinander verbunden ist. Seine organisatorische Struktur kann unterschiedliche **Ausprägungen** aufweisen als (*Olfert, Olfert/Rahn*):

* **Liniensystem**

* **Funktionssystem**

* **Stabliniensystem**.

1.1.2.2.1 Liniensystem

Beim Liniensystem sind die Stellen und Abteilungen in einen einheitlichen Instanzenweg eingegliedert, der von der obersten Instanz bis zur untersten Stelle reicht. Damit wird das »**Prinzip der Einheit von Auftragserteilung und Auftragsempfang**« verwirklicht.

Das Liniensystem ist die **straffste Form** der organisatorischen Gliederung. Jeder Mitarbeiter ist dabei nur einem Vorgesetzten unterstellt. Weisungen und Informationen gehen jeweils an die unmittelbar unterstellten Stelleninhaber, z.B. von der Leitung über die Fertigung zur Montage:

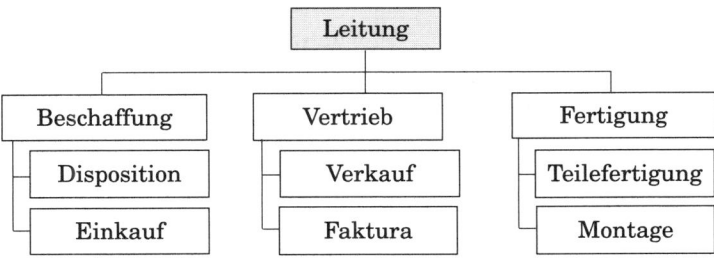

Vielfach wird das Liniensystem auch als **Einliniensystem** oder **Linienorgani-sation** bezeichnet.

Vorteile	Nachteile
○ Klare, eindeutige Unterstellungen, Kompetenzen, Verantwortungen ○ Überschaubare, transparente Struktur ○ Keine Eingriffe Dritter ○ Eindeutige Kommunikationswege ○ Vorgesetztenorientierter Entscheidungsprozess ○ Einfache Betreubarkeit der Mitarbeiter ○ Ordnung durch straffe Disziplin ○ Einheitlichkeit der Auftragserteilung	○ Starke Beanspruchung übergeordneter Einheiten mit Koordinationsaufgaben ○ Überlastung der Führungskräfte durch Routinetätigkeiten ○ Erschwerung der Zusammenarbeit ○ Lange Weisungswege möglich ○ Abhängigkeiten der Mitarbeiter ○ Unflexible Entscheidungsfindung ○ Problem der Informationsfilterung ○ Fehlende Dynamik des Systems

Das Liniensystem lässt sich durch **Querverbindungen** ergänzen. Dadurch kann eine Beschleunigung des Informationsflusses bewirkt werden.

1.1.2.2.2 Funktionssystem

Beim Funktionssystem erfolgt der Informationsfluss nicht durch einen einzigen Instanzenweg, sondern jeder Mitarbeiter ist funktionsbedingt mehreren Vorge-setzten unterstellt, von denen er Aufträge erhält. Es wird auch als **Mehrlinien-system** oder **Mehrlinienorganisation** bezeichnet.

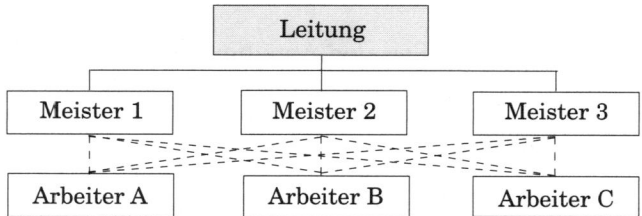

Durch die im Funktionssystem praktizierte Mehrfachunterstellung wird das **»Prinzip des kürzesten Weges«** realisiert.

Vorteile	Nachteile
○ Spezialisierung ○ Direkte Weisungs-/Informationswege ○ Betonung der Fachautorität ○ Produktivität sachlicher Konflikte ○ Relativ schnelle Ausführung ○ Kontrolle durch mehrere Vorgesetzte ○ Kein schwerfälliger Instanzenweg ○ Größere Dynamik der Führungskräfte	○ Abgrenzungsprobleme bei Zuständig-keiten und Verantwortlichkeiten ○ Schwierige Fehlerzurechnung ○ Konflikte zwischen den Vorgesetzten ○ Schwierigkeit der einheitlichen Umset-zung der Unternehmensziele ○ Konfliktpotenzial und mangelnde Ar-beitsdisziplin

1.1.2.2.3 Stabliniensystem

Beim Stabliniensystem wird das **Liniensystem** mit dem **Stabsprinzip** verbunden. Um den Nachteil der Überlastung von Führungskräften beim reinen Liniensystem zu mindern, werden Stäbe den höheren Instanzen zugeordnet, die grundsätzlich kein unmittelbares Weisungsrecht gegenüber anderen Stellen haben.

Das Stabliniensystem kann z.B. mit zwei Stäben folgende **Struktur** haben:

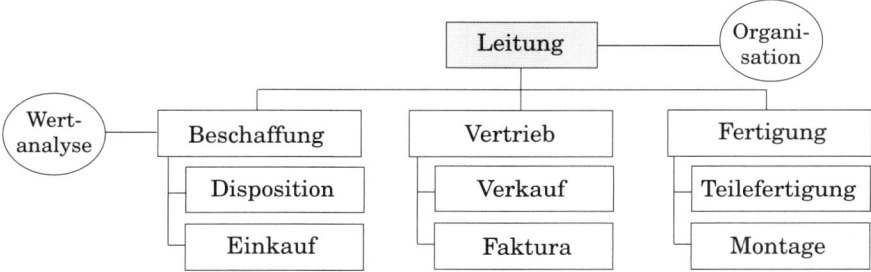

In großen Unternehmen ist das Stabliniensystem umfassender ausgeprägt als in kleineren Unternehmen.

Vorteile	Nachteile
○ Übersichtliche Struktur ○ Einheitlicher Instanzenweg ○ Klare Zuständigkeiten ○ Nutzung von Größenvorteilen ○ Nutzung von Spezialisierungsvorteilen ○ Beratungsvorteile durch Stäbe ○ Entlastung der Führungskräfte ○ Verbesserung der Entscheidungs- qualität	○ Trennung von Entscheidungsvorberei- tung und Entscheidung ○ Ggf. Blockierung von Stabsvorschlägen ○ Gefahr von Stab-Linien-Konflikten ○ Demotivation des Stabes ○ Kompetenzüberschreitung des Stabes ○ Überdimensionierung der Stabsstellen ○ Informelle Macht von Stäben

Ein vor drei Jahren gegründetes Unternehmen aus der Computerbranche, das 25 Mitarbeiter beschäftigt, hat bislang noch keine Organisationsstruktur. Die Wachstumschancen des Unternehmens werden für die kommenden Jahre als recht günstig eingeschätzt, sodass mit deutlichem Personalzuwachs zu rechnen ist.

(1) Geben Sie eine Empfehlung für ein Organisationssystem ab. Begründen Sie Ihren Vorschlag!

(2) Welches Organisationssystem würden Sie dem Unternehmen empfehlen, wenn die äußerst positiven Wachstumsraten in einigen Jahren realisiert werden könnten und dann 500 Beschäftigte dort arbeiten würden?

Seite 249

1.1.2.3 Grundlegende Organisationsformen

Organisationsformen sind Ausdruck der Strukturierung des Unternehmensaufbaus. Sie hängen in ihrer Ausprägung vom Leistungsprogramm, der Unternehmensgröße, der Fertigungs- und Informationstechnologie und der Unternehmensform ab.

Als grundlegende Organisationsformen werden die traditionellen Aufbaustrukturen bezeichnet (*Bea / Göbel, Bleicher, Bühner, Frese, Olfert, Olfert / Rahn, Vahs, Wittlage*):

* **Sektoralorganisation**

* **Funktionalorganisation**

* **Spartenorganisation**

* **Matrixorganisation**

* **Tensororganisation**.

1.1.2.3.1 Sektoralorganisation

Die Sektoralorganisation hat eine **zentrale Organisationsstruktur** und ist durch eine Zweiteilung auf der zweiten Hierarchieebene in einen technischen und einen kaufmännischen Sektor geprägt. Die Leitung des Unternehmens erfolgt nach dem **Liniensystem**, wobei die beiden Sektoren der Unternehmensleitung verantwortlich unterstellt sind:

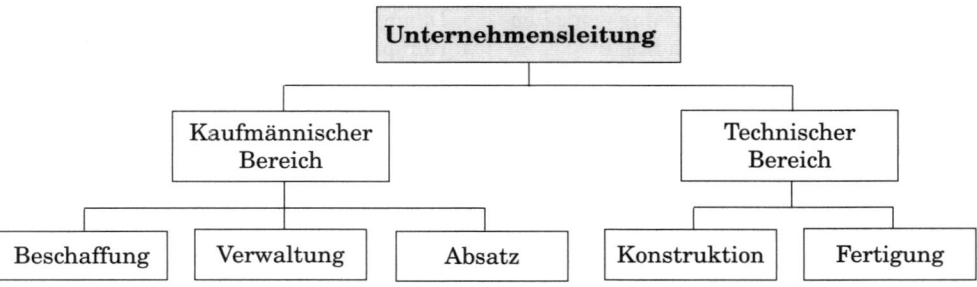

Der **Einsatz** der Sektoralorganisation bietet sich bei einer geringen Unternehmensgröße, relativ stabiler Umwelt und verhältnismäßig homogenem Leistungsprogramm an.

Vorteile	Nachteile
○ Große Übersichtlichkeit	○ Schwerfälligkeit/Starrheit
○ Einheitlicher Instanzenweg	○ Überlastung der Führungskräfte
○ Vorzüge der Zentralisation	○ Begrenzte Flexibilität
○ Spezialisierungsvorteile	○ Geringe Bereitschaft zur Delegation

1.1.2.3.2 Funktionalorganisation

Die Funktionalorganisation ist auf der zweiten Hierarchieebene nach **Verrichtungen** gegliedert. Sie knüpft dabei i. d. R. an den güterwirtschaftlichen Prozess des Unternehmens an. Die Leitung erfolgt nach dem **Liniensystem**. Dabei sind die einzelnen Funktionen der Unternehmensleitung verantwortlich unterstellt:

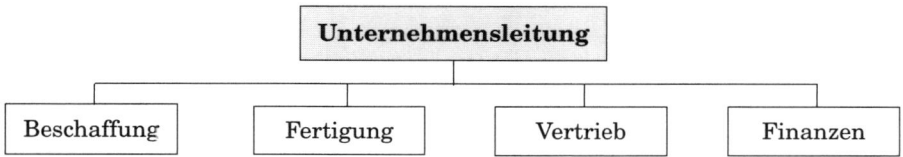

Der **Einsatz** der Funktionalorganisation ist bei kleinen bis mittleren Unternehmen, relativ stabiler Umwelt und verhältnismäßig homogenem Leistungsprogramm möglich.

Vorteile	Nachteile
o Sehr übersichtlich	o Schwerfälliger Informationsfluss
o Einheitlicher Instanzenweg	o Überlastung der Führungskräfte
o Nutzung von Größenvorteilen	o Bereichsdenken/Egoismus
o Nutzung von Spezialisierungsvorteilen	o Motivationsprobleme in nachgeordneten Führungsebenen
o Kompetenz und Verantwortung bei den Instanzen	o Mangelnde Produktverantwortung
o Zentralisierung durch straffe Organisation	o Begrenzung der Innovationskraft

1.1.2.3.3 Spartenorganisation

Die Spartenorganisation stellt eine Organisationsform dar, die hauptsächlich durch die Dezentralisierung geprägt ist. Die zweite Hierarchieebene des Unternehmens ist nach **Objekten** gegliedert. Die wesentlichen Elemente dieser Organisationsform sind die Zentralabteilungen, die für die leistungsprozessbezogenen Sparten vielfältige Dienstleistungen erbringen, z. B. als Organisationsabteilung, Personalabteilung, Rechtsabteilung.

Die **Zentralabteilungen** übernehmen häufig auch Koordinationsaufgaben, um ein »Eigenleben« von Sparten zu begrenzen, das sich von den Unternehmenszielen entfernt, z. B. durch eine zentrale Personalabteilung.

Die Spartenorganisation ist durch das **Stabliniensystem** geprägt. Sie wird auch als **Divisionalorganisation** bezeichnet und kann sein:

❑ Eine **Produktorganisation**, die auf der zweiten Unternehmensebene nach **Erzeugnissen** bzw. **Erzeugnisgruppen** gegliedert ist. Dabei handelt sich um autonome Sparten.

Beispiel eines Industrieunternehmens:

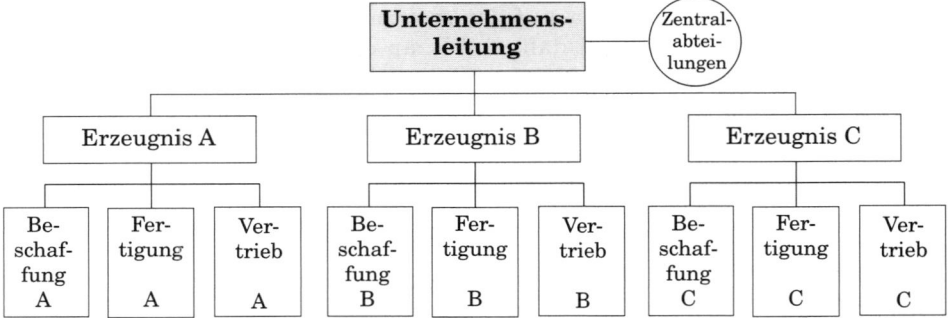

Die Produktorganisation kann sich für ein Unternehmen anbieten, wenn die Entscheidungsprozesse nach Erzeugnisarten dezentralisiert ablaufen sollen.

Vorteile	Nachteile
○ Einheitlicher Instanzenweg ○ Klare Zuständigkeiten ○ Entlastung der Unternehmensleitung von Routineentscheidungen ○ Nutzung von Entscheidungs-freiräumen ○ Flexibilität/Reaktionsfähigkeit ○ Fehlbesetzungen treffen nur die Sparte ○ Übersichtlichkeit/Transparenz ○ Sparten mit Gewinnverantwortung ○ Motivation durch Spartenautonomie	○ Gefahr des Eigenlebens der Sparten ○ Tendenz zum Spartenegoismus ○ Anstreben von Divisionszielen anstelle der Unternehmensziele ○ Kompetenzprobleme zwischen Zentralabteilungen und Sparten ○ Kämpfe um knappe Ressourcen ○ Doppelarbeit bei ähnlichen Problemen ○ Größerer Bedarf an Führungskräften ○ Verfolgung kurzfristiger Ziele

❏ Die **Regionalorganisation**, die durch geografisch abgegrenzte Aufgabenbereiche gekennzeichnet ist. Die zweite Hierarchieebene ist durch **Regionen** oder **Gebiete** geprägt.

Beispiel eines Handelsunternehmens:

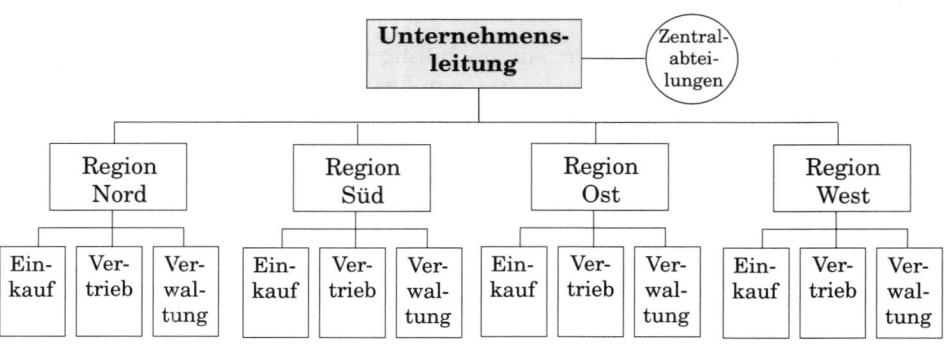

Die Regionalorganisation ist eine geeignete Organisationsform, wenn die Entscheidungsprozesse dezentralisiert sind und vorrangig auf regionalen Gesichtspunkten basieren.

Vorteile	Nachteile
○ Regionale Differenzierung ○ Klare Zuständigkeiten ○ Einheitlicher Instanzenweg ○ Entlastung der Unternehmensleitung ○ Regionale Flexibilität ○ Übersichtlichkeit	○ Tendenz zum Eigenleben der Regionaleinheiten ○ Regionale Aspekte werden u. U. überbetont ○ Überzogene Verteilungskämpfe bei knappen Mitteln

❑ Die **Kundenorganisation**, die auf der zweiten Hierarchieebene nach **Kunden** oder **Kundengruppen** gegliedert ist. Sie enthält ebenfalls dezentrale Elemente und spaltet das Unternehmen in marktbezogene und anpassungsfähige Teilsysteme auf.

Beispiel eines Versicherungsunternehmens:

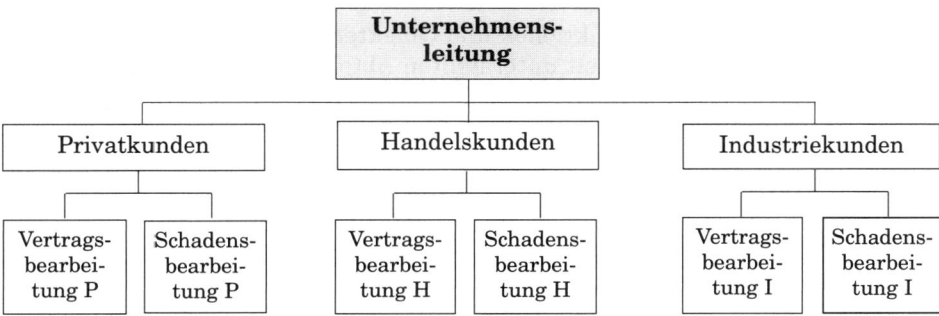

Insgesamt ist die Spartenorganisation zu beurteilen:

Vorteile	Nachteile
○ Differenzierung nach Kunden ○ Einheitlicher Instanzenweg ○ Eindeutige Zuständigkeiten ○ Flexibilität bei der Anpassung an Kundenwünsche ○ Übersichtliches System ○ Entlastung der Unternehmensleitung	○ Überbetonte Kundenorientierung ○ Tendenz zum Spartenegoismus ○ Divisionsziele ggfs. zu sehr im Vordergrund ○ Bei knappen Ressourcen Verteilungskämpfe ○ Doppelarbeiten möglich

Der **Einsatz** der Spartenorganisation bietet sich an, wenn die Entscheidungsprozesse dezentralisiert sind und vor allem produkt-, regional- bzw. kundenbezogenen Aspekten entsprochen werden soll.

Aus der Spartenorganisation wurden verschiedene Organisationsformen als Center-Organisation, Holding-Organisation und SGE-Organisation **abgeleitet**.

1.1.2.3.4 Matrixorganisation

Bei großen Unternehmen können die Nachteile der Funktionalorganisation und der Spartenorganisation besonders hervortreten. Deshalb kann es sinnvoll sein, eine Matrix zu organisieren, die Merkmale dieser beiden Organisationsformen enthält (*Bleicher, Bühner, Olfert, Olfert / Rahn*).

Bei der Matrixorganisation werden auf der zweiten Hierarchieebene zwei Gliederungsprinzipien gleichzeitig und gleichberechtigt verfolgt:

❏ In der **Vertikalen** der Matrix lassen sich zentrale Funktionen aufnehmen, z. B. Technologie und Marktforschung.

❏ Die **Horizontale** der Matrix kann die Objekte als dezentrale Organisationseinheiten ausweisen, z. B. Erzeugnisse A, B, C.

In den Schnittstellen von Funktionen und Objekten befinden sich als **Organisationseinheiten**, z. B. die doppelt unterstellten Abteilungen Fertigung (A,B,C) und Vertrieb (A,B,C), wie dies im folgenden Beispiel einer Verrichtungs-Objekt-Matrix dargestellt ist.

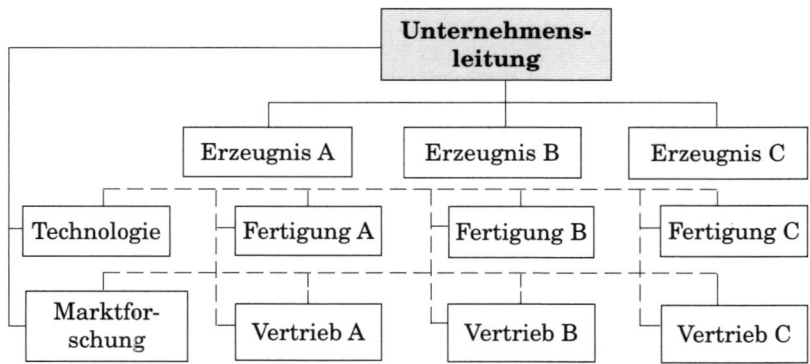

Die Matrixorganisation ist nach dem **Funktionsprinzip** gestaltet.

Ihr **Einsatz** kann sich bei relativ instabiler Umwelt und heterogenem Leistungsprogramm anbieten. **Konflikte** zwischen den Abteilungen sind systemimmanent, weil viele Personen am Entscheidungsprozess beteiligt sind.

Vorteile	Nachteile
○ Sehr flexibles System ○ Intensive Kommunikation ○ Verbesserung der Entscheidungsqualität ○ Ausschaltung der spezifischen Stab-Linien-Konflikte möglich ○ Motivation durch Beteiligung am Entscheidungsprozess ○ Gute Eignung bei heterogenem Produktionsprogramm/Umweltbedingungen ○ Anpassungsfähigkeit an die Umweltdynamik ○ Direkte Verbindungswege ○ Entlastung des Top Managements durch Entscheidungsdelegation ○ Umfassende Betrachtungsweise der Aufgaben ○ Förderung von kreativen/qualitativ hochwertigen Problemlösungen	○ Konfliktgefahr durch Doppelunterstellung ○ Kompetenzüberschneidungen zwischen den Entscheidungsträgern ○ Kontraproduktive Tendenzen (z.B. Machtkämpfe, Entscheidungsverzögerung) ○ Überforderung der Matrix-Stelleninhaber ○ Hohe Koordinations-, Kommunikations- und Informationskosten ○ Unklare Unterstellungsverhältnisse in den Schnittstellen der Matrix ○ Kompetenzkämpfe um knappe Mittel ○ Kein klarer Instanzenweg ○ Geringe Übersichtlichkeit ○ Hohe persönliche Belastung durch ausgeprägtes Konfliktpotenzial ○ Zeitaufwändiger Zwang zum Konsens

Aus der dargestellten Matrixorganisation wurden als weitere matrixorientierte Organisationsformen das Produktmanagement, Prozessmanagement, Kundenmanagement und Projektmanagement **abgeleitet**.

1.1.2.3.5 Tensororganisation

Die Tensororganisation ist eine Organisationsform, bei der **drei Dimensionen** des Unternehmens berücksichtigt werden. Sie umfasst z.B.:

❏ **Zentralbereiche**, z.B. Technologie und Marktforschung
❏ **Regionalbereiche**, z.B. USA und Asien
❏ **Unternehmensbereiche**, z.B. Erzeugnisse A, B, C.

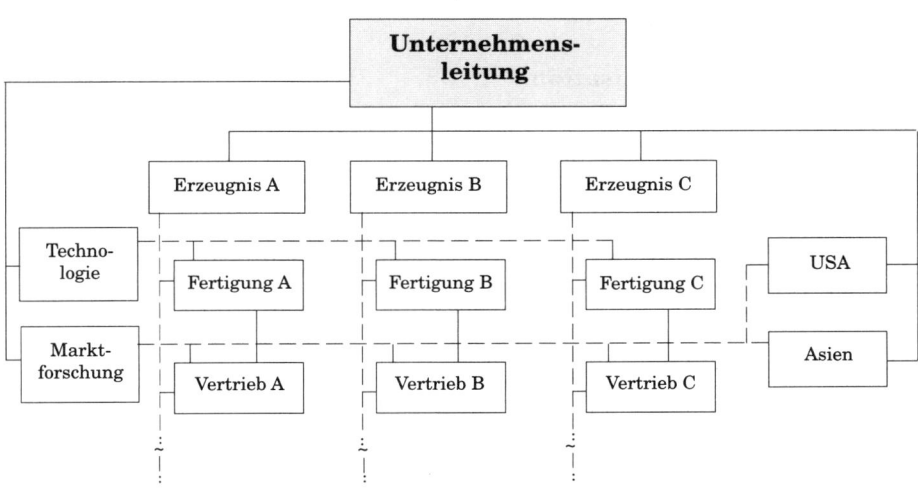

Die Tensororganisation wird vielfach von **multinationalen Großunternehmen** genutzt, die auf unterschiedlichen Märkten bei relativ instabilen Umwelten tätig sind. Sie stellt hohe Anforderungen an die Kooperationsfähigkeit der Stelleninhaber.

Vorteile	Nachteile
o Sehr hohe Flexibilität	o Konflikte im Wirkzusammenhang
o Ausgesprochene Marktorientierung	o Hoher Koordinationsbedarf
o Intensive Kommunikation	o Kein klarer Instanzenweg
o Spezialisierungsvorteile	o Überforderte Aufgabenträger
o Entscheidungsfreiräume	o Geringe Übersichtlichkeit

1.1.2.4 Abgeleitete Organisationsformen

Abgeleitete Organisationsformen sind der **Lösung spezieller Aufgaben** förderlich. Sie wurden aus den grundlegenden Organisationsformen entwickelt als – siehe ausführlich *Olfert*:

*   **Center-Organisation**

*   **Holding-Organisation**

*   **SGE-Management**

*   **Produktmanagement**

*   **Prozessmanagement**

*   **Kundenmanagement**

*   **Projektmanagement**.

Die **Aufgaben** der abgeleiteten Organisationsformen bestehen in der schnittstellenübergreifenden Bearbeitung von innovativen oder selten auftretenden Spezialaufgaben, die hierarchieergänzend bzw. hierarchieübergreifend wirken.

1.1.2.4.1 Center-Organisation

Die Bildung von Organisationseinheiten nach dem Objektprinzip, wie es bei der **Spartenorganisation** gezeigt wurde, stellt die Grundlage für die Entwicklung von Center-Konzepten dar (*Bea / Göbel, Olfert, Olfert / Rahn, Vahs*). Es gibt:

❑ Das **Profit-Center**, bei dem z.B. für eine Produktgruppe eine Erfolgszurechnung vorgenommen wird und die Verantwortlichkeit der Aufgabenträger am Erfolg orientiert ist. Es umfasst zumindest die Bereiche Fertigung und Marketing.

❑ Das **Cost-Center**, bei dem der Leiter im Rahmen des Kostenbudgets entscheidet. Es ist entweder einzuhalten oder die Kosten müssen bei vorgegebenem Leistungsvolumen minimiert werden. Das Cost-Center eignet sich für Zentralbereiche und Fertigungsstätten ohne direkten Zugang zum Absatzmarkt.

❑ Das **Revenue-Center**, bei dem der Leiter insbesondere die Höhe des Umsatzerlöses zu verantworten hat. Voraussetzung für diese Organisationsform ist die Bestimmung des Leistungsprogramms nach Art, Quantität und Qualität. Es wird auch als **Leistungscenter** bezeichnet.

❑ Das **Investment-Center**, bei dem der Leiter auch die Kompetenz der Gewinnverwendung im Rahmen reinvestiver Maßnahmen hat. Hier ist der Grad der Autonomie besonders stark ausgeprägt. Es ist davon auszugehen, dass die Unternehmensleitung sich aber ein Mitspracherecht vorbehält.

Die Leiter aller Center-Organisationen können relativ autonom entscheiden.

Vorteile	Nachteile
○ Steigerung der Motivation von Managern durch erfolgsabhängige Entlohnung ○ Nutzung von Entscheidungsfreiräumen ○ Reaktionsfähigkeit ○ Flexibilität ○ Zusätzliche Kontrolle durch den Markt	○ Zurechnung von Erlösen und Kosten bei internem Leistungsaustausch problematisch ○ Probleme zwischen den Zentralen und den Center-Instanzen ○ Gefahr eines Eigenlebens der Center

1.1.2.4.2 Holding-Organisation

Die Holding ist eine aus der Spartenorganisation abgeleitete Organisationsform, die eine nicht selbst am Markt auftretende **Dachgesellschaft** sowie Beteiligungen an mehreren, rechtlich selbstständigen Unternehmen als Beteiligungsgesellschaften umfasst. **Formen** der Holdingorganisation sind (*Bea / Göbel*):

❑ Die **Management-Holding**, bei der die Dachgesellschaft die Leitung und Koordination der gesamten Holding-Organisation einschließlich der strategischen Aufgaben übernimmt, z. B. die Metro AG für die Bereiche Cash & Carry, Lebensmittel-Einzelhandel, Nonfood-Fachmärkte, Warenhäuser.

❑ Die **Finanz-Holding**, bei der die Dachgesellschaft keine strategischen Führungsaufgaben übernimmt. Die Beteiligungsgesellschaften sind dafür selbst zuständig. Die Dachgesellschaft hält die Anteile der Holdinggesellschaften und besitzt eine gesamtunternehmerische Finanzperspektive.

Die Holding-Organisation ist zu beurteilen:

Vorteile	Nachteile
o Hohe Flexibilität durch Marktnähe o Schnelle Reaktionen auf veränderte Umfeldbedingungen o Synergieeffekte durch gemeinsame Forschung und Entwicklung o Hohe Finanzkraft durch Verfügbarkeit eines »internen« Kapitalmarktes o Eindeutige Erfolgszurechnung auf die einzelnen Beteiligungsgesellschaften	o Gefahr der Unübersichtlichkeit o Problem der Kompetenzabgrenzung zwischen Holding- und Tochtergesellschaft o Motivationsprobleme von Geschäftsbereichs-Managern bei einer »Quersubventionierung« von Tochtergesellschaften o Große Distanz zwischen der Holding und den Geschäftsbereichs-Managern o Kosten z. B. durch Doppelarbeit

Ein seit zwei Generationen bestehendes Handelsunternehmen, das etwa 20.000 Mitarbeiter beschäftigt und in seiner Branche eine marktführende Position im Inland aufweist, möchte weiter expandieren. Für das kommende Geschäftsjahr wird der Gang an die Börse erwogen.

Welche Organisationsform ist diesem Unternehmen grundsätzlich zu empfehlen?

Seite 249 f.

1.1.2.4.3 SGE-Management

Das SGE-Management besteht aus **strategischen Geschäftseinheiten** (SGE), die sich auf strategische Geschäftsfelder (SGF) beziehen (*Bea / Göbel*). Sie sind Ausdruck von Produkt-Markt-Kombinationen, die in einzelne, voneinander unterscheidbare Organisationseinheiten zerlegt und von der Spartenorganisation abgeleitet werden.

Die strategischen Geschäftseinheiten sollen ihre Aufgaben effizient und eigenverantwortlich erledigen. Es empfiehlt sich, ihre Anzahl überschaubar und handhabbar zu halten. Sie befinden sich in Konkurrenz zu anderen Anbietern und richten sich an eine klar abgrenzbare Kundengruppe (*Bühner, Hinterhuber, Wittlage*).

Vorteile	Nachteile
o Entlastung der Unternehmensleitung bei strategischen Fragestellungen o Motivation durch Delegation von Produkt-Markt-Entscheidungen an SGE-Manager o Sicherstellung umfassender Strategieplanung durch verbesserte Zusammenarbeit von Zentralstab und SGE o Eigenständige Aufgaben der Strategischen Geschäftseinheiten	o Die SGE und die primären Organisationseinheiten sind nicht identisch o Es können dadurch Probleme bei der operativen Umsetzung der Geschäftsfeldstrategien auftreten o Vernachlässigung interner Beziehungen zwischen den einzelnen Segmenten o Dominanz des Marketingbereichs bei der Formulierung von SGE-Strategien

1.1.2.4.4 Produktmanagement

Das Produktmanagement ist eine abgeleitete Organisationsform, durch welche die Anpassungsfähigkeit der Organisation an sich ändernde Märkte verbessert und somit die Wettbewerbsposition des Unternehmens gesichert werden soll (*Vahs*). Sein tragendes Element ist der Produktmanager, der Produktspezialist und Funktionsgeneralist in einer Person ist. **Formen** des Produktmanagements sind:

❏ Das **Stabs-Produktmanagement**, bei dem der Produktmanager der Unternehmensleitung als Stab zugeordnet ist. Er wird als Produktkoordinator tätig und hat keine Weisungsbefugnisse gegenüber Fachabteilungen.

❏ Das **Linien-Produktmanagement**, bei dem der Produktmanager als Linienstelle innerhalb des Marketingbereiches eingeordnet ist. Seine aufbauorganisatorische Stellung kann hier leiden, wenn der Marketingleiter einen starken Einfluss hat.

❏ Das **Matrix-Produktmanagement**, bei dem über eine vertikale, funktionale Gliederung eine horizontale, produktorientierte Organisationsstruktur gelegt wird. In den Schnittstellen der Matrix ergeben sich daraus Doppelunterstellungen. Dem Produktmanager obliegen die Planung, Entscheidung und Koordination eines seinem Verantwortungsbereich übertragenen Erzeugnisses.

Vorteile	Nachteile
○ Besondere Betreuung von Produkten ○ Nutzung von Synergiepotenzialen ○ Kombination der Fachkompetenz von Funktionsmanagern mit der Gesamtperspektive des Produktmanagers ○ Markt- und Erzeugnismarktausrichtung ○ Flexibilität und Reaktionsfähigkeit ○ Koordination aller produktbezogenen Aktivitäten ○ Spezialisierungsvorteile	○ Konfliktgefahr durch Mehrfachunterstellung ○ Prioritätsprobleme und Rivalitäten beim Einsatz mehrerer Produktmanager ○ Lange Entscheidungsdauer durch zahlreiche Abstimmungsprozesse ○ Schwierige Festlegung von Aufgaben, Befugnissen und Verantwortung zwischen Produktmanagern und Funktionsvorgesetzten

36 ⟩ Ein Hochschulabsolvent mit Studienschwerpunkt Marketing strebt einen Berufseinstieg als Produktmanager bei einem namhaften Konsumgüterhersteller an.

(1) Skizzieren Sie das Aufgabenspektrum eines Produktmanagers!

(2) Welches Anforderungsprofil wird an einen Produktmanager gestellt?

Seite 250

1.1.2.4.5 Prozessmanagement

Das Prozessmanagement stellt eine abgeleitete Organisationsform dar, bei der **Prozessmanager** tätig werden, die für den effizienten Ablauf der jeweiligen Prozesse im Unternehmen zuständig und verantwortlich sind.

Im Rahmen des **Business Reengineering** als fundamentalem Überdenken und radikalem Redesign von Unternehmen wurde die hohe Bedeutung der Geschäftsprozesse für den Erfolg des Unternehmens erkannt (*Hammer/Champy*). Daraus entstand die Überlegung, die Organisation der Geschäftsprozesse durch Prozessmanager wirksam verfolgen zu lassen.

Prozessmanager werden unabhängig von der bestehenden Aufbauorganisation für wesentliche Geschäftsprozesse mit der aufgabenentsprechenden Zuständigkeit und Verantwortung eingesetzt, z. B. im Hinblick auf Auftragsabwicklungsprozesse, Rechnungswesenprozesse, Logistikprozesse.

Beim Prozessmanagement gibt es drei **Formen**, wobei zu unterscheiden sind:

❑ Der **Prozessmanager mit voller Weisungsbefugnis**, also mit Längsverbindungen zu den zugeordneten Stellen. Sein Machtpotenzial ist umfassend. Er hat ein Alleinentscheidungsrecht, die Bereichsmanager ein Mitspracherecht.

❑ Der **Prozessmanager ohne Weisungsbefugnis**, der damit nur Querverbindungen zu den zugeordneten Stellen aufweist. Sein Machtpotenzial ist sehr begrenzt, weil die Bereichsmanager das Alleinentscheidungsrecht besitzen.

❑ Der **Prozessmanager mit begrenzter Weisungsbefugnis** und damit Diagonalverbindungen zu den zugeordneten Stellen. Das Machtpotenzial ist zwischen ihm und dem Bereichsmanager aufgeteilt.

Vorteile	Nachteile
○ Besondere Betreuung der Prozesse als radikales Redesign ○ Einsatz von Spezialisten ○ Nutzung von Synergiepotenzialen ○ Kombination der Fachkompetenz des Prozessmanagers mit den Generalisten der Bereiche ○ Flexibilität und Reaktionsfähigkeit ○ Koordination der prozessbezogenen Aktivitäten	○ Probleme durch Auftreten von Doppelunterstellungen ○ Rivalitäten beim Einsatz mehrerer Prozessmanager ○ Schwierigkeiten bei der Kompetenzabgrenzung zwischen den Prozessmanagern und den Bereichsmanagern ○ Entscheidungskonflikte zwischen den Bereichsmanagern und den Prozessmanagern

1.1.2.4.6 Kundenmanagement

Das Kundenmanagement ist eine abgeleitete Organisationsform, bei welcher Kundenmanager die Nähe zum Kunden suchen, um ihm eine bestmögliche Zufriedenheit zu vermitteln. Insbesondere wird das Ziel verfolgt, den Bedarf des Kunden möglichst schnell, preiswert und flexibel zu befriedigen. Seine **Formen** sind:

❏ Das **Stabs-Kundenmanagement**, bei dem der Kundenmanager der Unternehmensleitung bzw. dem Marketingleiter in Stabsfunktion zugeordnet ist. Durch die fehlende Entscheidungs- bzw. Weisungsbefugnis wird der Kundenmanager von den Kunden möglicherweise aber nicht als vollwertiger Verhandlungspartner akzeptiert.

❏ Das **Linien-Kundenmanagement**, bei dem der Kundenmanager direkt in den Marketingbereich eingeordnet wird. Wenn er selbstständig entscheiden und autonom Abschlüsse tätigen kann, erscheint diese Lösung sinnvoll. Seine Identifikation leidet jedoch bei starkem Einfluss des Marketingleiters.

❏ Das **Matrix-Kundenmanagement**, bei dem der Kundenmanager begrenzte Weisungsbefugnisse hat, z. B. gegenüber dem Außendienst, um die Wünsche der Kunden besser befriedigen zu können. Er hat darauf zu achten, dass das kundenbezogene Marketingkonzept in allen Bereichen wirksam umgesetzt wird.

Vorteile	Nachteile
○ Intensiver Kontakt zu abgegrenzten Kundengruppen ○ Effizientes Agieren der Kundenmanager ○ Autonomie der Kundenmanager ○ Umsetzung des kundenbezogenen Marketingkonzeptes	○ Probleme mit der Abgrenzbarkeit der Befugnisse ○ Gefahr des »Eigenlebens« der Kundenmanager ○ Konfliktgefahr durch Doppelunterstellungen

1.1.2.4.7 Projektmanagement

Das Projektmanagement ist eine abgeleitete Organisationsform, bei der Projektmanager anspruchsvolle Projekte übertragen bekommen. Es wird im Rahmen der Projektstrukturierung – Abschnitt 1.3. – näher behandelt als:

○ Linien-Projektorganisation	○ Stabs-Projektorganisation
○ Reine Projektorganisation	○ Matrix-Projektorganisation

1.1.3 Abschließende Maßnahmen

Maßnahmen, welche die Aufbaustrukturierung abschließen, sind:

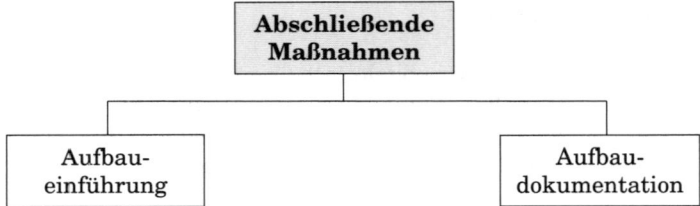

1.1.3.1 Aufbaueinführung

Nachdem die Gestaltung der neuen Aufbauorganisation abgeschlossen ist, muss für die Unternehmensleitung ein **Abschlussbericht** erstellt werden. Er sollte sich durch eine einleuchtende Kritik an der bisherigen Aufbauorganisation und eine überzeugende Darstellung der neuen Aufbauorganisation auszeichnen.

Die Inhalte des Abschlussberichtes sind der Unternehmensleitung zu präsentieren. Entscheidet sie positiv über die neue Aufbauorganisation, erfolgt ihre **Realisierung** und **Durchsetzung**. Im Rahmen der **Aufbaukontrolle** wird schließlich geprüft, ob die Vorgaben des Organisationsauftrages praktisch erreicht werden.

1.1.3.2 Aufbaudokumentation

Die Dokumentation der Aufbauorganisation ist die schriftliche Ordnung von Daten, welche die Aufbauorganisation betreffen. Sie soll eindeutig, verständlich und aktuell sein. Die Organisationsstruktur des Unternehmens wird z.B. mithilfe folgender Dokumentationen dargestellt (*Olfert, Olfert/Rahn*):

*   **Organisationshandbuch**
*   **Organisationsplan**
*   **Stellenbeschreibung**
*   **Stellenbesetzungsplan**.

Weitere Möglichkeiten der Aufbaudokumentation sind z.B. das Funktionendiagramm und die Arbeitsplatzbeschreibung – siehe ausführlich *Olfert*.

1.1.3.2.1 Organisationshandbuch

Das Organisationshandbuch stellt eine gegliederte Zusammenfassung aller wesentlichen Organisationsregelungen eines Unternehmens dar (*Frese, Olfert, Olfert/Rahn, Schmidt*). Seine Daten sollen den Mitarbeitern die organisatorischen Gegebenheiten zugänglich machen.

Wesentliche aufbaubezogene **Inhalte** des Organisationshandbuches können sein:

Darstellung des Unternehmens	Darstellung der Aufbauorganisation	Darstellung übergreifender Informationen

Das Organisationshandbuch sollte in jedem Bereich bzw. jeder Gruppe des Unternehmens verfügbar sein. Es wird zweckmäßigerweise als **Loseblattsammlung** gestaltet, die ständig zu aktualisieren ist.

1.1.3.2.2 Organisationsplan

Der Organisationsplan bildet die Aufbauorganisation ab, also die Bereiche, Hauptabteilungen, Abteilungen, Gruppen und Stellen. Seine wesentlichen **Inhalte**, die allen Mitarbeitern zugänglich sein sollten, sind:

❑ Die hierarchische Ordnung der betrieblichen Organisationseinheiten
❑ Die Informationswege zwischen den Organisationseinheiten
❑ Das Organisationssystem des Unternehmens bzw. der Bereiche
❑ Die Organisationsform als Ausdruck der Organisationsstruktur.

Der Organisationsplan wird auch als **Strukturbild**, **Organigramm** oder **Organisationsschaubild** bezeichnet.

Vorteile	Nachteile
○ Hilfsmittel zur grafischen Darstellung des Soll- und Ist-Zustandes ○ Möglichkeit zur Veranschaulichung der Aufgabengliederung ○ Möglichkeit zur Visualisierung der Kommunikationsbeziehungen zwischen den Organisationseinheiten	○ Teilweise hoher Änderungsaufwand ○ Förderung des »Besitzstanddenkens« der Mitarbeiter ○ Tendenz zur Inflexibilität durch Festschreibung von Gegebenheiten ○ Behinderung organisatorischer Weiterentwicklungen

1.1.3.2.3 Stellenbeschreibung

Die Stellenbeschreibung ist eine Aufbaudokumentation, in der alle wesentlichen Merkmale einer Stelle formularmäßig ausgewiesen werden (*Knebel / Schneider*). Sie umfasst:

Stellenbezeichnung	Zusätzlich zu dem Namen der Stelle kann eine systematisch zugeteilte Nummer verwendet werden, aus der bereits die Zuordnung der Stelle (Bereiche, Ebene, usw.) erkennbar ist.
Stelleneinordnung	Es sind die vorgesetzte Instanz, die untergebenen Stellen und die Abteilungszugehörigkeit zu ersehen.

Stellen-aufgaben	Hier sind die einzelnen Sachaufgaben detailliert auszuweisen, soweit es sich um Daueraufgaben handelt.
Stellen-befugnisse	Das sind Kompetenzen des Stelleninhabers sowie z. B. Unterschrifts-befugnisse bzw. Befugnisse hinsichtlich der Arbeitsordnung.
Stellen-verantwortung	Es ist auf die aufgabenbezogene Verantwortung des Stelleninhabers hinzuweisen, die sich mit den Befugnissen decken soll.
Stellenziele	Sie sind qualitativ und soweit wie möglich quantitativ festgelegt, um ihre Erreichung messen zu können.
Stellver-tretungen	Es kann ausgewiesen werden, von welcher Stelle eine Vertretung erfolgt und welche Stelle vertreten wird.
Stellen-anforderungen	Hier können die Einzelanforderungen an den Stelleninhaber definiert werden, z. B. Kenntnisse und Fertigkeiten, Erfahrungen.

Die Stellenbeschreibung wird auch als **Tätigkeitsbeschreibung** oder **Job description** bezeichnet.

Vorteile	Nachteile
○ Transparente Unternehmensstruktur ○ Mitarbeiter kennen Aufgaben, Befugnisse und Verantwortung ○ Leichtere Personalplanung ○ Einfachere Mitarbeiterbeurteilung ○ Unterstellungsverhältnisse erkennbar ○ Lohn- und Gehaltsstruktur objektivierbar	○ Erhebliche Gestaltungskosten und aufwändiger Änderungsdienst ○ Gefahr, dass Stellenbeschreibung und Ist-Zustand differieren ○ Der Inhalt der Stellenbeschreibung wird als »Besitzstand« gesehen ○ Verlust an Flexibilität durch Überorganisation

Stellenbeschreibungen nehmen in der Organisationspraxis mitunter einen hohen Stellenwert ein. Sofern Stellenschreibungen vorliegen, haben sie zumeist einen großen Informationswert.

Erarbeiten Sie eine Stellenbeschreibung für einen Personalleiter! Seite 250 f.

1.1.3.2.4 Stellenbesetzungsplan

Der Stellenbesetzungsplan ist ein Mittel der Aufbaudokumentation, mit dem die Stellenbesetzung ausgewiesen wird (*Jung, Olfert*). Er lässt sich manuell oder durch EDV-Ausdruck der Stellen bzw. der Arbeitsplatzstammdatei erstellen und kann erfolgen:

❑ In **einfacher Form**, indem er die Bezeichnungen der Stellen und die Namen der Stelleninhaber enthält.

❑ In **erweiterter Form**, bei der zusätzliche Daten hinzukommen können, z.B. Namen der Stellvertreter, Eintrittsdatum bzw. Dienstalter des Stelleninhabers:

Stufe	Stellenbezeichnung	Unterstellte		Stellen-inhaber	Stell-vertreter
		direkt	indirekt		
3	Leitung Organisation	6	72	Schneider	Schulze
4	Leitung Allgemeine Organisation	4	12	Schulze	Schmidt
4	Leitung Datenver-arbeitung	5	54	Schnabel	Müller

Wichtig ist, dass der Stellenbesetzungsplan aktuell ist, was einen entsprechenden Änderungsdienst notwendig macht.

1.2 Prozessstrukturierung

Die Strukturierung der Prozessorganisation erfolgt in mehreren **Schritten** (*Olfert*):

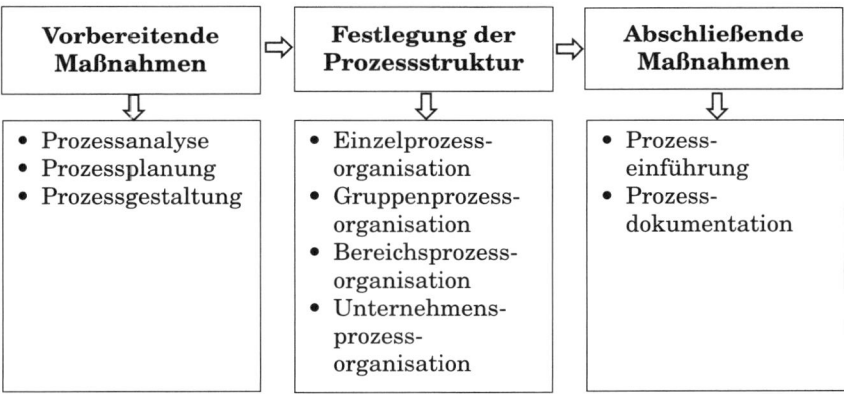

Der **Prozess** ist eine Kette zwangsläufig aufeinander aufbauender Vorgänge mit einem definierten Anfang und Ende. Er weist folgende **Struktur** auf:

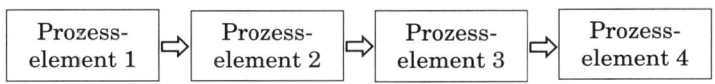

Die auf das Unternehmen bezogenen Prozesse werden auch als **Geschäftsprozesse** bezeichnet. Sie können sein (*Rahn*):

❏ **Kernprozesse**, die auf die Kernkompetenzen des Unternehmens gerichtet sind. Beim industriellen Unternehmen z.B. sind das die leistungswirtschaftlichen Prozesse der Leistungserstellung und Leistungsverwertung.

❏ Die **Unterstützungsprozesse**, welche die Kernprozesse ermöglichen. Dabei handelt es sich z.B. um finanzwirtschaftliche, informationswirtschaftliche und Verwaltungsprozesse.

Während sich bei der **Neuorganisation** die Prozessstrukturierung vielfach der Aufbaustrukturierung anschließt, bietet es sich bei der **Reorganisation** an, zunächst die Prozessstrukturierung vorzunehmen, um daraufhin die Aufbaustruktur zu bewirken.

Erfolgt die Gestaltung der Aufbauorganisation nach den Kriterien **Verrichtung** und **Objekt**, kommen bei der Gestaltung der Prozessorganisation noch die Merkmale **Raum** und **Zeit** dazu.

1.2.1 Vorbereitende Maßnahmen

Als die Prozessstrukturierung vorbereitende Maßnahmen werden behandelt:

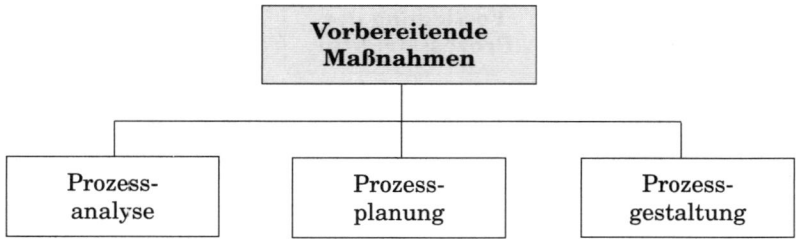

1.2.1.1 Prozessanalyse

Die Prozessanalyse ist die Erfassung und kritische Untersuchung des Ist-Zustandes der bestehenden Bedingungen im Unternehmen. Sie umfasst (*Olfert, Olfert/Rahn*):

❏ Die **Ist-Aufnahme**, die der Ermittlung des Ist-Zustandes der Prozessorganisation dient. Informationsquellen sind z.B.:

○ Unternehmensleitung	○ Mitarbeiter	○ Vorgaben
○ Bereichsleitung	○ Aufbaudarstellungen	○ Frühere Daten
○ Gruppenleitung	○ Prozessdarstellungen	

Als **Aufnahmetechniken** sind z.B. nutzbar – siehe ausführlich *Olfert*:

○ Interview ○ Fragebogen	○ Beobachtung ○ Selbstaufschreibung	○ Dokumentations- auswertung

Inhalte von prozessorganisatorischen Ist-Aufnahmen sind:

Prozess	○ Arten/Aufgaben der Arbeitsgänge ○ Reihenfolge der Arbeitsgänge ○ Arbeitsplätze/Arbeitsträger je Arbeitsgang	○ Dateneingabe ○ Datenverarbeitung ○ Datenspeicherung ○ Datenausgabe
Mengen	○ Aktuelle Mengen	○ Zukünftige Mengen
Zeiten	○ Arbeitszeit ○ Durchlaufzeit (Endtermin – Starttermin) ○ Zeitpunkte der Arbeitsdurchführung ○ Häufigkeit der Arbeitsdurchführung	
Sachmittel	○ Prozessspezifische Sachmittel ○ Formulare (Formularverzeichnis, - sammlung, - flussplan)	
Personal	○ Verfügbare Personalkapazität (quantitativ und qualitativ) ○ Benötigte Personalqualität (quantitativ und qualitativ)	
Kosten	○ Personalkosten ○ Materialkosten ○ Sachmittelkosten	○ Fremdleistungskosten ○ Sonstige Kosten
Anforderungen	○ Zu berücksichtigende Forderungen ○ Vom Personal vorgeschlagene Verbesserungen ○ Forderungen von Systembeteiligten	

❏ Die **Ist-Kritik**, mit der nach Schwachstellen im bisherigen Organisationsprozess und Möglichkeiten einer Verbesserung gesucht wird. Die Kritik sollte mit einer möglichst treffenden **Begründung** verbunden werden.

Als **Organisationstechniken** bieten sich z.B. an – siehe ausführlich *Olfert*:

Checklisten-technik	Checklisten sind Zusammenstellungen von Fragen, mit denen Problemfelder des Ist-Zustandes erkannt werden. Sie können selbst erstellt, von Experten erworben oder als Veröffentlichungen gekauft werden. Wichtig ist, dass sie hinreichend problemspezifisch sind.

Bench-marking	Es ist die Problemermittlung durch den Vergleich von relevanten Kennzahlen des eigenen Unternehmens und eines Unternehmens, das Spitzenleistungen erbringt. Dabei wird in folgenden **Schritten** vorgegangen:

Ermittlung der Kennzahlen des Spitzen-unternehmens	⇨	Feststellung der Kennzahlen des eigenen Unternehmens	⇨	Gegenüber-stellung und Analyse der Zahlen

Schwach-stellen-analyse	Sie ist die Untersuchung organisatorischer Unzulänglichkeiten durch Problemherleitung aus dem Auftreten von Mängeln. Ihre **Schritte** sind:

Ermittlung der Mängel	⇨	Quantifizierung der Mängel	⇨	Ermittlung der Problemursachen

Wirtschaftlich-keitsanalyse	Bei ihr werden die angefallenen Ist-Werte mit den Werten möglicher anderer Lösungen verglichen. Sie kann sich dabei auf einzelne Leistungseinheiten oder Gesamteinheiten beziehen.

ABC-Analyse	Sie ist ein Instrument zur wertmäßigen **Klassifikation von Gütern** und dient dem Erkennen von Schwerpunkten. Es ergeben sich:

- A-Positionen (15 % Mengenanteil, 80 % Wertanteil)
- B-Positionen (35 % Mengenanteil, 15 % Wertanteil)
- C-Positionen (50 % Mengenanteil, 5 % Wertanteil)

Die ABC-Analyse erfolgt in folgenden **Schritten**:

Wertermittlung	⇨	Sortierung der Positionen	⇨	Auswertung

1.2.1.2 Prozessplanung

Die Prozessplanung legt in der Gegenwart fest, welche Struktur der Prozessorganisation bis zu einem bestimmten Planungshorizont entwickelt werden soll. Sie besteht aus (*Olfert, Olfert/Rahn*):

❑ Der **Zielplanung**, der die Organisationsziele zugrunde liegen, die ihrerseits von den Unternehmenszielen abzuleiten sind. Darüber hinaus sollten die Ziele der Mitarbeiter und der Kunden entsprechende Berücksichtigung finden.

❑ Die **Konzeptplanung**, mit der die Anforderungen definiert werden, die mit der Planung erfüllt werden sollten, z. B. um geeignete Alternativen zur Lösung der Organisationsprobleme bereitzustellen. Ihre Ergebnisse können in einem prozessorganisatorischen **Plan** festgehalten werden.

> Um komplexere Aufgaben bewältigen zu können, haben vor allem Großunternehmen in der Vergangenheit zahlreiche Organisationseinheiten geschaffen, die einen hohen Koordinationsbedarf bewirken. Diese organisatorische Ausweitung, aber auch die zunehmende Globalisierung der Wirtschaft und die höhere interne Komplexität erfordern eine Optimierung der Geschäftsprozesse.
>
> (1) Erläutern Sie die grundsätzliche phasenweise Vorgehensweise bei der Prozessorganisation.
>
> (2) Führen Sie Beispiele dafür an, in welchen Bereichen die Prozessorganisation ansetzen kann!

Seite 251 f.

1.2.1.3 Prozessgestaltung

Die Prozessgestaltung zielt darauf ab, die Durchführung der Prozessorganisation möglichst kostengünstig und nutzbringend zu vollziehen. Sie wird auch als **Business Reengineering** bezeichnet, das als fundamentales Überdenken und radikales Redesign von Kernprozessen verstanden wird (*Hammer / Champy*). Die Prozessgestaltung erfolgt als:

* **Groborganisation**
* **Detailorganisation**.

1.2.1.3.1 Groborganisation

Die Groborganisation ist die grundlegende bzw. rahmenmäßige Gestaltung der Prozessorganisation, bei der alle neu zu gestaltenden Prozessalternativen zu ermitteln sind, aus denen dann ein Lösungsvorschlag ausgewählt wird. Sie kann in folgenden **Phasen** vorgenommen werden:

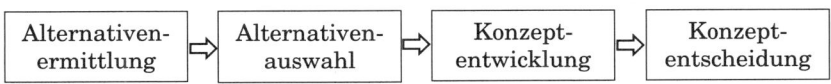

1.2.1.3.1.1 Alternativenermittlung

Um zu einer bestmöglichen Prozessorganisation für eine vorgegebene Aufgabe zu gelangen, ist es zunächst erforderlich, alle möglichen Prozessalternativen zu ermitteln. Sie können sich insbesondere durch die Systemart (konventionelle/arbeitsteilige Datenverarbeitung/Dialog-/automatische Datenverarbeitung), den Arbeitsablauf und den Sachmitteleinsatz unterscheiden.

Als **Verfahren** zur Ermittlung von Alternativen bieten sich an und werden oft in Kombination genutzt:

❑ Die **Analyseauswertung**, welche die Ergebnisse der Prozessanalyse verwertet.

❑ Die **Entwicklung der Groborganisation**, die methodisch zwei Phasen umfasst:

Arbeits-analyse	Bei ihr werden alle wesentlichen Arbeitsaufgaben ermittelt. Sie geht tiefer als die Aufgabenanalyse der Aufbauorganisation.
Arbeits-synthese	Durch sie werden die einzelnen Arbeitselemente des Prozesses in geeigneter Form zusammengefasst, um die Arbeitsdurchführung zu organisieren.

❑ Die **Auswertung der Quellen**, die Hinweise über die geplante oder realisierte Prozesslösungen geben können, z.B. als schriftliche Systembeschreibungen, persönliche Informationen, Schulungsinformationen.

❑ Die **Kreativitätstechniken**, die i.d.R. in Gruppen angewandt werden, z.B. als Brainstorming, Methode 635, morphologischer Kasten – siehe ausführlich *Olfert*.

1.2.1.3.1.2 Alternativenauswahl

Die Auswahl der Prozessalternativen bedeutet eine Einengung der Vielzahl vorhandener Alternativen auf wenige Lösungen, meist aber auf eine einzige Alternative.

Entscheidungskriterien dabei sind vor allem die Leistungsanforderungen, die Soll- oder Muss-Anforderungen darstellen können, und die Zielvorgaben für die Prozessorganisation.

1.2.1.3.1.3 Konzeptentwicklung

Die Entwicklung eines Soll-Vorschlages beinhaltet die Konkretisierung der Prozesskonzepte, sodass eine fundierte Entscheidung darüber getroffen werden kann, welcher Prozess detailliert organisiert und eingeführt werden soll. Dabei sind festzulegen:

○ Planung des Arbeitsprozesses	○ Datenausgaben
○ Art des genutzten Systems	○ Sachmitteleinsatz
○ Art der Datenorganisation	

Der Entwurf stellt das **Ergebnis der Groborganisation** dar. Er ist den Entscheidungsträgern in geeigneter Weise vorzulegen, die über den Soll-Vorschlag befinden. **Grundlage** ihrer Entscheidung sind insbesondere die vorgelegten Wirtschaftlichkeits- und Durchführungsdaten sowie die Konsequenzen, die sich aus dem Vorschlag ergeben.

1.2.1.3.1.4 Konzeptentscheidung

Die Entscheidung über das Konzept kann uneingeschränkt positiv oder grundsätzlich positiv mit Verbesserungsmöglichkeiten erfolgen. Es ist auch eine negative Reaktion möglich, die absolut ablehnend oder zunächst ablehnend mit der Auflage einer gründlichen Überarbeitung sein kann.

1.2.1.3.2 Detailorganisation

Die Detailorganisation schließt sich der Groborganisation an und umfasst notwendigerweise:

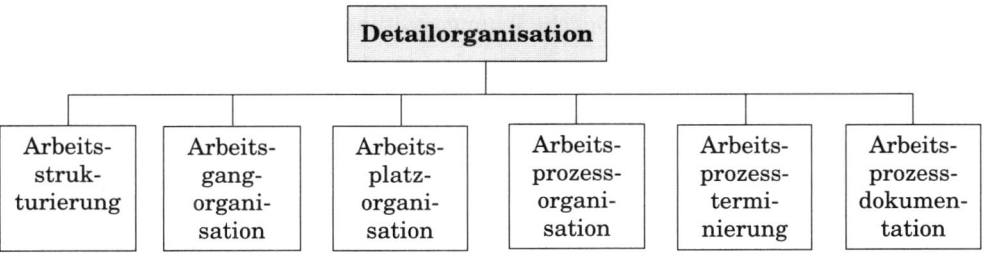

Weitere Festlegungen können sich in Einzelfällen noch als notwendig erweisen, z. B. – siehe ausführlich *Olfert*:

❑ Formularanalyse, Formulargestaltung, Formularverwaltung
❑ Nummerung als Kennzeichnung ohne Namensbenutzung
❑ Analyse und Einsatz spezieller Sachmittel
❑ Systemsicherung durch Prüfziffern, Kontrollsummen usw.
❑ Vorgaben durch Organisationsrichtlinien/Organisationshandbuch.

1.2.1.3.2.1 Arbeitsstrukturierung

Die Arbeitsstrukturierung umfasst die Arbeitsanalyse und Arbeitssynthese:

❑ Die **Arbeitsanalyse** der Detailorganisation entspricht in ihrer Technik der Aufgabenanalyse der Aufbauorganisation. Inhaltlich beginnt sie üblicherweise dort, wo die Aufgabenanalyse endet, die sich mit der Ermittlung der Teilaufgaben begnügt.

Mit der Arbeitsanalyse müssen aus den Teilaufgaben die **Elementaraufgaben** abgeleitet werden, d. h. sie stellt die erfüllungsbezogene Untergliederung der durch die Analyse der Gesamtaufgabe gewonnenen Teilaufgaben dar (*Schwarz*).

Bei der Organisation von Prozessen werden insbesondere die Verrichtungsanalyse und die Objektanalyse angewandt. Als **Ergebnis** muss die Arbeitsanalyse aufweisen:

○ Alle Elementaraufgaben
○ Die Reihenfolge, soweit es eine Zwangsfolge gibt
○ Elementaraufgaben, die parallel erfolgen können

Strukturierungsmittel können Gliederungspläne, Gliederungstabellen oder Dezimalklassifikationen sein.

❑ Die **Arbeitssynthese** verbindet sich mit der Aufgabensynthese der Aufbauorganisation und ist:

○ Personelle Synthese als Leistungszuweisung an Personen
○ Zeitliche Synthese als zeitbezogene Arbeitsvereinigung
○ Lokale Synthese als bestmögliche Raumgestaltung

1.2.1.3.2.2 Arbeitsgangorganisation

Arbeitsgänge werden durch die Zusammenfassung geeigneter Elementaraufgaben ermittelt, die von einer Stelle oder an einem Arbeitsplatz auszuführen sind. Sie erfolgt nach:

❑ Zentralisierung bzw. Dezentralisierung
❑ Art, Umfang, Angemessenheit des Sachmitteleinsatzes
❑ Erforderlichem Datenzugriff bei einzelnen Aufgaben
❑ Qualifikationsniveau des Arbeitsträgers.

Jeder Arbeitsgang ist nach dem **EVA-Prinzip** zu gestalten:

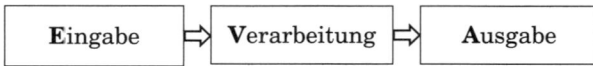

Schließlich müssen für jedes Arbeitselement eines Arbeitsganges die **Arbeitsverfahren** und **Sachmittel** vorgegeben werden.

1.2.1.3.2.3 Arbeitsplatzorganisation

Arbeitsplätze werden zur Ausführung von Arbeitsgängen benötigt. Deswegen sind folgende **Maßnahmen** erforderlich:

❏ Die **Ermittlung des Kapazitätsbedarfes**, der sich aus den Angaben von Arbeitszeit und Mengen je Arbeitsgang ergibt, die miteinander multipliziert werden. Dabei sind der Leistungsgrad, die Erholungszeiten und die Verteilzeiten der Mitarbeiter zu berücksichtigen.

❏ Die **Ermittlung des Arbeitsplatzbedarfes**, die unter Normalkapazität geschieht. Sie ergibt sich aus dem Kapazitätsbedarf.

❏ Die **Gestaltung des Arbeitsplatzes**, wobei zu unterscheiden sind:

> ○ Vorhandene Arbeitsplätze, die *ohne* Änderung für die Arbeit einsetzbar sind
> ○ Vorhandene Arbeitsplätze, die *nach* Änderung für die Arbeit nutzbar sind
> ○ Vorhandene Arbeitsplätze, für die *kein* Kapazitätsbedarf mehr vorhanden ist
> ○ Neu zu schaffende Arbeitsplätze

Als **Festlegungen** sind zu treffen:

○ Arbeitsplatzaufgaben	○ Mitarbeiterqualifikation
○ Arbeitsplatzziele	○ Sachmittelausstattung
○ Arbeitsplatzbefugnisse	○ Versorgungseinrichtungen
○ Arbeitsplatzverantwortung	○ Dokumentation

1.2.1.3.2.4 Arbeitsprozessorganisation

Bei der Abwicklung der Arbeitsprozesse ist zu berücksichtigen, dass vielfach keine vollkommene **Gestaltungsfreiheit** besteht. Entsprechend sind zu unterscheiden:

❏ Die **zwingende Folge** von Arbeitsgängen
❏ Die **empfehlende Folge** von Arbeitsgängen
❏ Die **gestaltbare Folge** von Arbeitsgängen.

Zur **Ausarbeitung** und **Dokumentation** des Arbeitsablaufes können verschiedene Techniken genutzt werden – siehe ausführlich *Olfert*.

1.2.1.3.2.5 Arbeitsprozessterminierung

Die Aufgabenträger können die Arbeitsgänge an einem Arbeitsplatz im Unternehmen in unterschiedlicher **Frequenz** bearbeiten:

❏ In **kontinuierlicher Bearbeitung**, wenn an dem Arbeitsplatz nur die Bearbeitung eines einzigen Arbeitsganges durch den Aufgabenträger erfolgt.

❏ In **diskontinuierlicher Bearbeitung**, wenn an dem Arbeitsplatz zwei oder mehrere verschiedene Arbeitsgänge durchgeführt werden.

Die Zeitdauer des Arbeitsprozesses ist die **Durchlaufzeit**. Sie umfasst:

Arbeitszeiten	Transportzeiten	Liegezeiten

Die **Minimierung** der Durchlaufzeiten sämtlicher Prozesse sollte angestrebt werden.

1.2.1.3.2.6 Arbeitsprozessdokumentation

Für die Ausarbeitung und Dokumentation der Prozesslogik gibt es mehrere **Techniken** – siehe ausführlich *Olfert*:

❍ Strukturablaufdiagramm	❍ Struktogramm
❍ Programmablaufplan	❍ Datenflussplan
❍ Ablaufplan	❍ Prozessdiagramm

Auf sie kann im Rahmen der vorliegenden Ausführungen nicht näher eingegangen werden.

1.2.2 Festlegung der Prozessstruktur

Die Ergebnisse der Prozessgestaltung lassen sich in der Prozessstruktur darstellen. Sie umfasst:

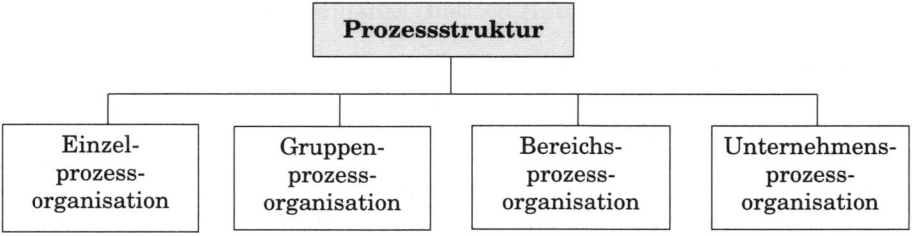

1.2.2.1 Einzelprozessorganisation

Die Einzelprozessorganisation bezieht sich auf einzelne Arbeitsvorgänge und Arbeitsfestlegungen. Sie stellt eine Kette aufeinander aufbauender Schritte mit definiertem Anfang und Ende dar und umfasst:

❑ Die **Einzelprozessstrukturierung** – wie beschrieben – als Arbeitsanalyse und Arbeitssynthese.

❑ Den **Einzelarbeitsprozess**, der einzelne Arbeiten bzw. Arbeitsgänge in sinnvoller Reihenfolge aneinanderreiht:

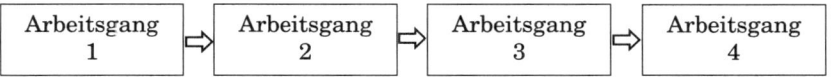

Auf den Einzelarbeitsprozessen baut die Gruppenprozessorganisation auf.

1.2.2.2 Gruppenprozessorganisation

Der Gruppenprozess ist eine Kette aufeinander folgender Schritte, die sich auf **Arbeitsgruppen** beziehen. Der Bedarf an gruppenbezogener Koordination steigt mit wachsender Differenzierung einer Organisation (*Wiswede*). Es gibt:

❑ **Soziale Gruppenprozesse** als Vorgänge in Gruppen, bei denen die Mitglieder nach gemeinsamer Diskussion und Abstimmung Gruppenentscheidungen treffen.

❑ **Wirtschaftliche Gruppenprozesse** als ökonomisch bedeutsame Vorgänge, bei denen z.B. in der Fertigung verschiedene Mitarbeiter und Betriebsmittel zu Funktionsgruppen, Montageinseln und Fertigungsinseln zusammengefasst werden.

Durch die Zusammenfassung wirtschaftlicher Prozesse können **teilautonome Arbeitsgruppen** bzw. **Arbeitsteams** entstehen, die sich durch eine erweiterte Entscheidungsfreiheit der Mitarbeiter auszeichnen – siehe Seite 204 f.

1.2.2.3 Bereichsprozessorganisation

Die Bereichsprozessorganisation ist auf Abläufe in Abteilungen ausgerichtet. Bereichsprozesse stellen diejenigen Vorgänge dar, die in den funktionalen Bereichen des Unternehmens vorkommen als:

○ Marketingbereichsprozess	○ Finanzbereichsprozess
○ Fertigungsbereichsprozess	○ Rechnungswesenprozess
○ Materialbereichsprozess	○ Informationsbereichsprozess
○ Personalbereichsprozess	

Am **Beispiel** des Fertigungsbereiches soll die Bereichsprozessorganisation verdeutlicht werden:

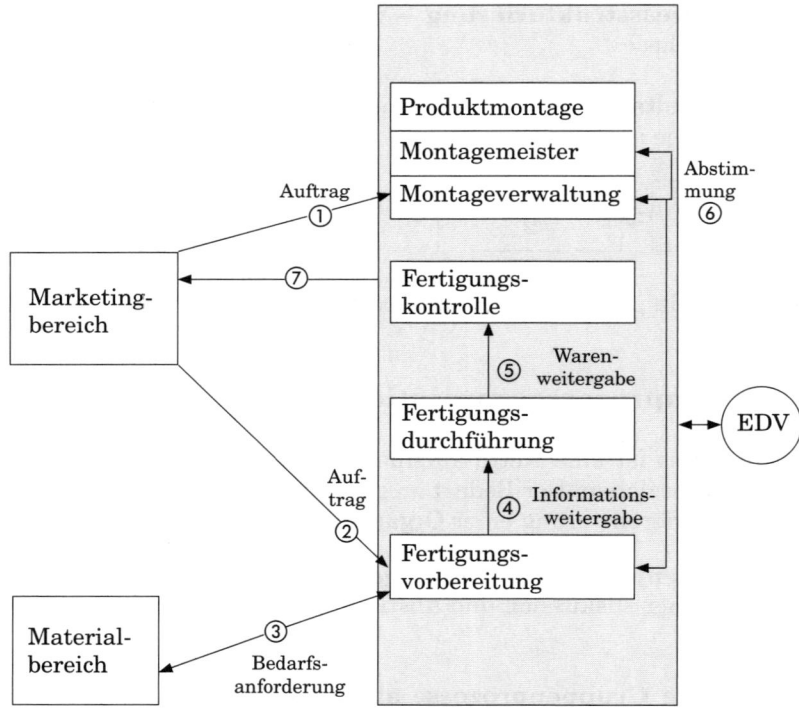

① Die Montageverwaltung im Fertigungsbereich erhält Montageauftrag vom Marketing
② Die Fertigungsvorbereitung bekommt vom Marketingbereich den Fertigungsauftrag
③ Die Fertigungsvorbereitung gibt eine Bedarfsanforderung an den Materialbereich
④ Die Fertigungsvorbereitung reicht die nötigen Informationen an die Fertigung
⑤ Die Fertigung wird durchgeführt und kontrolliert
⑥ Der Fertigungsbereich stimmt sich mit dem Montagesektor ab
⑦ Die Fertigungskontrolle gibt die Produkte an den Marketingbereich weiter

1.2.2.4 Unternehmensprozessorganisation

Auf der Basis der Organisation der Einzelprozesse, Gruppenprozesse und Bereichsprozesse ist es möglich, den gesamten Prozess des Unternehmens zu strukturieren. Es sind zu unterscheiden:

❑ **Teilprozesse**, die aus Elementen des Gesamtprozesses bestehen und sich auf Güter, Zahlungsströme sowie Informationen beziehen können. Es lassen sich güterwirtschaftliche, finanzwirtschaftliche und informationelle Prozesse unterscheiden.

❑ Der **Gesamtprozess**, der sich aus diesen Prozessen ergibt. Als Unternehmensprozess ist er aufgrund seiner Komplexität nicht einfach zu organisieren (*Rahn*).

1.2.3 Abschließende Maßnahmen

Die Prozessstrukturierung abschließende Maßnahmen sind:

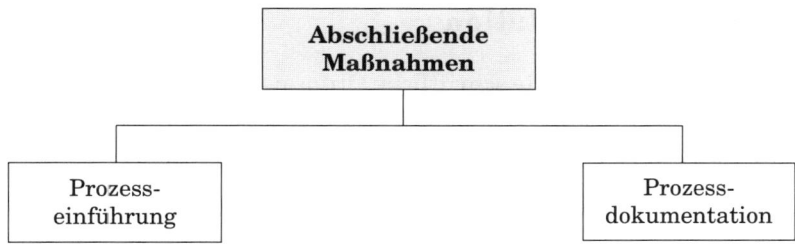

1.2.3.1 Prozesseinführung

Die Prozesseinführung umfasst vier **Phasen** (*Olfert, Olfert / Rahn*):

❑ Die **Prozessvorbereitung**, die alle Aufgaben zwischen der Fertigstellung des Prozessentwurfes und dem Beginn des Prozessanlaufes umfasst. Sie schließt insbesondere ein:

Einführungs-methoden	○ Bei der **Direkteinführung** wird schlagartig vom alten zum neuen Prozesssystem übergegangen.
	○ Bei der **Paralleleinführung** laufen alte und neue Prozessorganisation zeitlich begrenzt nebeneinander.
	○ Bei der **Probeeinführung** wird das neue Prozesssystem zunächst in einem begrenzten Bereich eingesetzt.
	○ Bei der **Stufeneinführung** werden einzelne modulare Teile der Prozessorganisation schrittweise realisiert.
Einführungs-planung	Sie umfasst: ○ Aufgabenplanung ○ Personalplanung ○ Terminplanung ○ Kosten-/Ausgabenplanung

❑ Die **Prozesspräsentation**, bei der es auf die einleuchtende Kritik an der bisherigen Prozessorganisation und die überzeugende Darstellung der neuen Prozessorganisation ankommt.

❑ Die **Prozessrealisierung**, die sich bezieht auf:

○ Bereitstellung der erforderlichen Sachmittel
○ Schulung der davon betroffenen Mitarbeiter
○ Information der betroffenen Führungskräfte/Mitarbeiter
○ Absicherung der Einführung der Prozessorganisation
○ Anlauf des neuen Prozesses

❏ Die **Prozesskontrolle**, mit der geprüft wird, ob bzw. inwieweit die Vorgaben des Organisationsauftrages praktisch erreicht werden.

1.2.3.2 Prozessdokumentation

Die Prozessdokumentation ist die schriftliche Ordnung von Daten der Prozessorganisation. Mit ihrer Hilfe erfolgt die abschließende Darstellung der Prozessstruktur eines Unternehmens. Ihr dienen z. B. als **Instrumente** – siehe ausführlich *Olfert*:

○ Entscheidungstabelle	○ Prozessdiagramm	○ Datenflussplan
○ Liste	○ Blockschaltbild	

Auf sie kann im Rahmen der vorliegenden Ausführungen nicht näher eingegangen werden.

1.3 Projektstrukturierung

Ein Projekt ist ein komplexes Vorhaben, das im Wesentlichen durch die Einmaligkeit der Bedingungen in ihrer Gesamtheit gekennzeichnet ist. Seine Dauer ist begrenzt und sein Umfang geht vielfach über einen einzelnen Unternehmensbereich hinaus.

Die **Komplexität** eines Projektes wird grundsätzlich als eher hoch angesehen, ebenso das damit verbundene Risiko des Erfolgseintrittes. Es gibt nach ihren **Aufgaben**:

❏ **Revolutionsprojekte**, mit denen völlig neue Problemlösungen angestrebt werden, weshalb sie ein hohes Kreativitätspotenzial erfordern.

❏ **Evolutionsprojekte**, mit denen bestehende Gegebenheiten weiterentwickelt bzw. verbessert werden sollen.

❏ **Expansionsprojekte**, die dazu dienen, neue Unternehmensbereiche zu erschließen, sich also nicht auf bereits bestehende Probleme beziehen.

Projekte lassen sich von einem oder (meist) mehreren Mitarbeitern in Vollzeit oder Teilzeit durchführen. Die Mitarbeiter können aus dem Unternehmen oder von externen Auftragnehmern stammen. Möglich ist auch, dass in Projekten sowohl interne als auch externe Mitarbeiter tätig werden.

Die **Zahl** und der **Umfang** von Organisationsprojekten haben in den vergangenen Jahren beträchtlich zugenommen. Als Ursachen dafür gelten die zunehmende Komplexität von Wirtschaft und Technik, die Internationalisierung und Globalisierung der Aufgabenstellungen sowie der immer schnellere Wandel in vielen Bereichen der Wirtschaft.

Die **Projektorganisation** stellt eine eigenständige Form der Unternehmensorganisation dar. Sie ist einerseits die Struktur von Projekten als Zustand und andererseits die strukturelle Gestaltung von Arbeitssystemen. Als solche sind zu behandeln (*Olfert*):

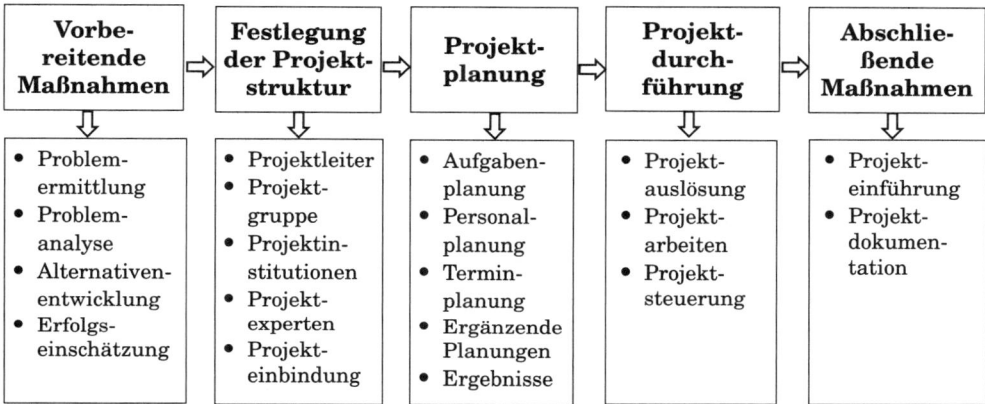

1.3.1 Vorbereitende Maßnahmen

Die Projektvorbereitung dient dazu, die wesentlichen Ausprägungen eines Problems zu erkennen. Als vorbereitende Maßnahmen für eine Projektstrukturierung sollen behandelt werden (*Olfert*):

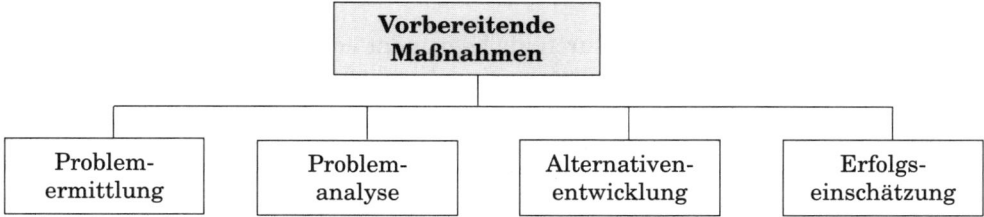

1.3.1.1 Problemermittlung

Als Problem kann die erhebliche Abweichung zwischen einem Ist-Zustand und einem erwünschten Soll-Zustand bezeichnet werden. Seine Ermittlung ist auf unterschiedliche Weise möglich als:

❑ **Ursachenermittlung**, mit der die Gründe für Soll-Ist-Abweichungen herausgefunden werden. Sowohl interne Aufgabenträger als auch Kunden, Lieferanten sowie Berater können dazu beitragen, indem sie hinweisen z. B. auf:

○ Schlechte Lösungen	○ Neuerungen
○ Änderungen von Grundlagen	○ Einzelursachen

❏ **Fehlerermittlung**, wozu mehrere Analysemethoden eingesetzt werden können, um Probleme und Schwachstellen systematisch zu ermitteln, z. B. mithilfe:

> ○ Benchmarking   ○ Checklistentechnik
> ○ Schwachstellenanalyse

❏ **Zukunftsermittlung**, bei der sich das Problem dadurch ergibt, dass ein bisheriger Zustand durch einen neuen Zustand ersetzt wird, was bedingt sein kann durch:

> ○ Neue technische Hilfsmittel   ○ Neue Organisations-
> ○ Neue Einsatzgebiete   verfahren

1.3.1.2 Problemanalyse

Die Problemanalyse stellt die objektive Ermittlung der wesentlichen Ausprägungen eines Problems dar. Sie gliedert sich in mehrere **Aufgaben**:

❏ Die **Problemdefinition**, mit der das zu analysierende Problem begrifflich eindeutig und zutreffend zu bezeichnen ist. Dabei sind festzulegen:

> ○ Anforderungskatalog als Aufgabenstellung
> ○ Pflichtenheft als Vereinbarungsgrundlage
> ○ Leistungsbeschreibung als Detailregelung

❏ Die **Problemabgrenzung**, durch die begründet erläutert wird, welche Aspekte des Problems nicht zu diskutieren sind. Sie dient:

> ○ Der Beurteilung des Problems selbst
> ○ Der Ermittlung des Umfangs der Projektplanung
> ○ Der Schätzung der Kosten für die Problembeseitigung

❏ Die **Problemlösung**, die zwar über die Problemanalyse hinausgeht, aber in deren Rahmen schon gefördert werden kann, indem bereits jetzt erkannte Möglichkeiten der Problemlösung vermerkt werden.

1.3.1.3 Alternativenentwicklung

Um über die Gestaltung des Projektes entscheiden zu können, müssen die in Betracht kommenden Alternativen bekannt sein. Zunächst werden bestehende oder beschaffbare **Quellen** ausgewertet, sodann ggf. interne oder externe **Fachkräfte** einbezogen. Es können auch Kreativitätstechniken eingesetzt werden.

1.3.1.4 Erfolgseinschätzung

Ohne eine positive Einschätzung des Projekterfolges sollte keine Entscheidung über ein Projekt getroffen werden. Deshalb empfiehlt es sich, die folgenden **Analysen** vorzunehmen (*Olfert*):

❑ Eine **Machbarkeitsanalyse** als Untersuchung, die der Feststellung der Realisierbarkeit einer Problemlösung dient. Ihre Ergebnisse sind:

> ○ Die Erlangung eines Machbarkeitsnachweises
> ○ Die Ermittlung von notwendigen Voraussetzungen
> ○ Die Feststellung von Hauptschwierigkeiten

❑ Eine **Risikoanalyse**, mit welcher die einem Projekt drohenden Gefahren ermittelt und eingeschätzt werden:

> ○ Ermittlung der Risikoquellen
> ○ Ermittlung der Risikofaktoren
> ○ Ermittlung der Risikoeinschätzung

Mit dem Abschluss der vorbereitenden Maßnahmen ist es möglich, eine **Projektierungsentscheidung** zu treffen. Das ist die Festlegung, ob eine Gestaltung der Projektstruktur erfolgen soll oder nicht. Trotz positiver Einschätzung stellt sie aber noch keine endgültige (positive) **Projektentscheidung** dar.

1.3.2 Festlegung der Projektstruktur

Die Festlegung der strukturellen Merkmale eines Projektes wird auch als **Projektdesign** bezeichnet. Sie umfasst folgende Gestaltungsaufgaben (*Olfert, Olfert / Rahn*):

• **Projektleiter**

• **Projektgruppe**

• **Projektinstitutionen**

• **Projektexperten**

• **Projekteinbindung**.

1.3.2.1 Projektleiter

Der Projektleiter bestimmt wesentlich den Erfolg eines Projektes, ist darin aber auch vom **Design** seines Tätigkeitsfeldes abhängig, das sich bezieht auf (*Litke / Kunow, Olfert*):

❑ Die **Aufgaben** des Projektleiters, die vor allem in der Projektplanung, der laufenden Projektarbeit und der Projektkontrolle liegen. Sie sollten im Projektauftrag oder einer Stellenbeschreibung festgehalten sein.

❑ Die **Ziele** des Projektleiters, die sich aus der Problemdefinition ergeben und im Projektplan festgelegt sind. Sie sollten mit seinen persönlichen Zielen übereinstimmen.

❑ Die **Befugnisse** des Projektleiters als Berechtigung, über etwas zu entscheiden oder etwas tun zu dürfen. Seine **Kompetenzen** können sich beziehen auf:

> ○ Die Auswahl des Projektpersonals (Entscheidungs-/Mitentscheidungsrecht)
> ○ Die von ihm treffbaren Entscheidungen
> ○ Die disziplinarischen und fachlichen Weisungen
> ○ Die Verfügung über Sachmittel, Hilfsmittel und Rechte
> ○ Informationen über projektrelevante Daten

❑ Die **Verantwortung** des Projektleiters für die Folgen von persönlichen Entscheidungen, Handlungen und Unterlassungen. Sie ist vor allem gerichtet auf:

> ○ Ergebnis   ○ Termine   ○ Budget
> ○ Personal   ○ Sachmittel

❑ Die **Anforderungen** an den Projektleiter, die vor allem sein können:

> ○ Persönliche Qualifikation   ○ Fachqualifikation
> ○ Projektqualifikation   ○ Führungsqualifikation

39 Zahlreiche Großprojekte, die eine strategische Bedeutung für das Unternehmen haben, werden vom Top Management in enger Kooperation mit Projektleitern durchgeführt.

Zeigen Sie auf, wie die Aufgabenverteilung bzw. Zuständigkeiten zwischen Top Management als Projektoberleitung und dem eigentlichen Projektleiter in den folgenden Phasen aussehen kann:

> ○ Projektanstoß   ○ Projektdurchführung
> ○ Projektplanung   ○ Projektabschluss

Seite 252

1.3.2.2 Projektgruppe

Die Projektgruppe ist eine Personenmehrheit, die gemeinsam und überwiegend hauptamtlich bzw. vollzeitlich ein Projekt durchführt. Da ein Projekt zeitlich befristet ist, arbeitet auch die Projektgruppe zeitlich befristet. Es sollen betrachtet werden (*Olfert, Olfert / Rahn*):

❏ Die **Gruppenstruktur** als personelle Zusammensetzung der Projektgruppe. Ihre Mitglieder können sein:

Gruppen- leiter	Er ist Vorgesetzter der Projektmitarbeiter mit allen nötigen Befugnissen und Verantwortungen.
Gruppen- sprecher	Er ist »normaler« Projektmitarbeiter, vertritt die Projektgruppe aber nach außen.
Gruppen- koordinator	Er ist Gruppensprecher, stimmt die Gruppenarbeit aber auch ab, steuert und überwacht sie.
Gruppen- mitglieder	Sie sind unterschiedliche Menschentypen mit unterschiedlichen Fähigkeiten, Zielen, Erwartungen.

❏ Die **Gruppenarbeit**, die eine Arbeitsform ist, durch die ein höheres Leistungsniveau bzw. eine Steigerung der Arbeitsproduktivität erreicht werden soll.

❏ Die **Gruppenarten**, zu denen zählen:

Projekt- gruppe	Mit ihr werden Verbesserungen in großem Stil angestrebt. Ein Projektleiter führt hauptamtlich bzw. vollzeitlich tätige Mitarbeiter.
Verbesserungs- gruppe	Sie dient einzelnen Verbesserungen. Die Leitung obliegt einem Moderator. Die Mitarbeiter sind nebenamtlich bzw. teilzeitlich tätig.
Task Force	Hier werden Mitarbeiter aus den Fachabteilungen zur Projektarbeit abgestellt.
Project Organization	In Bereichen mit häufigen Projekten wird ein Mitarbeiterpool für Projekte der jeweiligen Fachabteilung eingerichtet.

❏ Die **Gruppenqualifikation** als personenbezogene Eigenschaften der Gruppenmitglieder. Sie umfassen von allem (*Jossé, Olfert*):

Qualifika- tionen	○ Fach- qualifikation	○ Projekt- qualifikation	○ Team- qualifikation
Erfahrungen	Sie sollten angemessen, müssen üblicherweise aber nicht vieljährig sein.		

1.3.2.3 Projektinstitutionen

Vielfach wird zusätzlich zu dem Projektleiter und der Projektgruppe eine Projektinstitution aktiv, die für ein oder mehrere Projekte zuständig ist. Sie kann sein (*Berger / Schubert, Litke / Kunow, Jossé, Olfert*):

❏ Ein **Lenkungsausschuss**, der nur für die Dauer eines Projektes eingesetzt wird. Er bildet die Schnittstelle zwischen Projektleiter und Projektgruppe sowie der Unternehmensleitung bzw. externen Beratern. Ihm gehören Führungskräfte der Unternehmensbereiche sowie Vertreter der Arbeitnehmer an, z. B. der Betriebsrat.

❏ Ein **Lenkungskollegium**, das sich aus Mitgliedern der Unternehmensleitung, den Bereichsleitern der betroffenen Abteilungen, dem Projektleiter und dem Leiter der EDV-Abteilung bzw. der Organisationsabteilung zusammensetzt und besonders bedeutsame projektbezogene Leitungsentscheidungen trifft.

❏ Ein **Fachausschuss**, der aus den Abteilungsleitern und geeigneten Mitarbeitern der Fachabteilungen sowie dem Projektleiter bestehen kann. Er soll sicherstellen, dass sämtliche fachlichen Anforderungen aus allen zuständigen Bereichen berücksichtigt werden (*Burghardt*).

Oft werden Fachausschüsse auch als **Benutzerausschüsse** oder **Beraterausschüsse** in die Organisation eingegliedert.

1.3.2.4 Projektexperten

Projektexperten sind innerhalb und außerhalb des Unternehmens zu finden:

❏ **Interne Experten** kommen aus dem Unternehmen. Sie verfügen über innerbetriebliche Erfahrungen und können durch ihre Einbindung in Mitverantwortung genommen werden. Zu ihnen zählen:

○ Projektleiter	○ Gruppenmitglieder
○ Gruppenleiter	○ Mitarbeiter betroffener
○ Gruppensprecher	Fachabteilungen
○ Gruppenkoordinator	

❏ **Externe Experten** bringen außerbetriebliche Erfahrungen in das Unternehmen ein. Sie haben keine arbeitsvertraglichen Bindungen zum Unternehmen und sind in ihren Entscheidungen unabhängiger, ggf. auch objektiver und können deshalb ihre Vorstellungen mitunter besser durchsetzen, z. B. als:

○ Unternehmensberater	○ Freiberufliche DV-Experten
○ Personalberater	○ Verbandsorganisatoren
○ Herstellerorganisatoren	○ Freiberufliche Organisatoren

Der externe Organisationsberater ist als Experte ausschließlich mit Problemstellungen der betrieblichen Organisation beschäftigt. Seine Hauptaufgabe besteht darin, dem Unternehmen zu helfen, seine Probleme eigenständig zu lösen.

(1) Im Rahmen der Gestaltung der Organisation haben das Unternehmen bzw. die Mitarbeiter und externe Organisationsberater nicht immer die gleichen Auffassungen. Stellen Sie die möglichen Ziele der an der Gestaltung der Organisation Beteiligten gegenüber!

(2) Zu den Aufgaben eines Organisationsberaters zählt nicht nur das Helfen bei der Lösung von Strukturierungs- bzw. Prozessproblemen sondern auch die Entwicklung von Teams. Erläutern Sie die Aufgaben, die sich ihm bei der Teamentwicklung stellen!

(3) Organisationsexperten können aus dem Unternehmen oder von außerhalb kommen. Worin können die Vorteile und Nachteile unternehmensinterner und unternehmensexterner Organisationsexperten gesehen werden?

Seite 253

1.3.2.5 Projekteinbindung

Die Entscheidungen zur Projekteinbindung beziehen sich auf die Einordnung des Projektleiters und der Projektgruppe in die gesamte **Aufbauorganisation** des Unternehmens. Es gibt folgende Gestaltungsformen der Projektorganisation (*Bär, Burghardt, Heeg, Kessler / Winkelhofer, Olfert, Olfert / Rahn*):

- **Reine Projektorganisation**
- **Stabs-Projektorganisation**
- **Matrix-Projektorganisation**
- **Linien-Projektorganisation**.

1.3.2.5.1 Reine Projektorganisation

Bei der reinen Projektorganisation werden die Mitglieder der Projektgruppe für die Projektdauer vollständig aus den Fachabteilungen herausgelöst und zeitlich befristet in die Aufbauorganisation integriert. Dies geschieht vor allem bei **Großprojekten**, die sehr umfangreich und zeitintensiv sowie strategisch bedeutend sind.

Der **Projektleiter** hat die vollen Kompetenzen, d.h. die gesamte Weisungs- und Entscheidungsbefugnis, und die Projektmitarbeiter sind ihm disziplinarisch und fachlich unterstellt:

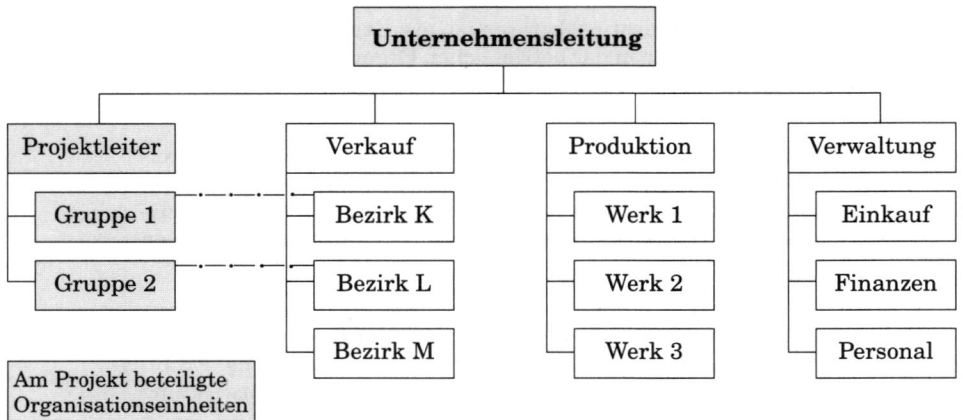

Aufgrund der völligen Unterstellung der Mitarbeiter gibt es kaum Probleme der Kompetenzabgrenzung.

Vorteile	Nachteile

○ Straffe Projektarbeitsform
○ Direktzugang zur Unternehmens-
   leitung
○ Volle Kompetenz des Projektleiters
○ Schnelles Reagieren auf Störungen
○ Identifikation der Gruppe mit Projekt
	○ Probleme des Einsatzes von Projekt-
	   mitarbeitern nach dem Projektende
	○ Dauerhafte Projektetablierung
	○ Projektgruppe in Konkurrenz zur Linie
	○ Kompetenzüberschreitung durch Leiter

1.3.2.5.2 Stabs-Projektorganisation

Bei der Stabs-Projektorganisation ist der Einfluss des Projektleiters relativ gering. Er hat als Inhaber einer Stabsstelle oder Leiter einer Stabsgruppe bzw. Stabsabteilung nur die Aufgabe der Koordination. Deshalb kann eher von einem **Projektkoordinator** gesprochen werden.

Die **Kompetenzen** sind bei der Stabs-Projektorganisation den Fachabteilungen zugeordnet, deren Leiter auf die Arbeit der Projektgruppe hohen Einfluss ausüben.

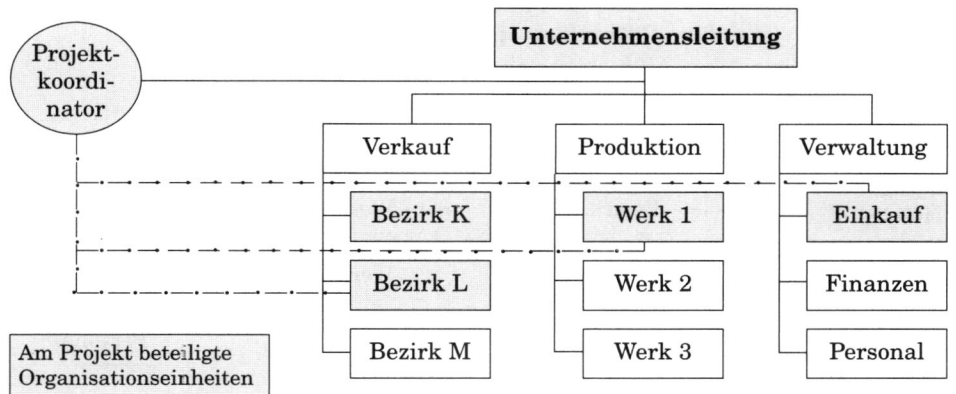

Die Stabs-Projektorganisation wird auch als **Koordinations-Projektmanagement**, **Projektkoordination** oder **Einflussmanagement-Organisation** bezeichnet.

Vorteile	Nachteile
○ Unmittelbare Koordination der Projekte ○ Mitarbeitereinsatz ist optimierbar ○ Projekteinführung erfordert nur geringe organisatorische Änderungen	○ Weniger Bedeutung und Befugnisse des Projektmanagers ○ Schwierigkeiten der Koordination bei unterschiedlichen Projekten

1.3.1.2.5.3 Matrix-Projektorganisation

Bei der Matrix-Projektorganisation unterstehen die Mitglieder der Projektgruppe, die für die Dauer des Projektes aus den Fachabteilungen zu einem Teil herausgelöst werden, in disziplinarischen Fragen der **Fachabteilung** und in Projektfragen dem **Projektleiter**. Beide arbeiten gleichberechtigt zusammen und tragen die Projektverantwortung.

Die Einheitlichkeit der Auftragserteilung wird in der Fachabteilung zu Gunsten des jeweils kürzesten Informationsweges aufgegeben. Die Matrix-Projektorganisation wird in der Praxis vorzugsweise bei abteilungsübergreifenden Projekten eingesetzt.

Durch Doppelunterstellungen können **Kompetenzprobleme** auftreten, vor allem wenn die Befugnisse zwischen Fachabteilung und Projektleiter nicht genau abgegrenzt sind.

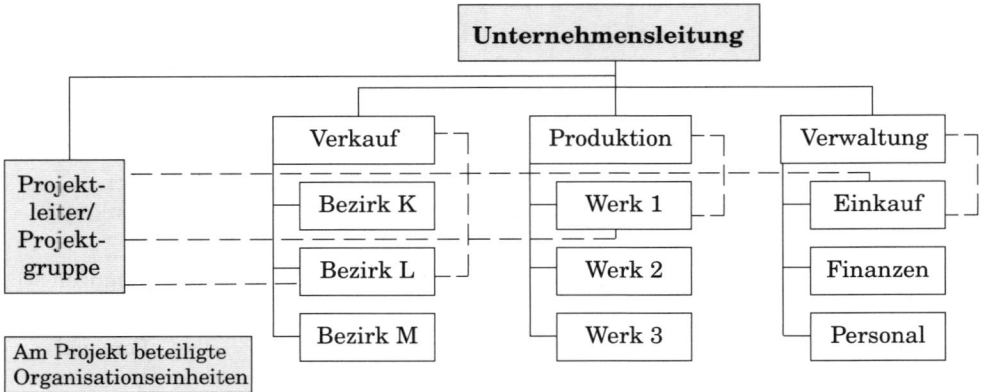

Die Matrix-Projektorganisation wird auch als **begrenzte Projektorganisation** bezeichnet.

Vorteile	Nachteile
○ Flexibler Personaleinsatz für Fachab-teilung und Projektleiter ○ Fachabteilung und Projektleiter haben in ihrem Fachgebiet Einfluss auf die Gruppe ○ Synergieeffekte sind hier eher möglich	○ Hoher Aufwand für die Kompetenzab-grenzungen ○ Konfliktpotenzial zwischen Fachabtei-lung und Projektleiter ○ Schwierige Abstimmung der Ergeb-nisse

1.3.2.5.4 Linien-Projektorganisation

Die Lösung von Projektaufgaben erfordert nicht grundsätzlich die Einrichtung einer eigenständigen Projektorganisation, sondern kann in Form von Einzelprojekten **in** die gegebene **Aufbauorganisation integriert** werden (*Burghardt*). Dies gilt vor allem für funktional ausgerichtete Projekte, wie z.B. Markteinführungsprojekte und Entwicklungsprojekte.

Die Linien-Projektorganisation ist eine Form der Projekteinbindung, bei welcher der jeweilige Projektleiter z.B. als Gruppenleiter, dem Leiter der Fachabteilung direkt unterstellt wird.

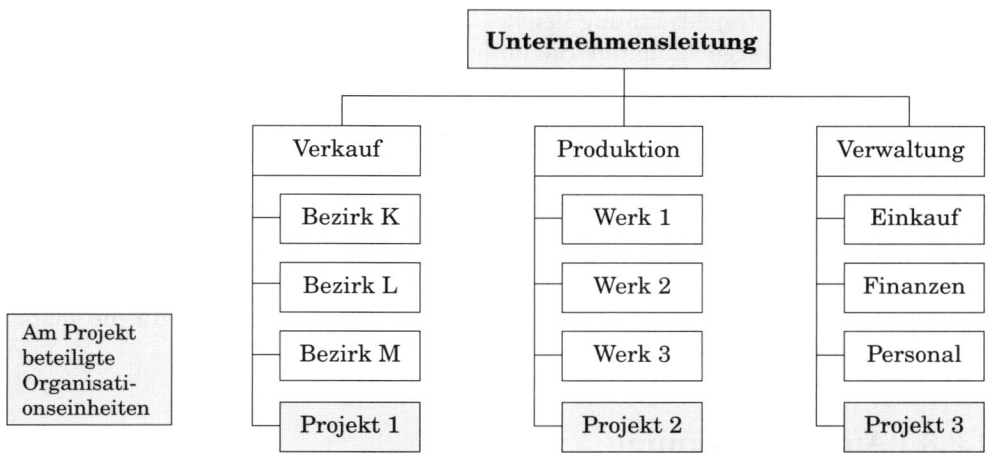

Die aufbauorganisatorische Stellung des Projektleiters wird der Bedeutung eines Projektes vielfach nicht gerecht, weil der jeweilige Fachabteilungsleiter über einen starken Einfluss verfügt.

Vorteile	Nachteile
❍ Bessere Koordination durch fachliche Zuordnung ❍ Fähige Mitarbeiter müssen nicht an andere Fachabteilungen abgegeben werden ❍ Bereichsressourcen stehen unmittelbar dem Projekt zur Verfügung	❍ Die Bedeutung der Projekte wird aufbauorganisatorisch nicht deutlich ❍ Die Stellung des Projektleiters ist von den Intentionen der Fachabteilungsleiter abhängig ❍ Geringere Identifikation der Unternehmensleitung mit dem Projekt

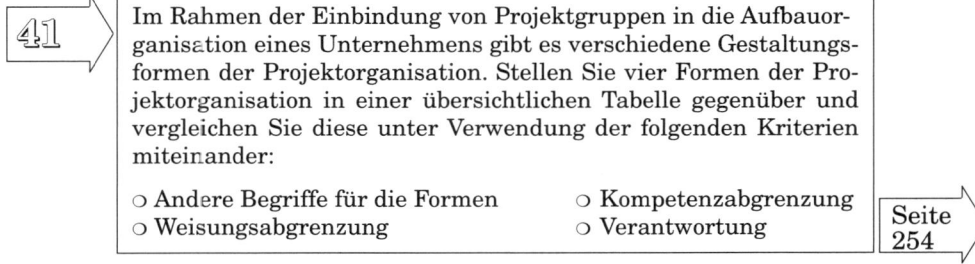

Im Rahmen der Einbindung von Projektgruppen in die Aufbauorganisation eines Unternehmens gibt es verschiedene Gestaltungsformen der Projektorganisation. Stellen Sie vier Formen der Projektorganisation in einer übersichtlichen Tabelle gegenüber und vergleichen Sie diese unter Verwendung der folgenden Kriterien miteinander:

❍ Andere Begriffe für die Formen   ❍ Kompetenzabgrenzung
❍ Weisungsabgrenzung   ❍ Verantwortung

Seite 254

1.3.3 Projektplanung

Die Projektplanung ist die vorausschauende Festlegung der Durchführung von Projekten. Während die Projektvorbereitung die strukturellen Eigenschaften eines Projektes klärt, hat die Projektplanung die Aufgabe, die **prozessualen Merkmale** eines Projektes festzulegen (*Aggteleki, Burghardt, Fiedler, Koreimann, Wildförster / Wingen*).

Probleme bei der Projektplanung liegen vor allem in der mangelnden Voraussehbarkeit der Projektgegebenheiten. Sie umfasst:

Das **Ergebnis** der Projektplanung bildet die wesentliche Grundlage für die spätere Projektentscheidung.

1.3.3.1 Aufgabenplanung

Die Aufgabenplanung ist die vorausschauende Festlegung der durchzuführenden Aufgaben und des Ablaufes der Aufgabenausführung zur Erarbeitung der Projektergebnisse. Sie umfasst:

❑ Die **Projektstrukturplanung**, die mithilfe der hierarchischen Strukturierung erfolgt. Ihr Ergebnis ist der **Projektstrukturplan**, der ein Projekt in einzelne Teilaufgaben oder Arbeitsschritte unterteilt:

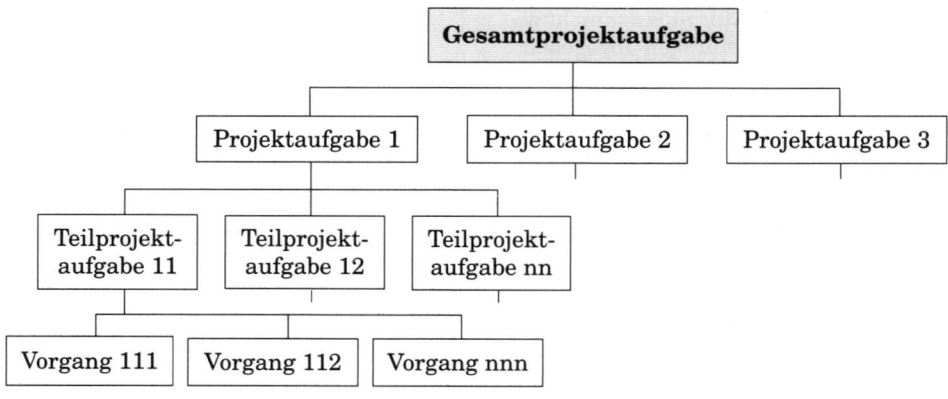

❑ Die **Projektprozessplanung**, mit der die einzelnen Projektschritte in ihrer Reihenfolge geplant werden. Dabei ist zu beachten:

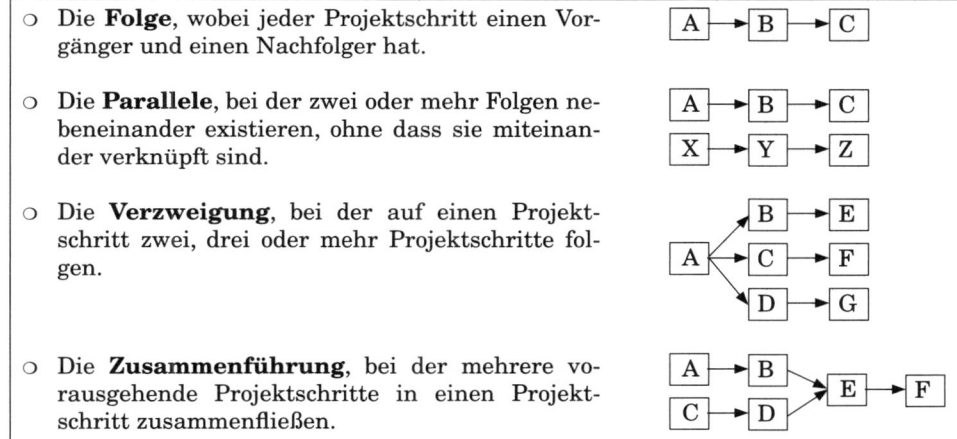

○ Die **Folge**, wobei jeder Projektschritt einen Vor-
gänger und einen Nachfolger hat.

○ Die **Parallele**, bei der zwei oder mehr Folgen ne-
beneinander existieren, ohne dass sie miteinander verknüpft sind.

○ Die **Verzweigung**, bei der auf einen Projektschritt zwei, drei oder mehr Projektschritte folgen.

○ Die **Zusammenführung**, bei der mehrere vo-
rausgehende Projektschritte in einen Projektschritt zusammenfließen.

Das Ergebnis der Aufgabenplanung ist der **Projektaufgabenplan**, der als über-
sichtliches Schema und/oder als Liste erstellt werden kann und alle Verrichtungen
mit den zugehörigen Projektdaten aufzeigt.

1.3.3.2 Personalplanung

Mithilfe der Personalplanung wird der Bedarf an Projektmitarbeitern ermittelt.
Dies geschieht als:

❑ **Quantitative Bedarfsplanung**, die dazu dient, den mengenmäßigen Perso-
nalbedarf festzustellen und die Vorgangsdauer eines jeden Projektschrittes zu
bestimmen, die für die **Terminplanung** benötigt wird. Für vollzeitlich im Projekt tätige Mitarbeiter gilt:

$$\text{Vorgangsdauer} = \frac{\text{Kapazitätsbedarf}}{\text{Mitarbeiterzahl}}$$

Es gibt eine Vielzahl von **Rechenverfahren** zur quantitativen Bedarfsermitt-
lung, die jedoch alle nicht völlig exakte Ergebnisse liefern – siehe ausführlich
Olfert.

❑ **Qualitative Bedarfsplanung**, mit der die erforderlichen Qualitäten der Mitarbeiter festzulegen sind, ggf. auch Spezialkenntnisse und Spezialerfahrungen.

Auf der Grundlage der quantitativen und qualitativen Bedarfsplanung kann die
Planung der Mitarbeiter erfolgen, die als Projektmitarbeiter eingesetzt werden.
Neben deren Qualifikation sind auch ihre **Verfügbarkeit** und ihre **Zustimmung**
zur Mitarbeit im Projekt von Bedeutung.

1.3.3.3 Terminplanung

Die Terminplanung ist die zeitliche Planung eines Projektes. Sie erfolgt auf der Grundlage der Aufgabenplanung und der Personalplanung. Um die Terminplanung durchzuführen, müssen verfügbar sein:

❏ Die **Projektarbeitsgänge** als Vorgänge nach *DIN 69900*
❏ Der **Projektablaufplan**, z. B. als Balkendiagramm oder Netzplan
❏ Die **Vorgangsdauer**, die bereits auf Seite 189 dargestellt wurde.

Aufgaben der Terminplanung sind:

❏ Die **Feststellung der Projekttermine** als Anfangstermine bzw. Endtermine für jeden Vorgang.

❏ Die **Feststellung der Pufferzeiten** als Zeitspannen für jeden Vorgang. Diese geben Auskunft darüber, welcher Vorgang seine Lage oder Dauer ohne Auswirkung auf die gesamte Projektdauer verändern kann.

❏ Die **Festlegung des kritischen Pfades** als Verbindung aller Vorgänge, die keine Pufferzeit besitzen.

Werden bei der Terminplanung nur Gruppen von Vorgängen betrachtet, handelt es sich um eine **Meilensteinplanung**. Als Meilensteine werden solche Projektereignisse bezeichnet, denen eine besondere Bedeutung zukommt. Das Ergebnis der Meilensteinplanung ist der **Meilensteinplan**, der die logische und terminliche Folge der Meilensteine eines Projektes ausweist (*Bokranz / Kasten, Kessler / Winkelhofer, Köhler, Litke / Kunow*).

Als **Verfahren** für die Terminplanung von Projekten stehen zur Verfügung – siehe ausführlich *Olfert*:

❏ Die **Listungstechnik**, bei der die gesamte Terminplanung mithilfe von Listen durchgeführt wird, vor allem bei Projekten mit wenigen Vorgängen.

❏ Die **Balkendiagrammtechnik**, bei der die Vorgänge des Projektes über einer Zeitachse in Form von Balken nach ihrer zeitlichen Dauer dargestellt werden.

❏ Die **Netzplantechnik**, die der Planung und Steuerung von Abläufen dient (*Bär, Litke / Kunow, Reichert, Schwarze*). Sie umfasst nach *DIN 69 900* alle Verfahren zur Analyse, Beschreibung, Planung, Steuerung von Prozessen auf der Grundlage der Grafentheorie, wobei Zeit, Kosten, Einsatzmittel und weitere Einflussgrößen berücksichtigt werden können.

Neben den **Vorgängen** als zeiterforderndes Geschehen mit definiertem Anfang und Ende sind bei der Netzplantechnik auch **Ereignisse** bedeutsam, die das Eintreten eines definierten Zustandes im Ablauf darstellen. Die Netzplantechnik dient der Terminplanung von Großprojekten.

1.3.3.4 Ergänzende Planungen

Die Aufgabenplanung, Personalplanung und Terminplanung stellen die Basis der
Projektplanung dar. Sie reichen aber noch nicht aus, um Projekte wirkungsvoll zu
planen. Vielmehr sind ergänzend weitere Planungen vorzunehmen (*Olfert*):

❑ Die **Sachmittelplanung**, damit die terminliche Verfügbarkeit der für das Projekt benötigten Mittel gemäß dem Projektterminplan gesichert ist. Das Ergebnis kann eine **Projektmittelliste** sein.

❑ Die **Kostenplanung**, mit deren Hilfe die Projektdaten ermittelt werden als:

○ Personalkosten	○ Materialkosten	○ Computerkosten
○ Kapitalkosten	○ Fremdleistungskosten	

❑ Die **Dokumentationsplanung**, die sich bezieht auf:

○ Die Dokumentation als **Prozess** der Erstellung und Verwaltung von Projekt-
unterlagen
○ Die Dokumentation als **Ergebnis** dieses Prozesses

Der Inhalt, die Art und die Systematik der Dokumentation sind dabei festzulegen. Die Projektdokumentation kann in einem **Projekthandbuch** erfasst werden.

❑ Die **Qualitätsplanung**, die sich auf die Qualität der Projektlösung bezieht.
Hier sind Qualitätsvorgaben und Verfahrensvorgaben möglich. Ihr Ergebnis
stellt der **Qualitätssicherungsplan** dar.

❑ Die **Berichtsplanung**, die sich auf die projektinterne und projektexterne Be-
richterstattung bezieht. Nach den **Berichtsterminen** sollten regelmäßig erstellt werden:

Berichtsart	Berichtsempfänger	Berichtstermine
Projektbericht	Unternehmensleitung	Monatlich/Vierteljährlich
Projektreview	Unternehmensleitung	Vierteljährlich/Halbjährlich
Projektaudit	Unternehmensleitung	Vierteljährlich/Halbjährlich
Fortschrittsmeldung	Projektcontrolling	Wöchentlich/Dekadisch/Monatlich
Meilensteinbericht	Projektcontrolling	Meilensteinerreichung
Projektinformation	Projektberührte	Monatlich/Vierteljährlich

1.3.3.5 Planungsergebnisse

Am Ende der Projektplanung stehen die Ergebnisse der Planung. Sie werden für verschiedene **Zwecke** benötigt, die häufig sein können (*Olfert*):

❏ Der **Projektplan**, in dem die Planungsergebnisse als Zusammenstellung aller Teilbeiträge eines Projektes unmittelbar und ohne Ausrichtung auf einen bestimmten Zweck ausgewiesen werden. Bevor er endgültig für verbindlich erklärt werden kann, sind seine **finanziellen Auswirkungen** zu durchdenken.

❏ Der **Projektplanungsbericht**, der dazu dient, grundlegende Aussagen über die Ergebnisse der Projektplanung in formloser Weise zu vermitteln. Seine **Schwerpunkte** sind:

> ○ Wesentliche **Ergebnisse der Planung** wie Dauer und Kosten des Projektes
> ○ Darlegung erwartbarer **Probleme** und **Schwierigkeiten** der Projektdurchführung
> ○ Wesentliche **Empfehlungen** für die Verantwortlichen zur Projektentscheidung

❏ Der **Projektantrag**, der vielfach in einem entsprechenden **Formular** standardisiert ist, wodurch die wesentlichen Projektmerkmale vergleichbar gemacht werden, um die Projektentscheidung durch den Vergleich mehrerer Projekte zu erleichtern.

❏ Der **Projektauftrag**, der grundsätzlich bei positiver Entscheidung über das Projekt formularmäßig ausgearbeitet wird. Dies geschieht als Entwurf, solange die Zustimmung durch die Verantwortlichen noch nicht erfolgt ist.

❏ Der **Projektvergabe**, wenn das Projekt außerhalb des Unternehmens durchgeführt werden soll. Sie erfolgt auf der Grundlage eines **Pflichtenheftes** als einem Katalog über die bei einem Projekt zu erbringenden Leistungen, das im Übrigen auch für unternehmensinterne Projekte hilfreich ist.

❏ Der **Projektförderungsantrag**, wenn es die Möglichkeit gibt, staatliche oder andere Fördermittel zu erhalten. Dazu ist es notwendig, umfangreiche und detaillierte Förderungsanträge auszuarbeiten und einzureichen.

1.3.4 Projektdurchführung

Die Durchführung des Projektes als **Projektrealisation** kann erfolgen, wenn die Projektplanung abgeschlossen ist. Dabei werden die geplanten Inhalte umgesetzt (*Schmidt*).

Die allgemeinen Aufgaben der Projektdurchführung obliegen in erster Linie den Projektmitarbeitern. Der Projektleiter, der die Elemente des Projektes koordiniert, ist häufig auch selbst daran beteiligt. Zur Gestaltung des Projektes zählen:

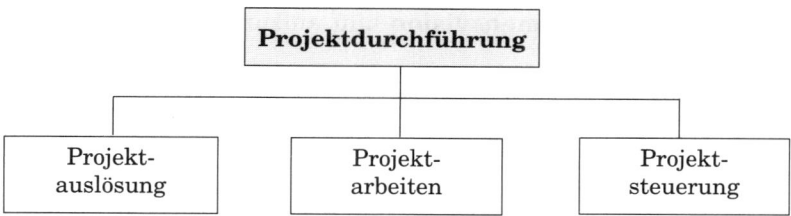

1.3.4.1 Projektauslösung

Die Projektauslösung bildet den Ausgangspunkt der Projektgestaltung. Erfolgt bei einem Projekt keine Fremdvergabe, verbleiben die Aktivitäten im Unternehmen, also beim Projektleiter und seinen Mitarbeitern. Bei einer **Fremdvergabe** müssen geeignete Auftragnehmer gefunden, umfassend informiert und vertraglich gebunden werden.

Grundsätzlich erfolgen im Rahmen der Projektauslösung:

❏ Die **Projektentscheidung**, die einen Willensakt verkörpert, an den hohe Anforderungen zu stellen sind. Häufig wird sie von Gremien getroffen. Entscheidungsverfahren können z. B. sein – siehe ausführlich *Olfert / Reichel*:

> ○ **Investitionsrechnungen** als Rechenverfahren, deren Zweck es ist festzustellen, ob ein Projekt der quantitativen Zielsetzung des Unternehmens entspricht, und welches von mehreren Projekten die Zielsetzung am besten erfüllt.
>
> ○ **Nutzwertrechnungen**, mit deren Hilfe der Nutzwert als zahlenmäßiger Ausdruck für den subjektiven Wert eines Projektes festgestellt wird. Er kann – im Gegensatz zu den Investitionsrechnungen – auch qualitativ sein.
>
> ○ Die **Kosten-Nutzen-Analyse**, welche die Gegenüberstellung der bisherigen und zukünftigen Kosten sowie des zusätzlichen Nutzens ist. Schließlich genügt ein Kostenvergleich zur Beurteilung der Vorteilhaftigkeit nicht, wenn außer einer Kostenminderung auch eine **Nutzensteigerung** angestrebt wird.

❏ Der **Projektauftrag**, der die wesentlichen Gegebenheiten beschreibt, welche die Durchführung des Projektes bewirken sollen. Sein **Inhalt** umfasst (*Olfert*):

> ○ Aufgabenstellung, Ziele, Konzeption des Projektes
> ○ Auftragsgründe, Auftragsmotive, Auftragsanlass
> ○ Verfügbare Mitarbeiter, Sachmittel, Budget
> ○ Einzuhaltende Projekttermine
> ○ Zwingende bzw. empfehlenswerte Bedingungen

❏ Die **Projektbegründung**, die notwendig ist, das Projekt überzeugend zu begründen und seine positiven Auswirkungen aufzuzeigen, um Vorbehalten, Vorurteilen und Widerständen der vom Projekt Betroffenen zu begegnen. Die Entwicklung einer **Unternehmensvision** hilft aufzuzeigen, wo der künftige Weg hingeht.

❑ Der **Projektstart**, der erfolgen kann, wenn die Projektentscheidung getroffen ist, der Projektauftrag vorliegt und die Projektgruppe verfügbar ist. Der Projektstart erfordert:

> ○ Die Bereitstellung der notwendigen Unterlagen
> ○ Die Bereitstellung der erforderlichen Sachmittel
> ○ Die Durchführung eines Kick-Off-Meetings
> ○ Die verzögerungsfreie Arbeitsaufnahme

Das Kick-off-Meeting ist ein Initiierungstreffen der Verantwortlichen zum Projektstart. Gehen Sie davon aus, dass an diesem Meeting der Projektauftraggeber, drei projektberührte Manager, der Projektleiter und vier Projektmitarbeiter teilnehmen.

Zeigen Sie zehn typische Mängel auf, die im Rahmen eines Kick-Off-Meetings auftreten können! Seite 254

1.3.4.2 Projektarbeiten

Die Projektarbeiten bilden den Kern der Projektdurchführung. Sie erfolgen in **Teamarbeit**, die dadurch gekennzeichnet ist, dass die Projektgruppe als Ganzes die Ergebnisse herbeiführt, sie verantwortet und nach außen vertritt. Der Erfolg eines Projektes wird durch die Projektarbeiten erheblich beeinflusst (*Birker, Haynes, Heeg, Mehrmann / Wirtz*).

Die Projektarbeiten umfassen – siehe ausführlich *Olfert*:

❑ Das **Recherchieren** als das Nachforschen des Projektteams, um notwendige Informationen zu erlangen.

❑ Das **Lösen** als das Klären eines Problems durch Nachdenken.

❑ Das **Kommunizieren**, das für jede Projektarbeit unerlässlich ist, z. B. auch als Verhandeln, Präsentieren, Visualisieren.

❑ Das **Protokollieren**, mit dem projektbezogene Besprechungen inhaltlich schriftlich festgehalten werden sollten durch (*Olfert*):

> ○ **Ablaufprotokolle** (Ausweis des Besprechungsablaufs)
> ○ **Ergebnisprotokolle** (Ausweis des Besprechungsergebnisses)

❑ Das **Berichten**, dessen Ergebnisse sein können:

○ Zwischenberichte	○ Informationsberichte
○ Fortschrittsberichte	○ Projektabschlussberichte
○ Projektstatus-Berichte	

❑ Das **Dokumentieren**, wobei Besprechungsberichte und Protokolle vollständig dokumentiert werden müssen.

1.3.4.3 Projektsteuerung

Die Projektsteuerung soll Störgrößen des Projektes bekämpfen. Sie geschieht üblicherweise unter Verwendung von Projektformularen und umfasst:

❑ Die **Vorsteuerung**, mit der versucht wird, etwaigen Störgrößen als negative Einflüsse vor ihrem Eintritt **zukunftsbezogen** unter Beachtung der Projektziele inputorientiert entgegenzuwirken. Ihre **Schwierigkeiten** liegen in der mangelnden Voraussehbarkeit des Eintritts von Projektstörungen.

❑ Die **Projektkontrolle**, die umfasst:

- ○ Die **Erfassung der Ergebnisse** der Projektplanung und Projektdurchführung
- ○ Den **Soll-Ist-Vergleich** zur Ermittlung von möglichen Abweichungen
- ○ Die **Abweichungsanalyse** aufgrund des Soll-Ist-Vergleiches

❑ Die **Nachsteuerung**, die sich auf Ergebnisse des Soll-Ist-Vergleiches bezieht, d.h. es wird **vergangenheitsbezogen** und outputorientiert gehandelt.

1.3.5 Abschließende Maßnahmen

Als abschließende Maßnahmen für eine Projektstrukturierung sind darzustellen:

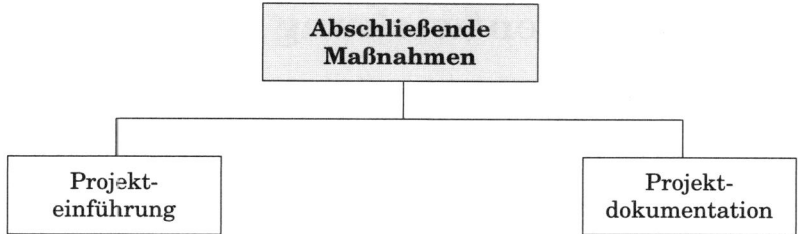

1.3.5.1 Projekteinführung

Die Projekteinführung bedarf einer Einführungsentscheidung durch die zuständige Projektinstanz. Sie ist möglich als:

❏ **Direkteinführung** zu einem Stichtag in vollem Umfang
❏ **Funktionseinführung** zunächst in einem Funktionsbereich
❏ **Probeeinführung** zunächst in einem Unternehmensteil

Im Rahmen der Projekteinführung sind die Aufgaben, Termine und Kosten sowie das Personal in geeigneter Weise zu steuern. Für ein Misslingen der Projektlösung sollten Vorkehrungen getroffen werden. Grundlage hierfür ist ein **Ausfallplan.**

Es kann sich auch als erforderlich erweisen, **Mitarbeiterschulung** zu betreiben, wenn sich Methoden, Techniken, Arbeitsplätze und/oder Arbeitsaufgaben verändern.

Mit der Projekteinführung endet das Projekt. Das bedeutet seine **Auflösung**, die entsprechend auch die Projektgruppe betrifft.

1.3.5.2 Projektdokumentation

Mit dem Abschluss des Projektes verbundene schriftliche **Nachweise** sind üblicherweise (*Birker, Madauss, Olfert, Schwarze*):

❏ Das **Abnahmeprotokoll**, das dazu dient, die Abnahme der Projektlösung durch den Auftraggeber bzw. die zuständige Fachabteilung zu dokumentieren. Es kann auch Mängel und erforderliche Nachbesserungen ausweisen.

❏ Der **Abschlussbericht**, der für den Auftraggeber sowie als Beleg für den Projektleiter und die Projektmitarbeiter erstellt wird. In ihm lassen sich die positiven Ergebnisse des Projektes herausstellen.

Weitere Nachweise zum Projektabschluss können im Projektauftrag gefordert sein. So wird bei manchen Projekten eine darüber hinausgehende ausführliche Projektdokumentation erwartet.

2. Organisationsentwickung

Die Organisationsentwicklung ist ein längerfristig angelegter Prozess von Veränderungen der Unternehmen – aber auch anderer Organisationen – und der in ihnen tätigen Menschen. Zu unterscheiden sind (*Bea / Göbel, Vahs*):

❏ Der **ungeplante Wandel**, der nicht beabsichtigt ist, zufällig erfolgt und über längere Zeit mehr oder weniger unbemerkt bleiben kann.

❏ Der **geplante Wandel**, der alle absichtlichen Anstrengungen zur zielgerichteten Organisationsgestaltung umfasst. Seine **Ziele** sind:

○ Die **Steuerung der Effizienz**, die sich im Grad der wirtschaftlichen Erfüllung der Unternehmensaufgaben zeigt. Darauf ausgerichtete **Maßnahmen** sind:

- Ein **evolutionäres Vorgehen**, das kontinuierlich in kleinen bzw. überschaubaren Schritten geschieht.

- Ein **revolutionäres Vorgehen**, bei dem ein völliges Abwenden von bisherigen Lösungen in kurzer Zeit erfolgt.

○ Die **Humanisierung der Arbeitswelt**, welche alle Maßnahmen umfasst, die auf die Verbesserung des Arbeitsinhaltes und der Arbeitsbedingungen für den Menschen ausgerichtet sind.

Ursachen für die Notwendigkeit von Organisationsentwicklungen sind Veränderungen z. B. in Bezug auf:

○ Unternehmens-strategien	○ Betriebsgröße	○ Globalisierung
○ Organisationsziele	○ Unternehmenserfolg	○ Wettbewerb
○ Technologien	○ Führungskultur	○ Marktveränderungen
	○ Kundenorientierung	

43

Die Unternehmen unterliegen umfassenden Veränderungen, die hohe Anforderungen an die Unternehmensleitungen stellen. Sie können sehr unterschiedlich mit diesen Veränderungen umgehen.

Zeigen Sie, inwieweit das Verhalten von Unternehmensleitungen verschiedener Elektrounternehmen in den folgenden Fällen jeweils mit einem ungeplanten oder geplanten Wandel verbunden ist und gehen Sie auf mögliche Folgen des Verhaltens ein!

(1) Die Geschäftsleitung der Firma Elektro Göbel bevorzugt hinsichtlich der Konkurrenten ein reaktiv-handelndes Verhalten, um den Veränderungen am Elektro-Markt zu begegnen. Damit wird bezweckt, einen gestörten organisatorischen Gleichgewichtszustand wiederherzustellen.

(2) Die Unternehmensleitung der Elektro Wanger GmbH zeichnet sich durch ein vorsichtig-abwägendes Verhalten mit dem Ziel der Effizienzsteigerung aus. Da nach ihrer Auffassung zu starke und schnelle Einschnitte am Markt kaum akzeptiert werden, erfolgt der Prozess der Organisationsentwicklung über längere Zeit hinweg in kleinen Schritten.

(3) Die Geschäftsleitung der Elektro Kranz KG zeigt am Markt ein passiv-abwartendes Verhalten, bei dem die Leitung zwar den Markt intensiv beobachtet und auch eine gewisse Entschlossenheit zur Verteidigung demonstriert, aber selbst zunächst nicht aktiv in das Geschehen eingreift.

(4) Der Vorstand der Elektroservice ELO AG trennt sich relativ schnell von früheren Lösungen und entwickelt mit resolutem Verhalten und ohne Bewahrung bestehender Gegebenheiten völlig neue Verfahrensweisen und Strukturen. Es geht nicht um Modifizierungen gegebener Systeme, sondern um deren Neugestaltung.

Seite 254 f.

Bei der **Gestaltung** der Organisationsentwicklung hat es sich als sinnvoll erwiesen, Experten einzuschalten, welche sein können:

❑ **Unternehmensberater**, die externe, qualifizierte Experten sind, welche oft weitreichende Erfahrungen mitbringen und mit ihren Empfehlungen und Lösungsvorschlägen die Unternehmensleitung unterstützen (*Becker / Langosch*).

❑ **Organisationsberater** als Experten, die ausschließlich mit Problemstellungen der Organisation beschäftigt sind. Anders als zuvor ist es ihre Aufgabe, dem Unternehmen zu helfen, seine Probleme eigenständig zu lösen (*Becker / Langosch*).

❑ **Entwicklungsteams**, die das Veränderungsmanagement verantwortungsvoll tragen. Dabei ist es möglich, dass sie mit einem Unternehmens- bzw. Organisationsberater zusammenarbeiten.

Um die Entwicklung eines Unternehmens erfolgreich zu bewirken, gibt es verschiedene **Vorgehensweisen** und Möglichkeiten der **Intervention**, auf die im Rahmen der vorliegenden Ausführungen nicht näher eingegangen werden kann – siehe ausführlich *Olfert*:

Vorgehensweisen	Interventionen
○ **Prozessbezogene Vorgehensweisen** Drei-Phasen-Prozess Vier-Phasen-Prozess Sechs-Phasen-Prozess ○ **Richtungsbezogene Vorgehensweisen** Abwärtsstrategie Aufwärtsstrategie Keilstrategie Fleckenstrategie	○ Transaktionsanalyse ○ Lebens- und Karriereplanung ○ Coaching ○ Prozessberatung ○ Sensivitätstraining ○ Teamentwicklung ○ Konfrontationstreffen ○ Datenerhebungsverfahren ○ Grid-Organisationsentwicklung ○ NPI-Modell

In den letzten Jahrzehnten waren die Unternehmen vielfältigen Veränderungen ihrer Umwelt ausgesetzt, denen sie begegnen mussten, wenn sie erfolgreich sein bzw. bleiben wollten. Um die Organisation der Unternehmen unter diesen Bedingungen wettbewerbsfähig zu halten, wurden **Konzepte** entwickelt, die organisatorische Veränderungen mit sich brachten. Von besonderer Bedeutung waren dabei:

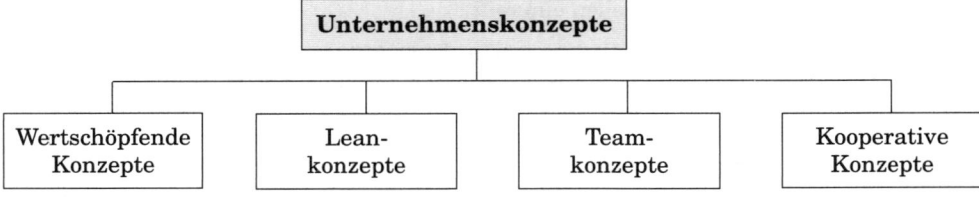

2.1 Wertschöpfende Konzepte

Die **Wertschöpfung** umfasst die von einem Unternehmen erbrachten Eigenleistungen als Mehrwert. Sie ist dementsprechend die Differenz zwischen dem Verkaufswert des Outputs und dem Wert für extern bezogene Güter bzw. Dienstleistungen.

Mithilfe des **Wertschöpfungsmanagements** ist das Unternehmen bestrebt, für eine möglichst günstige Beurteilung der Vorleistungen zu sorgen sowie höchst mögliche Erträge am Markt zu erzielen. Dabei ist u. a. zu entscheiden, ob die zur Leistungserstellung notwendigen Tätigkeiten vom eigenen Unternehmen oder ganz bzw. teilweise von anderen Unternehmen erbracht werden sollen.

Diese **Make-or-Buy-Frage** ist für die Unternehmensführung sehr bedeutsam, da die Entscheidung, wie zu verfahren ist, grundlegenden Einfluss auf die Organisation hat. Wertschöpfende Konzepte lassen sich unterscheiden in:

- **Outsourcing**
- **Insourcing**.

2.1.1 Outsourcing

Als Outsourcing wird das **Ausgliedern** einzelner Aufgaben bis hin zu ganzen Funktionsbereichen aus der eigenen Unternehmenskompetenz bezeichnet (*Brändli, Bühner, Koppelmann, Niebling*). Die Verlagerung betrieblicher Aktivitäten auf Fremdfirmen bewirkt eine unternehmensbezogene **Abnahme der Wertschöpfung**, weil damit eine Verringerung der betrieblichen Eigenleistungen verbunden ist.

Ziel des Outsourcing ist, durch Verlagerung bisher selbst erstellter betrieblicher Leistungen auf spezialisierte und kostengünstigere Fremdfirmen strategische Erfolgspositionen aufzubauen. Dies kann auch im Rahmen einer »Zellteilung« eines Konzernes erfolgen, z. B. durch Ausgliederung bisher wahrgenommener Aufgaben an rechtlich selbstständige Gesellschaften, deren Haftung i. d. R. beschränkt ist.

Als **Motive** für Outsourcing können die Verringerung der Produktionskosten, der Abbau von Fertigungskapazitäten, die Steigerung der Produktqualität, die Verkürzung der Leistungstiefe sowie die Verminderung des Unternehmerrisikos genannt werden.

Beim Outsourcing ist zu beachten, dass das für die Leistungserstellung ausgewählte Unternehmen möglichst besser oder zumindest in gleicher Weise qualifiziert ist wie die Organisationseinheit, welche bisher die Leistung erbracht hat.

Vorteile	Nachteile
o Verringerung der Wertschöpfungskette o Sicherung des Technologieeinsatzes o Reduzierung von Investitionskosten o Senkung der Fixkosten o Nutzung von externem Know-how o Relativ schnelle Erledigung o Steigerung der organisatorischen Transparenz	o Widerstände von Mitarbeitern o Qualitative Risiken der Ausgliederung o Abhängigkeit vom Zulieferer o Verlust von Kernkompetenzen o Kosten für Nachbesserungen o Krisen bei ausgelagerten Firmen o Bei Vertragskündigung können wichtige Informationen zu Mitbewerbern gelangen

Das Ausgliedern von Funktionsbereichen hat in den letzten Jahren an Bedeutung zugenommen und erhebliche Umstrukturierungen in den Unternehmen zur Folge.

(1) Verdeutlichen Sie, welche Funktionsbereiche typischerweise häufig ausgelagert werden!

(2) Zeigen Sie Vorteile und Nachteile des Outsourcing aus der Sicht der davon betroffenen Mitarbeiter auf!

Seite 255

2.1.2 Insourcing

Das Insourcing ist ein dem Outsourcing gegenläufiger Prozess (*Freiling*). Nach einer Phase des Outsourcing hat das Wertschöpfungsmanagement bei einer Reihe von Unternehmen in jüngerer Zeit eine **Re-Integration** ihrer outgesourcten Aktivitäten vorgenommen, z.B. bei *Volkswagen*.

Gründe für Insourcing liegen z.B. darin, dass in Verbindung mit Produktionsverlagerungen auf ausländische Fremdfirmen nach ersten positiven Einschätzungen verschiedendlich erhebliche Schwierigkeiten aufgetreten sind.

Beim Insourcing werden Outsourcingverträge gekündigt, und es erfolgt gleichzeitig eine Wiedereingliederung bzw. der Neuaufbau von Leistungen, Wissen und Fähigkeiten im eigenen Unternehmen. Diese Vorgehensweise bewirkt eine unternehmensbezogene **Zunahme der Wertschöpfung**, weil damit eine Erweiterung der betrieblichen Eigenleistungen verbunden ist.

Vorteile	Nachteile
o Entfallen von Beschaffungsrisiken o Unabhängigkeit vom Zulieferer o Wahrung der eigenen Kompetenz o Prioritäten intern besser verschiebbar o Imagegewinn u.U. möglich o Flexible Reaktion auf Marktbewegungen o Unmittelbarer Zugriff auf das Wissen der Mitarbeiter	o Durch steigende Fertigungstiefe mehr Abhängigkeit von den internen Leistungsträgern o Investitions-, Auslastungs- und Geschäftsrisiken tragen o Erhöhte Fixkosten u.U. möglich o Risiko von Leerkosten o Gefährdete Wettbewerbsfähigkeit

Die Unternehmensleitung sollte frühestmöglich über organisatorische Verbesserungen nachdenken bzw. die notwendigen Maßnahmen einleiten, wenn sich Probleme zeigen.

2.2 Lean-Konzepte

Die Lean Organisation ist eine **schlanke Organisation**, die der Verbesserung der Produktivität und Wirtschaftlichkeit des Unternehmens dienen soll. Sie wird weithin auch als **Lean Management** bezeichnet und vielfach mit der **Lean Production** gleichgesetzt (*Jung, Macharzina / Wolf, Pfeiffer / Weiß, Wittlage*).

Anfang der 70er-Jahre wurde die Lean Organisation vom japanischen Automobilkonzern *Toyota* entwickelt und Ende der 70er-Jahre in der deutschen Automobilindustrie (*BMW, Opel, Porsche*) sowie der Elektroindustrie (*Siemens*) eingeführt, was danach auch in anderen industriellen Bereichen geschah.

Die **Ursachen** dieser Entwicklung können vor allem im zunehmenden Wettbewerb und im steigenden Kostendruck gesehen werden. Durch die Konzentration auf wesentliche Kernkompetenzen soll durch die Lean Organisation eine signifikant bessere Qualitäts- und Kostenposition erreicht werden, z.B. unter Berücksichtigung von Marktnähe, Produktivitätserhöhung, Wertschöpfung, Kundennähe, Qualitätsverbesserung. Zu unterscheiden sind:

* **Lean-Aufbaukonzept**
* **TQM-Konzept**
* **Just-in-time-Konzept**.

2.2.1 Lean-Aufbaukonzept

Im Verlaufe der 50er- bis 70er-Jahre wurden mit **steigenden Umsätzen** der Aufbauorganisation großer Unternehmen immer mehr Organisationseinheiten angefügt, sodass die Organisationspläne sowohl horizontal als auch vertikal umfangreicher und die Prozesse komplizierter und unüberschaubarer wurden.

In Zeiten **rückläufiger Unternehmenserfolge** entwickelte sich ein Rationalisierungsdruck, weshalb sich die Unternehmensleitungen zur Einführung neuer organisatorischer Aufbaukonzepte gezwungen sahen, die weniger Kosten verursachten. Das führte u.a. dazu, dass die Hierarchien flacher gestaltet wurden.

Bei vielen Unternehmen wurde in den vergangenen Jahren das Bestreben um eine schlanke Aufbauorganisation zur Verbesserung der Produktivität und Wirtschaftlichkeit deutlich, wodurch die Unternehmensentwicklungen positiv beeinflusst wurden.

2.2.2 TQM-Konzept

Das Total-Quality-Management-Konzept strebt eine absolute **Fehlerfreiheit** der Produkte auf der Basis einer verstärkten Mitarbeiterschulung und Mitarbeiter-motivation an. Als ganzheitlicher Qualitätsansatz kennzeichnet es eine Denk- und Handlungsweise, bei welcher der Kundennutzen vorrangig ist (*Seghezzi, Töpfer / Mehdorn, Vahs*).

Die **Ziele** sind über eine kompromisslose Qualitätsstrategie (*Ebel*) und konsequen-te Prozessorientierung zu erreichen. Die Verantwortlichen legen beim Total-Quali-ty-Management besonderen Wert auf Selbstkontrolle anstelle von Fremdkontrolle, verstärkte Gruppenarbeit in der Fertigung und die Anwendung eines kooperativen Führungsstils.

Mit dem Total-Quality-Management werden flexible Organisationsstrukturen erforderlich, die es ermöglichen, auf Kundenwünsche und Marktentwicklungen schnell und zuverlässig zu reagieren. Das Qualitätsbewusstsein soll alle Bereiche und Aktivitäten eines Unternehmens erfassen und führen zum:

❑ **Kontinuierlichen Verbesserungsprozess (KVP)**, der die Markt- und Wett-bewerbsfähigkeit positiv beeinflusst.

❑ **Kaizen-Prinzip**, das in allen Unternehmensbereichen permanente Verände-rungen durch systematische Lernprozesse anstrebt. Dabei steht »Kai« für Wan-del und »zen« für das Gute.

Für das TQM-Konzept gilt als Kernaussage, dass jeder Mitarbeiter des Unterneh-mens für die Qualität seiner Arbeit selbst verantwortlich ist.

2.2.3 Just-in-time-Konzept

Das Just-in-time-Konzept ist auf produktionssynchrone und kostengünstige Mate-rialbeschaffung bzw. einen schnellen Fertigungsfluss ausgerichtet. Dabei wird die Planung des kurzfristigen Materialbedarfs den Kapazitäten der aktuellen Ferti-gungssituation angepasst (*Oeldorf / Olfert, Wildemann*).

In der produktionssynchronen Beschaffung wird ein Zwischenprodukt nicht auf Lager vorgefertigt, sondern erst dann eingesteuert, wenn es tatsächlich benötigt wird. Die Prozesse der Fertigung werden von einem Bring-System auf ein **Hol-System** umgestellt (*Ebel*).

Die Fertigung erfolgt in allen Stufen **auf Abruf**. Der Prozess endet mit der ra-schen Ablieferung der fertigen Produkte beim Kunden. Als Maßeinheit für die Pe-riodenlänge in den einzelnen Fertigungsstufen gilt z.B. ein Tag. Es wird »heute produziert, was morgen benötigt wird«.

Ziele des Just-in-time-Konzeptes liegen z.B. in der Reduzierung der Lagerbestände, Verkürzung der Durchlaufzeiten, Fehlerreduzierung in der Fertigung, schnellen Kundenbelieferung.

Im Rahmen des Just-in-time-Konzeptes ist der **Kanban** ein bedeutendes Steuerungsinstrument. Er ist eine Karte, eine Tafel oder ein markierter Bereich, der jeweils ein optisches Signal dafür setzt, dass die in der Fertigung vorgelagerte Organisationseinheit diese Teile wieder nachproduziert. Die nachfolgende Fertigungseinheit holt sich die benötigten Teile aus der vorgelagerten Fertigungseinheit und hinterlässt oder markiert einen solchen Kanban.

Das Kanban-Prinzip stellt eine am Mindestbestand orientierte Fertigungsdisposition dar, indem eine Fertigungsstufe immer dann neue Aufträge auslöst, wenn der zugeordnete Lagerbestand einen Mindestbestand unterschreitet. Es werden vorher bestimmte Fertigungsmengen produziert, die sich an der Kapazität von Transportbehältern orientieren können, die als **Kanban-Behälter** bezeichnet werden.

Durch den Einsatz von Kanban lassen sich die Bestände senken und die Fertigungsabläufe beschleunigen. Eine höhere **Produktivität** wird dadurch erzielt, dass Lagerbestände bis auf einen minimal notwendigen Lagerbestand reduziert werden.

Zusammenfassend können die Lean-Konzepte wie folgt beurteilt werden:

Vorteile	Nachteile
○ Bessere Produktqualität	○ Vorwand für Kostensenkungsprogramme
○ Mehr Gruppenarbeit	○ Beträchtliche Investitionen
○ Kaum Lagerbestände	○ Motivation der Mitarbeiter kann leiden
○ Kürzere Lieferzyklen	○ Überhöhter Leistungs- und Zeitdruck
○ Niedrigere Fertigungskosten	○ Lieferschwierigkeiten bei fehlenden Lagerbeständen
○ Wettbewerbsvorteile	
○ Flachere Hierarchien	○ Selbstkontrolle funktioniert nicht

2.3 Team-Konzepte

Die Teamorganisation ist dadurch gekennzeichnet, dass Entscheidungsbefugnisse einem Team als einer Gruppe von Personen übertragen werden, die einen bestimmten Aufgabenbereich gemeinsam und weitgehend autonom bearbeitet (*Birker/Birker, Kress/v. Studnitz, Macharzina/Wolf, Rahn, Staehle*).

Die Organisationsentwicklung vollzieht sich in der Weise, dass sich im Unternehmen Gruppen zu Teams entwickeln, die Innovationen bzw. Erfolg anstreben und durch einen hohen Zusammenhalt geprägt sind. Die **Ursachen** dieser Entwicklung können in einem veränderten Führungsstil liegen, der kooperativ ist bzw. über Delegationsmaßnahmen den Gruppenmitgliedern mehr Eigenverantwortlichkeit gibt.

Die **Teamfähigkeit** seiner Mitglieder ist eine wichtige Voraussetzung für das Gelingen der Aufgabenerfüllung eines Teams. Sie bedarf der aktiven Mitarbeit aller Teammitglieder, welche die gemeinsame Aufgabenstellung über die eigenen Interessen stellen.

Die Teamorganisation wird meistens bei der Bearbeitung von komplexen Projekten eingesetzt. Als **moderne Formen** der Teamorganisation sollen dargestellt werden:

* **Teamarbeit**

* **Teilautonome Arbeitsteams**

* **Qualitätszirkel**.

2.3.1 Teamarbeit

Die Teamarbeit ist ein Konzept, mit dem im Unternehmen ein höheres Leistungsniveau bzw. eine Steigerung der Arbeitsproduktivität angestrebt wird. Das Zusammenwirken der Teammitglieder soll die Summe der isolierten Einzelleistungen ihrer Mitglieder bei Wahrung von erhöhter Solidarität übertreffen.

Ihre Akzeptanz ist in den Unternehmen beträchtlich. So stieg die Zahl der Teamarbeiter in deutschen Unternehmen erheblich an. Es gibt aber auch **skeptische Stimmen**, die sowohl die produktiven als auch die humanitären Potenziale dieser Teamarbeit infrage stellen (*Pekruhl / Nordhause-Janz*).

Eine genaue **Beurteilung** der Teamarbeit ist im Einzelfall von einer detaillierten Betrachtung abhängig, die sich darauf bezieht, wie und unter welchen Bedingungen die Teamarbeit im Unternehmen erfolgt.

Vorteile	Nachteile
○ Soziale Interaktionen gefordert ○ Erhöhte Kommunikation ○ Betriebsklima verbessert sich ○ Teilnehmer helfen sich gegenseitig ○ Identifizierung mit der Aufgabe ○ Weniger Monotonie ○ Erwerb zusätzlicher Kompetenzen	○ Erhöhter Gruppendruck ○ Einzelne stören das Team ○ Erhöhte Personalkosten durch Training sozialer Lernprozesse ○ Psychische Belastungen der Teammitglieder ○ u. U. weniger Leistungsbereitschaft

2.3.2 Teilautonome Arbeitsteams

Die Forderungen nach verstärkter innerbetrieblicher Demokratie und mehr Humanisierung am Arbeitsplatz haben zu einer verstärkten Einführung von teilautonomen Arbeitsteams geführt. Ihre **Ziele** bestehen darin, die Fluktuationsquote sowie die Abwesenheitsquote durch eine interessantere Arbeitsgestaltung und mehr Selbstbestimmung am Arbeitsplatz zu senken (*Antoni*), aber auch in höherer Produktivität, Qualitätssteigerungen, größerer Flexibilität.

Dieses Organisationskonzept ist insbesondere im **Fertigungsbereich** von Unternehmen bedeutsam. Dort werden teilautonome Arbeitsteams auch als selbststeuernde Arbeitsgruppen bezeichnet, deren **Merkmale** sind:

- ❏ Ein Team besteht aus vier bis zehn Mitarbeitern
- ❏ Es wählt aus seinen Reihen den Teamleiter
- ❏ Die Autonomie des Teams bezieht sich auf die interne Aufgabenverteilung
- ❏ Das Team reguliert, bestimmt und verwaltet sich selbst
- ❏ Die Mitgliedschaft ist zeitlich unbefristet
- ❏ Die Kontrolle der Teamergebnisse erfolgt autonom.

Innerhalb des Teams soll es den Mitarbeitern möglich sein, zwischen verschiedenen Arbeitsplätzen zu wechseln und so unterschiedliche Aufgaben wahrzunehmen. Dabei können sie Erfahrungen in den jeweiligen Arbeitsbereichen sammeln.

Vorteile	Nachteile
o Kompetenzen bei Planung und Steuerung o Abrufen von Kreativitätspotenzial o Verbesserung der Kommunikation o Wettbewerb zwischen den Teilnehmern o Erhöhung der Flexibilität o Bereitschaft zur Verantwortungsübernahme o Förderung von Eigeninitiative	o Kosten für die Qualifizierung o Hoher Einführungsaufwand o Ausnutzung der Freiheiten o Aggressionen beim Sozialverhalten o Konformitätsdruck o Druck auf Leistungsschwächere o Entscheidungen benötigen mehr Zeit

2.3.3 Qualitätszirkel

Der Qualitätszirkel ist ein Team-Konzept, das die Mitglieder eines Teams zu mehr Kreativität und Innovationen anregen soll. Hier treffen sich die Mitarbeiter eines Arbeitsbereichs – besonders in der Fertigung – »vor Ort« selbstständig und freiwillig, um Probleme im Zusammenhang mit der Arbeit zu lösen und Verbesserungsvorschläge zu erarbeiten (*Bea / Göbel, Hentze / Kammel, Jung*).

Die **Moderation** der Sitzungen erfolgt durch einen Leiter des Qualitätszirkels, der häufig vom Team gewählt wird. Er kann aber auch durch den Leiter der Fertigung berufen werden. Qualitätszirkel können folgende **Merkmale** aufweisen:

- ❏ Kleine Teams vielfach von sechs bis neun Personen
- ❏ Teilnehmer sind Meister, Vorarbeiter und Arbeiter
- ❏ Die Sitzungen finden während der Arbeitszeit statt
- ❏ Die Dauer liegt bei etwa 90 Minuten.

Vorteile	Nachteile
○ Weniger Fehlzeiten/Fluktuation ○ Verbesserte Zusammenarbeit ○ Intensivere Kommunikation ○ Höhere Flexibilität ○ Problemlösung »vor Ort« ○ Bessere und mehr Vorschläge ○ Mehr Verantwortungsübernahme ○ Förderung der Selbstständigkeit ○ Entwicklung unternehmerischen Denkens	○ Kosten der Einführung ○ Zeitaufwändige Entscheidungen ○ Verstecken hinter Anderen ○ Abschweifende Lösungen ○ Frustration bei Teilnehmern ○ Produktivitätsdruck ○ Angst vor Arbeitsplatzverlust ○ Doppelbelastung ○ Skepsis gegenüber Neuerungen

Auch **Werkstattzirkel** sind zu den Qualitätszirkeln zu zählen. Sie werden jedoch inhaltlich stärker vorstrukturiert und mit vorgegebener Aufgabenstellung durchgeführt.

2.4 Kooperative Konzepte

Kooperative Organisationskonzepte sind dadurch gekennzeichnet, dass ein Unternehmen mit anderen Unternehmen zusammenarbeitet. Dabei wird die **wirtschaftliche Selbstständigkeit** der beteiligten Unternehmen in den von der Kooperation betroffenen Bereichen eingeschränkt. Ihre rechtliche Selbstständigkeit bleibt aber voll erhalten.

Die Zunahme von Kooperationen im Rahmen der Organisationsentwicklung hat insbesondere folgende **Ursachen**:

○ Ausweitung der Märkte ○ Erschließung neuer Märkte ○ Notwendigkeit hoher Flexibilität	○ Zwang zur Kostenreduzierung ○ Kürzere Produktlebenszyklen

Als kooperative Konzepte sind zu unterscheiden:

• **Strategische Allianzen**

• **Joint Ventures**.

2.4.1 Strategische Allianzen

Strategische Allianzen sind Verbindungen zwischen Unternehmen, um auf bestimmten Gebieten zusammenzuarbeiten. Sie können sich z.B. in lockeren Kooperationsabsprachen, gegenseitigen Lizenzierungen, gemeinsamen Vertriebsanstrengungen zeigen.

Ziele strategischer Allianzen sind vorrangig die Nutzung externer Synergieeffekte durch die Verknüpfung der Potenziale mehrerer selbstständiger Unternehmen, aber z.B. auch die Verbesserung der Marktposition, Konzentration auf Kernkompetenzen, Ausdehnung der Produktpalette, Verbesserung des Images, Zugang zu Technologien.

Strategische Allianzen beabsichtigen, einen zukunftsträchtigen **Wettbewerbsvorteil** nachhaltig zu verteidigen und zu generieren. Als Kernpunkte erfolgreicher Zusammenarbeit gelten gegenseitiges Vertrauen, stimmige Unternehmenskultur und fairer Umgang der Partnerunternehmen.

Vorteile	Nachteile
○ Erzielung externer Synergieeffekte ○ Stärkung der Marktpositionen ○ Erweiterung der Wettbewerbspositionen ○ Konkurrenzabwehr ○ Konzentration auf Stärken ○ Größenvorteile ○ Zeitvorteile ○ Kostenvorteile	○ Einschränkung des Handlungsspielraums ○ Beteiligte Partner als »Trittbrettfahrer« ○ Mangelhafte Kontrolle der Partner ○ Risiken durch Know-how-Transfer ○ Mehr Koordinationsaufwand ○ Erhebliche Kosten für Partnersuche ○ Mehrkosten für Vertragsverhandlungen ○ Höhere Kosten für Kontrolle der Partner

Die Wettbewerbsintensität hat sich in zahlreichen Wirtschaftszweigen während der letzten Jahre erheblich verschärft. Zahlreiche Unternehmen gehen strategische Allianzen ein, um die eigene Marktposition erfolgreich zu verteidigen bzw. auszubauen.

(1) Nennen Sie interne und externe Risiken von strategischen Allianzen!

(2) Geben Sie Beispiele von Branchen, in denen strategische Allianzen bedeutsam sind!

Seite 255

2.4.2 Joint Ventures

Joint Ventures sind eine weit verbreitete Form der Kooperation von Unternehmen mit ausländischen Partnern – siehe ausführlich *Hopfenbeck, Olfert, Ziegenbein*. Dabei werden neue, rechtlich selbstständige Unternehmen durch eine **Kapitalbeteiligung** von mindestens je einem in- und ausländischen Partner gegründet oder erworben, um gemeinsame Aktivitäten durchzuführen.

Die sich beteiligenden Unternehmen, die auch **Partnerunternehmen** genannt werden, führen das Joint Venture-Unternehmen gemeinsam, sie bleiben in ihrer Beziehung zueinander aber rechtlich unabhängig. **Formen** von Joint Ventures sind:

❑ **Infrastrukturkooperationen**, bei denen sich internationale Zusammenschlüsse von Unternehmen auf die Bewältigung von Teilaufgaben beziehen.

❑ **Simultaneous-Engineerings**, die internationale Zusammenschlüsse von Lieferanten und Kunden zur gemeinsamen Entwicklung und Konstruktion von Erzeugnissen und Komponenten darstellen.

❑ **Kernprozesskooperationen** als internationale Zusammenschlüsse, die sich auf Prozesse von fundamentaler betrieblicher Bedeutung beziehen.

Kooperative Organisationskonzepte dienen der Erhaltung und dem Ausbau von Wettbewerbspositionen. Mithilfe dieser Konzepte werden die Organisationen der kooperierenden Unternehmen weiter entwickelt.

Vorteile	Nachteile
○ Teilung und Reduzierung von Risiken ○ Verringerung von Markteintrittsbarrieren ○ Zugang zu lokalen Kapitalmärkten ○ Mehr Marktkenntnisse und Erfahrungen ○ Zugang zu Ressourcen des Partners ○ Kombination eigener und fremder Stärken ○ Erfolgspotenzial durch ähnliche Kultur ○ Erschließung neuer Auslandsmärkte	○ Erschwerte Kontrollen und Abstimmungen ○ Konfliktpotenzial bei Strategieumsetzung ○ Unterschiedliches Verhalten des Personals bei kulturell fremden Partnern ○ Abwicklungsprobleme mit Partnern in politisch wenig gefestigten Staaten ○ Probleme mit unterschiedlichen Unternehmenskulturen

46

Erläutern Sie, was unter den folgenden Begriffen zu verstehen ist, die Sie in diesem Kapitel kennen gelernt haben:

- ❏ Organisation
- ❏ Aufbauorganisation
- ❏ Prozessorganisation
- ❏ Projektorganisation
- ❏ Aufbaustrukturierung
- ❏ Aufbauanalyse
- ❏ Aufbauplanung
- ❏ Aufbaugestaltung
- ❏ Stellenbildung
- ❏ Aufbauentscheidungen
- ❏ Stelle
- ❏ Gremium
- ❏ Organisationsebene
- ❏ Organisationsstruktur
- ❏ Organisationssystem
- ❏ Organisationsform
- ❏ Sektoralorganisation
- ❏ Funktionalorganisation
- ❏ Spartenorganisation
- ❏ Matrixorganisation
- ❏ Tensororganisation
- ❏ Center-Organisation
- ❏ Holding-Organisation
- ❏ SGE-Management
- ❏ Produktmanagement
- ❏ Prozessmanagement
- ❏ Kundenmanagement
- ❏ Projektmanagement
- ❏ Aufbaudokumentation
- ❏ Organisationshandbuch
- ❏ Organisationsplan
- ❏ Stellenbeschreibung
- ❏ Stellenbesetzungsplan
- ❏ Prozessstrukturierung

- ❏ Prozessanalyse
- ❏ Prozessplanung
- ❏ Prozessgestaltung
- ❏ Einzelprozessorganisation
- ❏ Gruppenprozessorganisation
- ❏ Bereichsprozessorganisation
- ❏ Unternehmensprozess-organisation
- ❏ Prozesseinführung
- ❏ Prozessdokumentation
- ❏ Projektstrukturierung
- ❏ Projektvorbereitung
- ❏ Projektleiter
- ❏ Projektgruppe
- ❏ Projektinstitutionen
- ❏ Reine Projektorganisation
- ❏ Stabs-Projektorganisation
- ❏ Matrix-Projektorganisation
- ❏ Linien-Projektorganisation
- ❏ Projektplanung
- ❏ Projektdurchführung
- ❏ Projekteinführung
- ❏ Projektdokumentation
- ❏ Organisationsentwicklung
- ❏ Outsourcing
- ❏ Insourcing
- ❏ Lean-Aufbaukonzept
- ❏ TQM-Konzept
- ❏ Just-in-time-Konzept
- ❏ Teamarbeit
- ❏ Teilautonomes Arbeitsteam
- ❏ Qualitätszirkel
- ❏ Strategische Allianz
- ❏ Joint Venture

Seite 255

D. Personenbezogene Führung

Mithilfe der personenbezogenen Führung werden die Ziele und grundlegenden Strategien bzw. Entscheidungen des Unternehmens auf den einzelnen hierarchischen Ebenen durch Vorgesetzte personenbezogen umgesetzt. Sie wird üblicherweise als **Personalführung** bezeichnet. Zu unterscheiden sind:

Personenbezogene Führung	Führungsbeteiligte
	Führungsmittel
	Führungstechniken
	Führungsstile
	Führungserfolg

1. Führungsbeteiligte

Als Beteiligte an der Personalführung sind zu unterscheiden – siehe ausführlich *Olfert*:

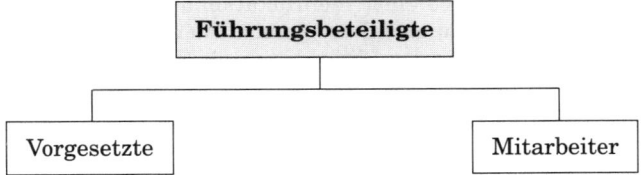

1.1 Vorgesetzte

Die Vorgesetzten sind Führungskräfte, die für die Erreichung der betrieblichen Ziele bzw. Aufgaben sowie die Motivation und den Gruppenerhalt der Mitarbeiter zu sorgen haben. Sie selbst können ebenfalls Mitarbeiter sein, nämlich der ihnen überstellten Vorgesetzten. Es sollen behandelt werden:

- **Merkmale**
- **Typen**.

1.1.1 Merkmale

Führungsbezogen weist ein Vorgesetzter mehrere **Merkmale** auf, die seinen Führungserfolg beeinflussen können. Das sind:

❑ Die **Kompetenz** des Vorgesetzten, die in seiner vor und während der Berufstätigkeit erworbenen Qualifikation zum Ausdruck kommt. Um hinreichend handlungsfähig zu sein, bedarf es verschiedener Teilkompetenzen, die in ihrer Gesamtheit die **Handlungskompetenz** darstellen. Zu unterscheiden sind – siehe Kapitel A.:

○ Fachkompetenz	○ Sozialkompetenz	○ Selbstkompetenz
○ Methodenkompetenz	○ Führungskompetenz	

❑ Die **Autorität** des Vorgesetzten als durch Macht, Wissen und Können erworbenes Ansehen bzw. soziale Einflussbeziehung, die sich als wechselseitiges Beziehungsverhältnis zwischen Personen zeigt. Sie kann sein – siehe Kapitel A.:

○ Formale Autorität	○ Personale Autorität	○ Funktionale Autorität

❑ Die **Machtgrundlagen** des Vorgesetzten, aufgrund derer er führt. Sie beruhen erheblich auf seiner Autorität und sind:

Legitimations-macht	Sie ergibt sich aus der hierarchischen Ordnung des Unternehmens. Die Mitarbeiter erkennen die formal gesetzte Ordnung an und sehen darin ihre Pflicht, dem Vorgesetzten zu gehorchen.
Referenz-macht	Sie führt zu einer Identifikation der Mitarbeiter mit dem Vorgesetzten. Aufgrund der persönlichen Wertschätzung erscheint der Vorgesetzte den Mitarbeitern als Vorbild.
Experten-macht	Sie bezieht sich auf die fachliche Qualifikation des Vorgesetzten. Die Mitarbeiter erkennen einen Vorgesetzten an, von dem sie annehmen, dass er über Informationsvorteile verfügt.
Belohnungs-macht	Sie beruht darauf, dass der Vorgesetzte den Mitarbeitern Belohnungen – z. B. Gehaltserhöhungen – geben oder versagen kann.
Bestrafungs-macht	Sie ermöglicht es dem Vorgesetzten, Mitarbeiter mit Sanktionen zu versehen, die seine Anordnungen nicht befolgen.

❑ Die **Eigenschaften** des Vorgesetzten als seine Persönlichkeitsmerkmale. Sie können einen (gewissen) Einfluss auf den Führungserfolg des Vorgesetzten erkennen lassen, insbesondere z. B. als (*Klaus*):

○ Intelligenz	○ Fleiß	○ Selbstvertrauen
○ Willensstärke	○ Leistungsmotivation	○ Soziale Aktivität

Generell ist aber nicht davon auszugehen, dass bestimmte Eigenschaften eines Vorgesetzten in unmittelbarem Bezug zu einem bestimmten Führungserfolg stehen.

❑ Das **Menschenbild** des Vorgesetzten, das positiv sein sollte, um die Führungsaufgaben vorteilhaft bewältigen zu können. Ein negatives Menschenbild behindert i.d.R. die Erreichung eines Führungserfolges und setzt vielfach eine »Spirale negativer Entwicklungen und Handlungen« in Gang.

❑ Das **Verhalten** des Vorgesetzten, das seinen Führungserfolg wesentlich beeinflusst. Es kommt im praktizierten Führungsstil zum Ausdruck, der grundsätzlich autoritär bzw. aufgabenorientiert sein kann oder kooperativ bzw. personenorientiert, wenn die Führungssituation dies möglich macht.

❑ Die **Disposition** als Ausdruck der geistigen und seelischen Verfassung des Vorgesetzten sowie seine **Kondition**, die seine körperliche Verfassung beschreibt. Beide haben Einfluss darauf, inwieweit die erzielbare Leistung des Vorgesetzten zu seiner tatsächlichen Leistung wird.

Gleichgültig, ob Aufgaben »von oben nach unten« übertragen oder kooperativ gemeinsam vereinbart werden, arbeitsrechtlich gesehen handelt es sich bei ihnen um **Weisungen**. Sie müssen – von Notfällen abgesehen – innerhalb der durch den jeweiligen Arbeitsvertrag getroffenen Regelungen liegen. Außerdem haben sie billigem Ermessen zu entsprechen, d.h. sie dürfen nicht willkürlich erfolgen und haben die Interessen des Mitarbeiters angemessen zu berücksichtigen.

Weisungen von Vorgesetzten, die sich auf das **Verhalten** der Mitarbeiter im Unternehmen beziehen, sind teilweise nicht bzw. nur bedingt zulässig. Weisungen im Hinblick auf außerdienstliches Verhalten können – wenn überhaupt – nur leitenden Mitarbeitern erteilt werden.

1.1.2 Typen

Als **Typen** von Vorgesetzten lassen sich unterscheiden (*Olfert, Rahn*):

❑ **Strenge Führungskräfte**, die eine Neigung zu autoritärem Führungsverhalten haben. Sie erwarten, dass ihnen überall Respekt entgegengebracht wird.

❑ **Sachliche Führungskräfte**, die vorrangig mit Richtlinien, Rundschreiben, Dienstanweisungen und Vorschriften führen. Formalismus und Bürokratie sind nicht selten.

❑ **Muntere Führungskräfte**, die es verstehen, ihre Mitarbeiter anzuspornen und mitzureißen. Sie mögen kein übertriebenes Gleichmaß. Oft sind sie schlechte Zuhörer.

❑ **Kritische Führungskräfte**, die mit einem gewissen Misstrauen alle Vorgänge auf Verbesserungsmöglichkeiten prüfen. Anderen halten sie gern einen Spiegel vor, sind aber vielfach selbst kritikanfällig.

❑ **Ehrgeizige Führungskräfte**, welche die Anforderungen des Leistungssystems mehr als die des menschlichen Bereiches betonen. Fehler werden bestraft, Stress wird durch Dominanz und Machteinsatz bekämpft.

❑ **Humane Führungskräfte**, die Verständnis für ihre Mitarbeiter haben. Sie neigen zu kooperativem Führungsverhalten und verstehen es zu ermutigen. Auseinandersetzungen gehen sie jedoch aus dem Weg.

❑ **Hektische Führungskräfte**, die ständig unter Termindruck und Anspannungen stehen. Sie haben wenig Zeit für die Probleme ihrer Mitarbeiter, setzen sich aber voll für das Unternehmen ein.

❑ **Souveräne Führungskräfte**, die keine Probleme mit der Autorität haben. Sie besitzen die Fähigkeit zur präzisen Analyse, erkennen schnell das Machbare und haben viel Überzeugungskraft. Das geistige Potenzial der Mitarbeiter wird durch kooperatives Verhalten genutzt.

1.2 Mitarbeiter

Mitarbeiter sind Arbeitnehmer eines Unternehmens. Während in Zusammenhang mit arbeitsrechtlichen Betrachtungen vorrangig von Arbeitnehmern gesprochen wird, ist es weithin üblich, sie im Rahmen der Personalführung als Mitarbeiter zu bezeichnen, insbesondere auch, um den kooperativen Gedanken deutlich zu machen.

Es können Mitarbeiter als einzelne Personen oder als Personenmehrheiten in Form von Gruppen unterschieden werden:

❑ **Einzelne Mitarbeiter** haben individuelle Motive, Wünsche, Erwartungen und Ziele. Entsprechend gibt es diesen Mitarbeitern gegenüber kein einheitliches Führungsverhalten der Vorgesetzten. Sie müssen in der Führung vielmehr individuell auf jeden einzelnen Mitarbeiter eingehen.

❑ **Gruppenmitglieder** weisen gemeinsame Motive, Wünsche, Erwartungen und Ziele auf, die von ihren individuellen Motiven, Wünschen, Erwartungen und Zielen abweichen können. Unter einer **Gruppe** ist eine Reihe von Personen zu verstehen, die in einer bestimmten Zeitspanne häufig miteinander Umgang hat. Die Zahl der Gruppenmitglieder ist so gering, dass jede Person mit einer anderen Person in Verbindung treten kann (*Homans*). Es gibt:

> ○ **Formelle Gruppen**, die im Sinne der betrieblichen Zielerreichung geplant und bestimmt werden. Die betriebliche Aufgabenstellung steht im Vordergrund und die Rangordnung in der Gruppe wird von außen vorgegeben.
>
> ○ **Informelle Gruppen**, die sich aus menschlichen Gesichtspunkten heraus aufgrund von Sympathiebeziehungen bilden. Daraus ergibt sich die Rangordnung in der Gruppe. Die individuelle Befriedigung sozialer Bedürfnisse steht im Vordergrund.

Wie bei den Vorgesetzten lassen sich bezüglich der Mitarbeiter behandeln:

- **Merkmale**

- **Typen**.

1.2.1 Merkmale

Mitarbeiter werden von Führungskräften geführt. Sie weisen – wie die Vorgesetzten – mehrere **Merkmale** auf, welche die Persönlichkeiten der einzelnen Mitarbeiter näher charakterisieren. Dazu zählen (*Olfert, Rahn*):

❑ Die **Kompetenz** der Mitarbeiter, die in ihren vor und während der Berufstätigkeit erworbenen Qualifikationen zum Ausdruck kommt. Sie umfasst – siehe Kapitel A.:

○ Fachkompetenz	○ Sozialkompetenz
○ Methodenkompetenz	○ Selbstkompetenz

Wenn Mitarbeiter ihrerseits auch Vorgesetzte ihnen unterstellter Mitarbeiter sind, kommt noch die Führungskompetenz hinzu.

❑ Das **Temperament** der Mitarbeiter, das sehr unterschiedlich sein kann. So lassen sich **Menschentypen** charakterisieren als:

○ sachlich-selbstsicher	○ geltungsbedürftig
○ pflichtbewusst	○ unzufrieden
○ unbekümmert	○ pedantisch
○ gutmütig	○ schüchtern

Der Vorgesetzte kommt nicht umhin, die verschiedenen Temperamente bei der Personalführung zu berücksichtigen und jeweils geeignete Verhaltensmuster für sich zu entwickeln.

❑ Die **Eigenschaften** der Mitarbeiter, die recht unterschiedlich sein können. Sie erfordern eine entsprechend individuelle Führung, was voraussetzt, dass der Vorgesetzte sich ein zutreffendes Bild über jeden Mitarbeiter macht.

❑ Die **Einstellung** der Mitarbeiter zum Vorgesetzten. Sie kann mehr oder weniger positiv oder negativ sein und sich – daraus folgend – auch auf das Verhalten der Mitarbeiter dem Vorgesetzten gegenüber auswirken.

❑ Die **Disposition** und **Kondition** der Mitarbeiter, welche die Erfüllung der Arbeitsaufgaben beeinflussen, d.h. erbringbare Leistungen zu tatsächlich auch erbrachten Leistungen werden lassen.

❑ Die **Motive** der Mitarbeiter, die führungsbezogen von besonderer Bedeutung sind. Da sie bei den einzelnen Mitarbeitern bzw. Gruppenmitgliedern beträchtliche Unterschiede aufweisen können, sollten sie von Vorgesetzten erkannt und analysiert werden mit dem Ziel, sie im Umgang mit den Mitarbeitern zu berücksichtigen.

Geschieht dies, lassen sich Zufriedenheit und Motivation der Mitarbeiter herbeiführen, sichern oder steigern. **Arten** der Motive können sein:

Extrinsische Motive	Sie beziehen sich **nicht** auf die **Arbeitsaufgabe**, sondern auf Folgen von ihr sowie Umwelteinflüsse, z. B. der Wunsch nach Geld, Sicherheit, Geltung.
Intrinsische Motive	Sie sind auf die **Arbeit selbst** gerichtet und können z. B. eine abwechslungsreiche Arbeit und angemessener Handlungsspielraum sein.

Den intrinsischen Motiven wird eine größere Bedeutung unterstellt, was ihren Einfluss auf die Arbeitsleistung und das Arbeitsverhalten betrifft. Ihre Befriedigung hat deutlich anhaltendere Wirkung als die extrinsischen Motive, bei denen die Befriedigung relativ rasch wieder aktualisiert werden muss, z. B. in Form von (neuerlichen) Lohnerhöhungen.

Es gibt eine Vielzahl von **Motivationstheorien**, die herauszufinden versuchen, warum sich Mitarbeiter in betrieblichen Situationen in bestimmter Weise verhalten – siehe *Olfert, Rahn*.

1.2.2 Typen

Führungsbezogen gibt es verschiedene Typen von Mitarbeitern (*Olfert, Rahn*):

❑ Nach der **Struktur** der Belegschaft können sie sein:

○ Jugendliche Mitarbeiter	○ Männliche Mitarbeiter
○ Ältere Mitarbeiter	○ Behinderte Mitarbeiter
○ Weibliche Mitarbeiter	○ Ausländische Mitarbeiter

❑ Außerdem lassen sich nach ihrem **Verhalten** unterscheiden:

○ Schüchterne Mitarbeiter	○ Drückeberger
○ Problembeladene Mitarbeiter	○ Leistungsstarke Mitarbeiter
○ Ausgleichende Mitarbeiter	○ Gruppenstars
○ Neue Mitarbeiter	○ Intrigante Mitarbeiter
○ Außenseiter	○ Ehrgeizige Mitarbeiter
○ Schwache Mitarbeiter	○ Freche Mitarbeiter

Auf all diese Typen von Mitarbeitern müssen die Vorgesetzten ihre Maßnahmen der Personalführung individuell einstellen, um den angestrebten Führungserfolg zu erlangen.

2. Führungsmittel

Führungsmittel sind **Führungsinstrumente**, die von einer Führungskraft unmittelbar eingesetzt werden können, um den gewünschten Führungserfolg zu bewirken. Sie stellen Anreize dar, welche die Motivation der Mitarbeiter herbeiführen, sichern oder steigern sollen. Es gibt:

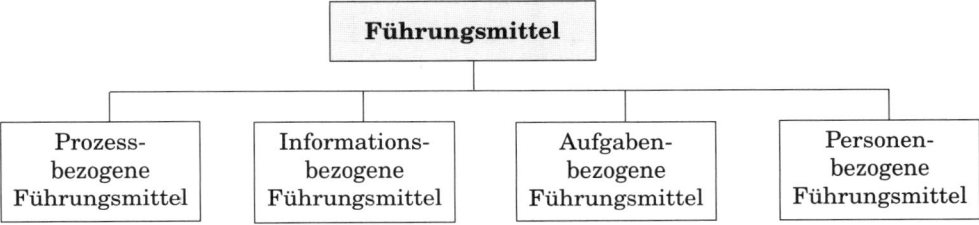

2.1 Prozessbezogene Führungsmittel

Dabei handelt es sich um Führungsinstrumente, die im Rahmen des Führungsprozesses eingesetzt werden, der sachbezogen bereits dargestellt wurde – siehe Kapitel A. Die prozessbezogenen Führungsmittel haben aber nicht nur den beschriebenen **sachbezogenen Aspekt**, indem Ziele und Pläne z.B. aufgrund von Marktforschungs-Erhebungen oder anderer Erkenntnissen festgelegt werden.

Hinzu kommt der **personenbezogene Aspekt**. Ziele und Pläne – aber auch die Art der Kontrolle – weisen Auswirkungen auf die Motivation der Mitarbeiter auf, die nicht außer Acht gelassen werden sollte. Deshalb gilt – siehe ausführlich *Olfert*:

❑ **Ziele** sind **eindeutig** nach Inhalt, Ausmaß und Zeit zu formulieren, damit die Mitarbeiter eine klare Orientierung dahingehend haben, welche Aktivitäten von ihnen erwartet werden. Des Weiteren sollten Ziele zur Leistung motivieren, indem sie von den Mitarbeitern als vernünftig und erreichbar angesehen werden können. Schließlich empfiehlt es sich, die Mitarbeiter an der **Zielformulierung** zu beteiligen.

❑ Für die **Pläne** gilt ebenfalls die Empfehlung, die Mitarbeiter an deren Erstellung zu beteiligen. Sie lassen sich in gleicher Weise festlegen, wie dies bei den Zielen beschrieben wurde. Die Erreichbarkeit der Planwerte ist sicherzustellen, um die Motivation der Mitarbeiter zu unterstützen. Darüber hinaus sollte von den Mitarbeitern ohne weiteres festgestellt werden können, wo sie im Hinblick auf die Planerfüllung jeweils aktuell stehen, damit sie die Art und Intensität ihrer Anstrengungen selbst steuern bzw. anpassen können.

❑ Die **Kontrolle** darf kein Suchen nach Fehlern sein, sondern ein **Suchen nach positiven Leistungen**. Sie kann die Mitarbeiter motivieren und zu Leistungen anreizen, vermag aber auch Frustration bzw. Demotivation bewirken und die Mitarbeiter zu Bedenken oder gegen Ablehnung der Kontrolle veranlassen, z. B. wegen unvernünftiger Zielsetzung, mangelndem Vertrauen in die Objektivität, Furcht vor Konsequenzen oder Ablehnung der Kontrollperson.

Leistungsschwache Mitarbeiter sollten häufiger kontrolliert werden als leistungsstarke Mitarbeiter. Um Fehler frühzeitig zu erkennen, bieten sich für sie Zwischenkontrollen an, deren Ergebnisse zu besprechen sind.

(1) Der Abteilungsleiter eines regional tätigen Kreditinstitutes verlangt von seinen Vertriebs-Mitarbeitern, dass im nächsten Geschäftsjahr erhebliche Anstrengungen in Bezug auf die Neukundengewinnung und Kundenbindung erforderlich sind. Was halten Sie von dieser Zielformulierung?

(2) Zeigen Sie Vorteile auf, weshalb seine Vertriebsmitarbeiter am Zielbildungsprozess beteiligt werden sollten!

Seite 256

2.2 Informationsbezogene Führungsmittel

Die Personalführung ist ohne informationsbezogene Führungsmittel nicht denkbar. Es lassen sich unterscheiden – siehe ausführlich *Olfert*:

❑ Die **Information** als zweckbezogenes Wissen, das sich auf Personen bzw. Arbeitsplätze bezieht, bzw. die Weitergabe von Wissen im Sinne des Informierens. Sie kann auf vielen Wegen fließen, z. B. über das »Schwarze Brett«, das Intranet, die Werkzeitschrift, Handbücher, Schreiben, Berichte, Aktennotizen. **Personalinformationen** können sein:

Informationen *über* **Personal**	Sie beziehen sich z. B. auf Kenntnisse und Fähigkeiten der Mitarbeiter. Die Informationen können verfügbaren Unterlagen entnommen oder speziell erhoben werden.
Informationen *an* **Personal**	Als formelle Informationen sind sie vom Vorgesetzten klar, rechtzeitig, eindeutig und vollständig zu geben. Die Informationen können aber auch informeller Art sein, z. B. von einem Vereinskameraden aus einer anderen Abteilung.
Informationen *von* **Personal**	Sie gelangen von Mitarbeitern zum Vorgesetzten und können ebenfalls formellen oder informellen Charakter haben.

❑ Die **Kommunikation** als wechselseitiger Austausch von Informationen zwischen Menschen und/oder Maschinen. Sie zählt als soziale Kommunikation, die zwischen Personen erfolgt, zu den wichtigsten Führungsmitteln überhaupt. Als solche kann sie eine **verbale Kommunikation** sein, die wechselseitige Informationen mithilfe von Worten vor allem auf der Inhaltsebene vermittelt.

Sie ist aber auch als **nicht-verbale Kommunikation** möglich, die auf der Beziehungsebene erfolgt, indem sie menschliche Beziehungen ohne Sprache steuert, insbesondere z.B. mithilfe von Gesten, Mienen, Sprechpausen, Schweigen, Kleidung.

Bei der verbalen Kommunikation sind von besonderer Bedeutung:

Gespräch	Es ist auf **zwei Personen** beschränkt, die Gedanken und Informationen austauschen. Mitarbeiterbezogene Gespräche sind z.B.:
	○ Mitarbeitergespräch ○ Kritikgespräch ○ Konfliktgespräch ○ Beratungsgespräch ○ Beurteilungsgespräch ○ Vorgesetztengespräch ○ Dienstgespräch ○ Beförderungsgespräch
Besprechung	An ihr nehmen **mehr als zwei Personen** teil, meist jedoch nicht mehr als 15 Personen. Sie kann z.B. erfolgen als: ○ Mitarbeiterbesprechung ○ Expertenbesprechung ○ Dienstbesprechung
Konferenz	Bei ihr treffen Personen zusammen, die selbst mehr oder weniger aktiv zu einer Zielerreichung beitragen. Sie wird vom Vorgesetzten als Vorsitzenden geleitet und kann von einem Protokollanten in ihrem Verlauf oder Ergebnis festgehalten werden. **Arten** der Konferenz sind z.B.: ○ Problemlösungskonferenz ○ Motivationskonferenz ○ Verhandlungskonferenz ○ Informationskonferenz

2.3 Aufgabenbezogene Führungsmittel

Zu den Führungsmitteln, die unmittelbar mit der Aufgabenstellung in Zusammenhang stehen, zählen – siehe ausführlich *Olfert*:

❏ Die **Arbeitsbedingungen**, die mehr oder weniger mitarbeiterfreundlich gestaltet werden können. Dabei geht es insbesondere um:

Arbeitsinhalt	Er ist für jeden einzelnen Mitarbeiter zu strukturieren. Dies geschieht auf der Grundlage der **Arbeitsteilung**, die in der Vergangenheit zu einer starken Spezialisierung der Mitarbeiter führte, welche vielfach wenig motivierende, einseitig belastende und dadurch ermüdende Tätigkeiten ausübten.
	Die Nachteile einer solchen Arbeitsteilung haben zu Konzepten der **Humanisierung** geführt, z.B.:

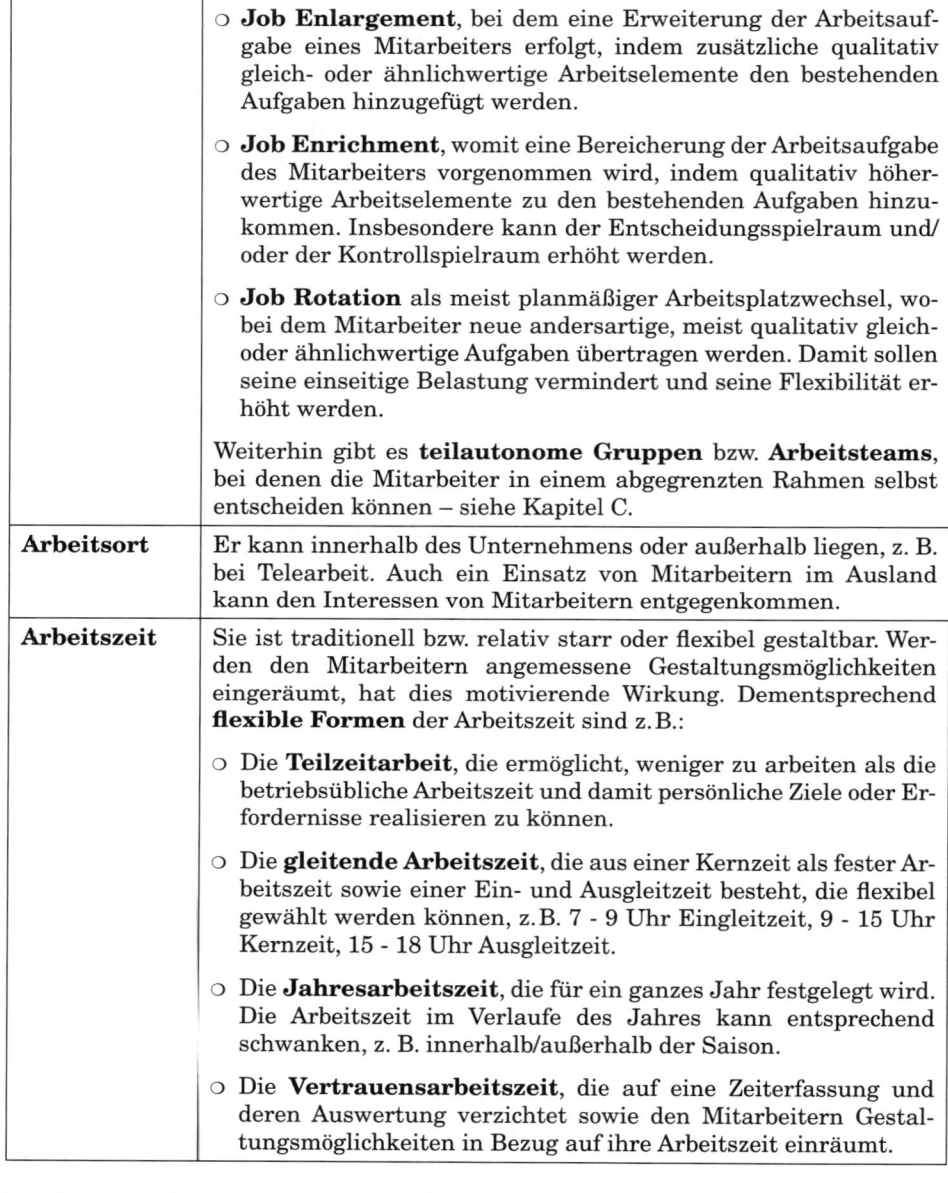

	○ **Job Enlargement**, bei dem eine Erweiterung der Arbeitsaufgabe eines Mitarbeiters erfolgt, indem zusätzliche qualitativ gleich- oder ähnlichwertige Arbeitselemente den bestehenden Aufgaben hinzugefügt werden.
	○ **Job Enrichment**, womit eine Bereicherung der Arbeitsaufgabe des Mitarbeiters vorgenommen wird, indem qualitativ höherwertige Arbeitselemente zu den bestehenden Aufgaben hinzukommen. Insbesondere kann der Entscheidungsspielraum und/oder der Kontrollspielraum erhöht werden.
	○ **Job Rotation** als meist planmäßiger Arbeitsplatzwechsel, wobei dem Mitarbeiter neue andersartige, meist qualitativ gleich- oder ähnlichwertige Aufgaben übertragen werden. Damit sollen seine einseitige Belastung vermindert und seine Flexibilität erhöht werden.
	Weiterhin gibt es **teilautonome Gruppen** bzw. **Arbeitsteams**, bei denen die Mitarbeiter in einem abgegrenzten Rahmen selbst entscheiden können – siehe Kapitel C.
Arbeitsort	Er kann innerhalb des Unternehmens oder außerhalb liegen, z. B. bei Telearbeit. Auch ein Einsatz von Mitarbeitern im Ausland kann den Interessen von Mitarbeitern entgegenkommen.
Arbeitszeit	Sie ist traditionell bzw. relativ starr oder flexibel gestaltbar. Werden den Mitarbeitern angemessene Gestaltungsmöglichkeiten eingeräumt, hat dies motivierende Wirkung. Dementsprechend **flexible Formen** der Arbeitszeit sind z. B.:
	○ Die **Teilzeitarbeit**, die ermöglicht, weniger zu arbeiten als die betriebsübliche Arbeitszeit und damit persönliche Ziele oder Erfordernisse realisieren zu können.
	○ Die **gleitende Arbeitszeit**, die aus einer Kernzeit als fester Arbeitszeit sowie einer Ein- und Ausgleitzeit besteht, die flexibel gewählt werden können, z. B. 7 - 9 Uhr Eingleitzeit, 9 - 15 Uhr Kernzeit, 15 - 18 Uhr Ausgleitzeit.
	○ Die **Jahresarbeitszeit**, die für ein ganzes Jahr festgelegt wird. Die Arbeitszeit im Verlaufe des Jahres kann entsprechend schwanken, z. B. innerhalb/außerhalb der Saison.
	○ Die **Vertrauensarbeitszeit**, die auf eine Zeiterfassung und deren Auswertung verzichtet sowie den Mitarbeitern Gestaltungsmöglichkeiten in Bezug auf ihre Arbeitszeit einräumt.

❏ Die **Kooperation**, mit der in der Personalführung die Zusammenarbeit von zwei oder mehreren Personen bezeichnet wird, die gemeinschaftlich Aufgaben erfüllen. Sie dient dem möglichst störungsfreien Zusammenwirken von Vorgesetzten und Mitarbeitern sowie zwischen Mitarbeitern. Im Vordergrund steht das wechselseitige **Helfen** und **Unterstützen**.

❏ Die **Delegation** als die Übertragung von klar umrissenen Aufgaben, zugehörigen Kompetenzen und der damit verbundenen Verantwortung auf hierarchisch nachgeordnete Organisationseinheiten, d. h. im Rahmen der Personalführung von Vorgesetzten auf Mitarbeiter. Sie wurde bereits im Rahmen der strukturbezogenen Führung näher dargestellt – siehe Kapitel C.

❑ Die **Partizipation** als die Teilhabe der Mitarbeiter an Entscheidungen des Vorgesetzten. Sie ist ein wichtiges Führungsmittel, denn sie führt sowohl zu verbesserter Motivation der Mitarbeiter als auch zu sachgerechteren Entscheidungen. Die Partizipation kann erfolgen als:

«Alltägliche» Partizipation	Sie bezieht sich auf das freiwillige Beteiligen der Mitarbeiter am Führungsprozess im Rahmen kooperativer Führung dar.
Betriebliches Vorschlags-wesen	Es vermittelt den Mitarbeitern einen Anreiz von Anerkennung und Prämien. Das Vorschlagswesen befasst sich mit der Bewertung und Belohnung von Verbesserungsvorschlägen der Mitarbeiter und verfolgt die **Ziele**, die Leistungen des Unternehmens ständig zu verbessern sowie die Mitarbeiter zum Mitdenken und verantwortlichen Handeln zu bringen.
Qualitäts-zirkel	Er besteht aus einer kleinen Gruppe von Mitarbeitern, vielfach von sechs bis neun Personen, die sich regelmäßig trifft und versucht, in ihrem Arbeitsbereich auftretende Probleme zu lösen – siehe Kapitel C.

48 ▷ Namhafte deutsche Unternehmen – wie z. B. Siemens – verzichten insbesondere bei Führungskräften im außertariflichen Bereich auf eine traditionelle Form der Zeiterfassung und -auswertung. Aufgrund der bedeutsamer werdenden Ergebniswirkung und des weniger wichtiger werdenden Zeitbezuges der zu bearbeitenden Aufgaben bzw. Projekte wurde verschiedentlich die Vertrauensarbeitszeit eingeführt – getreu dem Motto: »Sie haben die Ihnen übertragenen Aufgaben in Ihrer freien Zeitdisposition zu bewältigen!«.

Sie sind Praktikant in einer Tochtergesellschaft eines Konzernes, der beabsichtigt, ein solches modernes Arbeitszeitsystem einzuführen. Auf der nächsten Sitzung des Führungsgremiums soll diese Thematik behandelt werden. Ihnen wurde die Aufgabe übertragen, eine Checkliste mit Vorteilen und Nachteilen der Vertrauensarbeitszeit als Tischvorlage zu erstellen. Seite 256 ▷

2.4 Personenbezogene Führungsmittel

Die personenbezogenen Führungsmittel sind direkt auf die Mitarbeiter gerichtet als – siehe ausführlich *Olfert*:

❑ Die **Personalbeurteilung**, die alle Maßnahmen zur systematischen Einschätzung der im Unternehmen tätigen Personen umfasst. Sie ist u. a. möglich als:

Mitarbeiter-beurteilung	Aufgrund einer auf die Vergangenheit ausgerichteten **Leistungs-beurteilung** kann den Mitarbeitern gezeigt werden, wo sie leistungsmäßig stehen. Sie geschieht in den meisten Fällen durch den direkten Vorgesetzten, denn nur er hat die Möglichkeit, das Arbeitsverhalten und die Leistungsergebnisse seiner Mitarbeiter umfassend einzuschätzen. Es gibt aber auch (eher seltener): ○ Die **Selbstbeurteilung**, bei welcher der einzelne Mitarbeiter sich selbst beurteilt. Sie ist zwar einfach durchführbar und erfordert keinen großen Arbeitsaufwand. In der Praxis wird sie aber eher skeptisch gesehen. ○ Die **Kollegenbeurteilung**, bei welcher der Mitarbeiter von hierarchisch gleich gestellten Kollegen beurteilt wird, die ein ähnliches Aufgabengebiet haben. Sie wird auch **Gleichge-stelltenbeurteilung** genannt. Vorteilhaft ist, dass die Kollegen den Mitarbeiter unmittelbar beobachten und damit einschätzen können. ○ Die **360°-Beurteilung**, bei der neben der Selbstbeurteilung des Mitarbeiters auch eine Beurteilung durch Kollegen unterstellte Mitarbeiter, Vorgesetzte und interne bzw. externe Kunden erfolgt. Mit dieser in den USA häufig, in Deutschland jedoch nur sehr begrenzt praktizierten Methode soll die Beurteilung ehrlicher, objektiver und verlässlicher sein als das Urteil eines einzelnen Beurteilenden, was jedoch nicht als sicher gelten muss. Erfolgt die Leistungsbeurteilung regelmäßig, stellt sie einen Ansporn für ein bewertetes Leistungsverhalten dar. Im Übrigen dient sie dem sachgerechten Personaleinsatz, als Entwicklungsbasis für die Mitarbeiter sowie einer möglichst leistungsgerechten Entlohnung. Im Gegensatz zur Leistungsbeurteilung ist die **Potenzialbeurteilung** zukunftsbezogen und wird weder regelmäßig noch für alle Mitarbeiter durchgeführt. Bei ihr stehen die Eignung von Mitarbeitern für bestimmte Aufgaben und die Möglichkeiten zur weiteren beruflichen Entwicklung im Mittelpunkt. Insofern dient sie vor allem der individuellen Entwicklungsplanung für Mitarbeiter. Sie erfolgt häufig unter Verwendung von **Testverfahren**.
Vorgesetzten-beurteilung	Bei ihr beurteilen die Mitarbeiter ihre Vorgesetzten. Sie wird in der Praxis nur begrenzt eingesetzt und soll darin unterstützen, Führungsschwächen aufzudecken und zu beseitigen.

❑ Die **Personalentlohnung**, mit der nicht nur die Arbeitsleistung vergütet werden soll. Sie hat vielmehr auch die Aufgabe, den Mitarbeitern als Anreiz zu dienen. Wie hoch ihr motivierender Charakter ist, lässt sich nicht genau sagen. Auch wenn es als sicher gelten darf, dass dem Entgelt als Anreiz keine exklusive Bedeutung zukommt, so ist sein Stellenwert innerhalb des gesamten Potenzials an Führungsmitteln dennoch hoch anzusetzen (*Richter*).

Für die Mitarbeiter ist die **Lohnhöhe** von Bedeutung, sowohl die absolute Lohnhöhe, welche das Lohnniveau im Vergleich zu anderen Unternehmen darstellt, als auch die relative Lohnhöhe, die sich aus der Differenzierung der Löhne im eigenen Unternehmen ergibt.

Es stellt für sie einen Anreiz dar, wenn sie für mehr und/oder bessere Leistung ein höheres Entgelt erhalten. So können sie ihre Lohnhöhe – im Gegensatz zum Zeitlohn – beeinflussen beim:

Akkord-lohn	Bei ihm wird die geleistete Arbeitsmenge entgolten. Er hat also unmittelbaren Leistungsbezug, indem z.B. für fünf gefertigte Stück 25 €, für sieben Stück hingegen 35 € vergütet werden.
Prämien-lohn	Er weist einen zeitbezogenen und damit nicht leistungsabhängigen Grundlohn auf, der jedoch durch eine leistungsbezogene Prämie ergänzt wird, die sich (vielfach) auf die gefertigte Menge bezieht, aber z.B. auch auf die Qualität.

Im Übrigen können weitere **Prämien** sowie **Zuschläge** und **Gratifikationen** als Belohnung für geleistete Dienste bzw. Ansporn für erwartete Leistungen gezahlt werden. Schließlich hat eine **Beteiligung** der Mitarbeiter **am Erfolg** des Unternehmens motivierenden Charakter.

❑ Die **Personalentwicklung**, die als Gesamtheit aller Maßnahmen zur Erhaltung und Verbesserung der Qualifikation der Mitarbeiter ein bedeutsames Führungsmittel darstellt. Sie umfasst:

Personal-bildung	○ Ausbildung ○ Umschulung	○ Fortbildung
Personal-förderung	○ Fördergespräch ○ Coaching ○ Mentoring	○ Job enlargement ○ Job enrichment ○ Laufbahnförderung

Für alle Mitarbeiter, die sich weiterentwickeln wollen, stellt die Personalentwicklung einen bedeutsamen Anreiz dar.

❑ Die **Kritik** als sachbezogene Auseinandersetzung des Vorgesetzten mit den Leistungen seiner Mitarbeiter. Sie kann sein:

Positive Kritik	Mit ihr werden **gute Leistungen** gewürdigt, und es erfolgt eine Ermunterung zu weiteren Anstrengungen. Möglich sind: ○ **Lob** bei besonders gut erbrachten Leistungen ○ **Anerkennung** als schwächere Form positiver Kritik
Negative Kritik	Sie erfolgt bei **mangelhaften Leistungen** und soll verstärkte Anstrengungen bewirken als: ○ **Kritik** i.e.S., die meist leistungsbezogen ist ○ **Tadel**, der eher personenbezogen erfolgt

❏ Der **Status** von Mitarbeitern, der sich zwar bereits aus ihrer organisatorischen Positionierung ergibt, den Betroffenen so aber vielfach nicht ausreicht. Zur darüber hinausgehenden Vermittlung eines Status stehen **Statussymbole** zur Verfügung, z.B. Firmentitel, speziell dimensionierte oder ausgestattete Büros, exklusive Nutzungsmöglichkeiten betrieblicher Einrichtungen.

3. Führungstechniken

Während die Führungsmittel zeigen, *womit* geführt wird, geben die Führungstechniken Aufschluss darüber, *wie* geführt wird, d.h. auf welche Weise die Führungsmittel angewendet bzw. eingesetzt werden. Sie beschreiben grundsätzliche Verhaltens- und Verfahrensweisen, die zur Bewältigung der Führungsaufgaben anzuwenden sind, und somit das **Führungssystem** eines Unternehmens, das für jeden im Unternehmen tätigen Mitarbeiter verbindlich ist.

In den vergangenen Jahren wurde eine Vielzahl von Führungstechniken als **Management-by-Techniken** entwickelt. Häufig genutzte Führungstechniken sind:

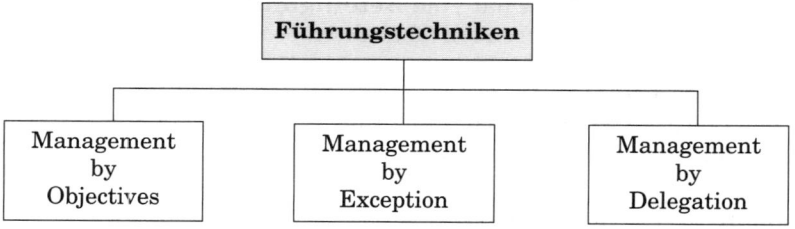

3.1 Management by Objectives

Das Management by Objectives ist eine Führungstechnik, die sich der Ziele als Führungsmittel bedient. Es basiert nach überwiegender Auffassung darauf, dass **Ziele** zwischen dem Vorgesetzten und den Mitarbeitern **vereinbart** werden, also keine (einseitige) Vorgabe der Ziele durch den Vorgesetzten erfolgt. Seine grundlegenden **Elemente** sind:

❏ Das **Zielsystem**, das aus Ober- und Unterzielen besteht.
❏ Die **Organisation**, mit der die Verantwortungsbereiche klar fixiert sind.
❏ Das **Kontrollsystem** zur Ermittlung und Analyse von Soll-Ist-Abweichungen.

Der Vorgesetzte ist verpflichtet, seine Mitarbeiter in ihrer Zielerfüllung zu unterstützen. Dazu führt er mit ihnen Förder- und Beratungsgespräche.

Der **Prozess** des Management by Objectives hat folgende Grundstruktur:

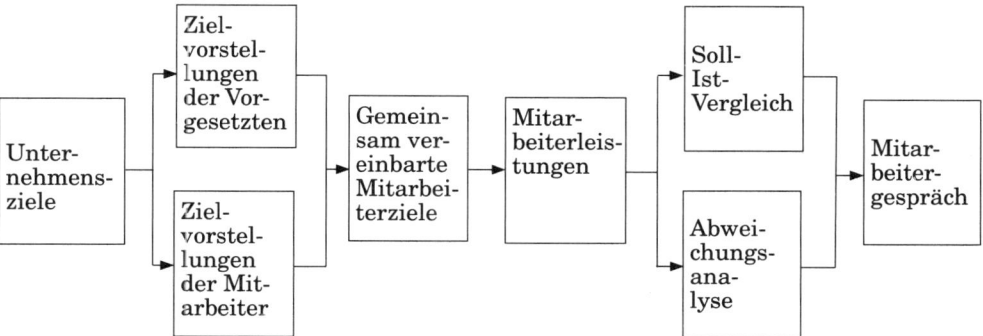

Die **Einsetzbarkeit** des Management by Objectives erfordert:

❑ Die Delegation der **Aufgaben** an die Mitarbeiter
❑ Die Delegation der **Kompetenz** an die Mitarbeiter
❑ Die Delegation der **Handlungsverantwortung** an die Mitarbeiter.

Der Vorgesetzte wird durch die Führungstechnik entlastet, die Identifikation der Mitarbeiter mit den Unternehmenszielen verbessert sich. Die **Führungsverantwortung** verbleibt aber beim Vorgesetzten.

3.2 Management by Exception

Das Management by Exception ist eine Führungstechnik, bei der die Mitarbeiter innerhalb eines **vorgegebenen Rahmens** selbstständig entscheiden dürfen, der sich beziehen kann auf:

❑ Die Wichtigkeit eines Vorganges
❑ Die Unvorhersehbarkeit eines Vorganges
❑ Eine bestimmte Norm.

Liegt ein Vorgang nicht innerhalb des vorgegebenen Rahmens, ist er als **Ausnahmefall** anzusehen, der dem Vorgesetzten zur Entscheidung vorzulegen ist.

Die Mitarbeiter werden durch die Möglichkeit, »normale« Vorgänge eigenständig bearbeiten zu dürfen, motiviert. Für die Vorgesetzten bedeutet das Management by Exception eine Entlastung, insbesondere von Routinearbeiten.

3.3 Management by Delegation

Das Management by Delegation ist eine Führungstechnik, bei der **Kompetenzen** und **Handlungsverantwortung** soweit wie möglich auf die Mitarbeiter übertragen werden. Die Führungsverantwortung verbleibt aber beim Vorgesetzten.

Dadurch werden schnelle, sachgerechte Entscheidungen möglich. Die Initiative und Motivation der Mitarbeiter können gefördert und der Vorgesetzte entlastet werden. Der Vorgesetzte sollte jedoch nicht lediglich uninteressante Aufgaben delegieren, sondern den Fähigkeiten der Mitarbeiter angemessene Aufgaben.

Mitunter ist festzustellen, dass Mitarbeiter versuchen, ihnen delegierte Aufgaben **zurück-** oder **weiterzudelegieren**, um sich so der Aufgabenerfüllung zu entziehen, was auszuschließen ist.

4. Führungsstile

Der Führungsstil ist die **Art und Weise**, in der ein Vorgesetzter die ihm unterstellten Mitarbeiter führt. Er basiert dabei auf bestimmten zweckdienlichen Führungsmitteln, mit deren Hilfe er führt, und auf den Führungstechniken, die das Führungssystem eines Unternehmens beschreiben.

Der Vorgesetzte hat in Bezug auf den von ihm praktizierten Führungsstil einen **Gestaltungsfreiraum**. Dies ist auch notwendig, weil es *den* geeigneten, generell anzuwendenden Führungsstil nicht gibt. Der Führungsstil kann sein:

❑ Ein **aufgabenorientierter Führungsstil**, bei dem die zu bewältigende Aufgabe im Mittelpunkt steht. Ausschließlich auf sie ist das Verhalten des Vorgesetzten gerichtet, z.B. indem er eine bestimmte Arbeitsmenge einfordert, mangelhafte Arbeit tadelt und höchstmögliche Anstrengungen der Mitarbeiter erwartet.

❑ Ein **personenorientierter Führungsstil**, bei dem die Mitarbeiter mit ihren Bedürfnissen und Erwartungen vorrangig sind, z.B. indem der Vorgesetzte auf ihr Wohlergehen achtet, ein gutes Verhältnis zu ihnen anstrebt, sie als Gleichberechtigte behandelt und unterstützt sowie sich für sie einsetzt.

Als Führungsstile sollen unterschieden werden:

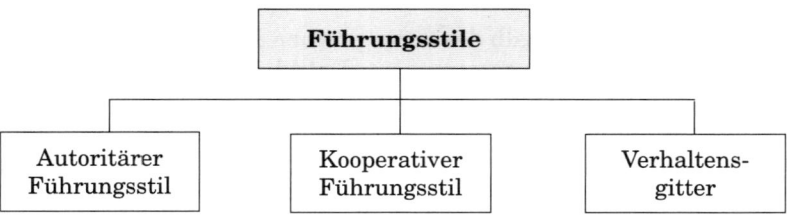

Außer diesen Führungsstilen gibt es mit **geringerer Bedeutung**:

❑ Den **bürokratischen Führungsstil**, bei dem Mitarbeiter als Produktionsfaktoren angesehen werden und ihre Motivation durch – meist schriftliche – Anordnungen und Vorschriften bewirkt wird.

❑ Den **patriarchalischen Führungsstil**, bei dem Mitarbeiter als »Kinder« behandelt werden, die vom Patriarchen abhängig sind.

❑ Den **Laissez-Faire-Führungsstil**, bei dem die Mitarbeiter als freie, isolierte Individuen betrachtet werden, auf die kaum Einfluss genommen wird.

> Der bürokratische, patriarchalische sowie der Laissez-Faire-Führungsstil weisen signifikante Besonderheiten gegenüber dem, insbesondere in Großunternehmen weit verbreiteten kooperativen Führungsstil auf. Nehmen Sie eine Beurteilung dieser drei Führungsstile vor!

Seite 256 f.

4.1 Autoritärer Führungsstil

Beim autoritären Führungsstil führt der Vorgesetzte kraft seiner **Legitimationsmacht**. Er beteiligt seine Untergebenen nicht am Führungsprozess und erwartet Gehorsam. Seine Entscheidungen haben den Charakter von Anordnungen.

Der Vorgesetzte hat ein distanziertes Verhältnis zu seinen Untergebenen, informiert sie ausschließlich über ihre Aufgaben und kontrolliert, ob und inwieweit seine Anordnungen befolgt wurden. Da er seine Mitarbeiter nicht in den Führungsprozess einbezieht, muss er selbst hohen **Anforderungen** gerecht werden, die sich beziehen auf:

○ Selbstverantwortung	○ Voraussicht	○ Entscheidungsfähigkeit
○ Selbstkontrolle	○ Durchsetzungskraft	

Der autoritäre Führungsstil ermöglicht eine hohe Entscheidungsgeschwindigkeit und ist tendenziell bei Routinearbeiten erfolgreich. Er fördert die Motivation, Selbstständigkeit und Entwicklung der Untergebenen jedoch nicht und birgt die Gefahr von Fehlentscheidungen in sich.

Der Übergang zwischen dem autoritären und dem kooperativen Führungsstil ist fließend. Insofern gibt es auch *den* autoritären bzw. *den* kooperativen Führungsstil nicht, sondern stets nur spezielle Ausprägungen davon:

Autoritärer Führungsstil	**Kooperativer Führungsstil**
Entscheidungsspielraum des Vorgesetzten	
	Entscheidungsspielraum der Mitarbeiter

4.2 Kooperativer Führungsstil

Beim kooperativen Führungsstil wird der Führungsprozess im **Zusammenwirken** des Vorgesetzten und der Mitarbeiter gestaltet. Das Ausmaß des Zusammenwirkens kann jedoch – wie oben gezeigt – unterschiedlich ausgeprägt sein.

Der Vorgesetzte informiert z.B. umfassend und delegiert entsprechend den Fähigkeiten seiner Mitarbeiter so viel wie möglich. Die unvermeidliche Kontrolle nimmt er als Ergebniskontrolle vor, nicht als Verfahrenskontrolle. **Anforderungen** an ihn sind:

○ Aufgeschlossenheit	○ Delegationsfähigkeit	○ Kooperations-
○ Positives Menschenbild	○ Delegationswilligkeit	bereitschaft

Der kooperative Führungsstil ermöglicht sachgerechte Entscheidungen und fördert die Motivation, Selbstständigkeit und Entwicklung der Mitarbeiter. Es kommt zu einer Entlastung des Vorgesetzten, mitunter aber auch zu einer Verlangsamung bzw. Verzögerung des Entscheidungsprozesses.

4.3 Verhaltensgitter

Das Verhaltensgitter ist – im Gegensatz zum autoritären und kooperativen Führungsstil – ein zweidimensionaler Führungsstil. In der **Vertikalen** wird das personenorientierte Führungsverhalten, in der **Horizontalen** das aufgabenorientierte Führungsverhalten dargestellt:

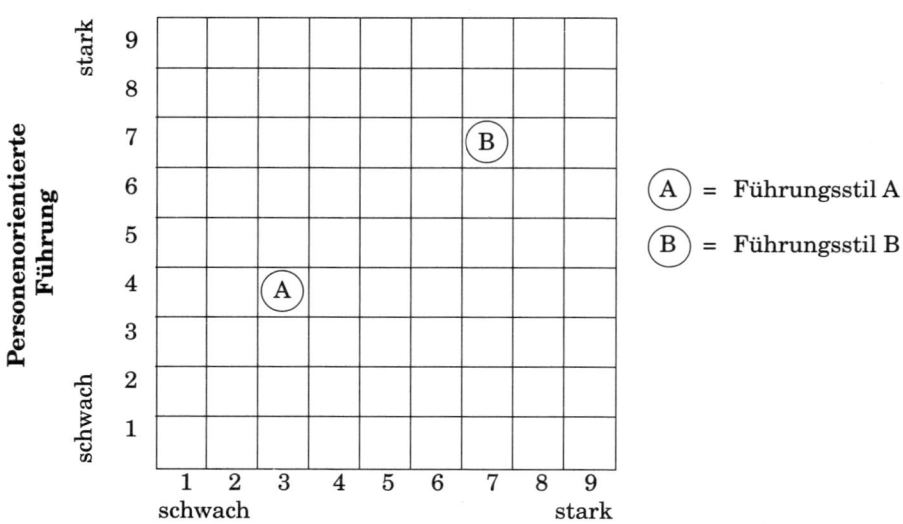

Typische Führungsstile, die aus dem Gitter abgeleitet werden können, sind:

❑ Der **1.1-Führungsstil**, der weder auf hohe Arbeitsleistung noch auf die zwischenmenschlichen Beziehungen gerichtet ist.

❑ Der **1.9-Führungsstil**, der die zwischenmenschlichen Beziehungen, nicht aber die Arbeitsleistung als vorrangig einstuft.

❑ Der **5.5-Führungsstil**, der auf durchschnittliche Leistungen und durchschnittliche Zufriedenheit der Mitarbeiter gerichtet ist.

❑ Der **9.1-Führungsstil**, bei dem eine hohe Arbeitsleistung erwartet wird, ohne dass die zwischenmenschlichen Beziehungen gefördert werden.

❑ Der **9.9-Führungsstil** als der erstrebenswerte Führungsstil, der auf hohe Arbeitsleistung und hohe Zufriedenheit der Mitarbeiter gerichtet ist.

In der Praxis kann es sich als **schwierig** erweisen, den eigentlich anstrebenswerten **9.9-Führungsstil** zu realisieren. Die Gründe sind bei Führungskräften wie auch bei den Mitarbeitern zu finden, die diesen hohen Anforderungen nicht gerecht werden, z.B. weil ihre Fach- und/oder Führungsqualifikation zu gering ist oder weil es an Motivation und/oder Identifikation mangelt.

5. Führungserfolg

Der Führungserfolg wird durch den Vorgesetzten, die Mitarbeiter und die Führungssituation beeinflusst. Inwieweit er tatsächlich eingetreten ist, lässt sich unterschiedlich gut messen:

❑ Die **Effektivität der Führung** stellt als Maß der Leistungswirksamkeit die wirtschaftliche Effizienz dar. Sie bezieht sich auf die Quantität und Qualität der erbrachten Leistung und ist damit hinreichend messbar.

❑ Die **Effizienz der Führung** ist auf die soziale Wirksamkeit des Führungsverhaltens gerichtet und legt offen, wie die individuellen Ziele der Mitarbeiter erfüllt wurden. Sie ist deutlich schwerer messbar als die wirtschaftliche Effizienz. Hinweise auf die **soziale Wirksamkeit** des Führungsverhaltens können sich ergeben aus:

Arbeitszu-friedenheit	Das ist der positive Eindruck, den der **einzelne Mitarbeiter** aus der **subjektiven Bewertung** der eigenen Arbeit und den unmittelbar auf ihn wirkenden Arbeitsbedingungen gewinnt.
Betriebs-klima	Dabei handelt es sich um einen Zustand der Unzufriedenheit oder Zufriedenheit bei der **Mehrheit der Mitarbeiter**, der in feststellbaren Merkmalen der betrieblichen Situation seine Ursache hat (*v. Rosenstiel*).
Konflikte	Sie entstehen, wenn nicht **vereinbarte Bedürfnisse, Interessen** und **Werte** von Menschen widersprüchlich auftreten, ohne dass dies gewollt ist (*Rischer*). Konflikte sind im Unternehmen **nur begrenzt vermeidbar.**
Mobbing	Es ist eine **konfliktbelastete Kommunikation** am Arbeitsplatz unter Kollegen oder zwischen Vorgesetzten und Mitarbeitern. Die angegriffene Person ist unterlegen und wird systematisch diskriminierend angegriffen.
Fehlzeiten	Sie können auf Krankheit, Kur und Unfall beruhen. In Bezug auf Erkrankungen gibt es »echte« und motivationsbedingt »**vorgeschobene« Krankheiten.**
Innere Kündigung	Sie stellt ein **zeitlich relativ stabiles Verhaltensmuster** dar, das durch eine ablehnende bis hin zu einer resignativen Grundhaltung der Arbeitssituation gegenüber gekennzeichnet ist.
Fluktuation	Darunter sollen **Personalabgänge** verstanden werden, die auf **autonomen Entscheidungen von Mitarbeitern** beruhen, um in einem anderen Unternehmen tätig zu werden.

Der Vorgesetzte hat durch geeignete Maßnahmen der Führung sicherzustellen, dass sich sowohl die Effektivität als auch die Effizienz der Führung positiv darstellen.

Erläutern Sie, was unter folgenden Begriffen zu verstehen ist, die Sie in diesem Kapitel kennen gelernt haben.

❑ Personenbezogene Führung
❑ Vorgesetzter
❑ Mitarbeiter
❑ Führungsmittel
❑ Information
❑ Ziel
❑ Plan
❑ Kontrolle
❑ Information
❑ Kommunikation
❑ Arbeitsbedingungen
❑ Kooperation
❑ Delegation

❑ Partizipation
❑ Personalbeurteilung
❑ Personalentlohnung
❑ Kritik
❑ Status
❑ Führungstechniken
❑ Management by Objectives
❑ Management by Ecxeption
❑ Management by Delegation
❑ Führungsstil
❑ Autoritärer Führungsstil
❑ Verhaltensgittter
❑ Führungserfolg

Seite 257

Lösungen
zu den Übungen

 (1)

Aktivitäten	Elementare Produktionsfaktoren			Dispositive Produktionsfaktoren		
	Arbeit	Betriebsmittel	Werkstoffe	Planung	Organisation	Leitung
Aufrechterhaltung des Produktionsprozesses ...	X					
Vorbereitung eines neuen Organisationskonzeptes ...				X		
Einsatz umweltentlastender Materialien im Produktionsprozess			X			
Installierung eines neuen Personal Computers		X				
Wartung (Instandhaltung) einer Fertigungsanlage		X				
Bau/Errichtung einer neuen Lagerhalle		X				
Planung eines neuen Verwaltungsgebäudes				X		
Organisatorische Einbindung eines vor kurzem erworbenen Tochterunternehmens					X	
Einstellung eines Assistenten zur Unterstützung der Geschäftsleitung						X

(2) Innovative Entwicklungen im Bereich der Kommunikations- und Informationstechnologie haben dazu geführt, dass die **Information** in allen Sektoren der Wirtschaft mittlerweile eine hohe Bedeutung erlangt hat. Sie kann gewissermaßen als »moderner« Produktionsfaktor interpretiert werden.

(1) **Gründe** für die beschriebene Situation können sein:

- o Traditionelles Rollenverständnis/festgefahrene Denkmuster
- o Traditionelles Familienbild
- o Schwierige Vereinbarkeit von Familie und Karriere
- o Bildungsnachteile in der Vergangenheit
- o Angst von Männern vor Konkurrenz/Rollenverständnis von Männern
- o Unzureichende Kinderbetreuungsmöglichkeiten
- o Mangelndes Selbstbewusstsein/Selbstvertrauen
- o Orientierung an weiblichen Vorbildern im Familien-, Freundes-/Bekanntenkreis
- o Gesellschaftliche Vorbehalte gegenüber arbeitenden Müttern
- o Weniger Karrieremotivation von Frauen
- o Geringerer Lohn für gleiche Arbeit
- o Männer nach häufiger Meinung bessere Führungskräfte

(2) **Ansatzpunkte** zur Erhöhung des Frauenanteils in Führungspositionen sind z.B.:

- o Verstärkter Einsatz von Heim-Arbeitsplätzen
- o Schaffung von Teilzeitarbeitsplätzen
- o Bereitstellung von zusätzlichen Kindergartenplätzen
- o Vermehrte Schaffung von Kinderbetreuungsmöglichkeiten in den Unternehmen

    ○ Stärkere Nutzung des »Job-Sharing«-Konzeptes
    ○ Stärkere Inanspruchnahme der Elternzeit durch Männer
    ○ Verbesserung des Images von »Männerberufen«
    ○ Möglichkeit zur Weiterqualifizierung von Frauen während der Elternzeit
    ○ Einführung von Quoten-Regelungen
    ○ Übernahme von Kosten(anteilen) für Haushaltshilfen durch den Arbeitgeber
    ○ Schaffung der Möglichkeit zur stufenweisen Rückkehr in den Beruf.

(1) Die **Sozialkompetenz** kann durch Training-on-the-job verbessert werden, indem Sozialverhalten am Arbeitsplatz geübt wird. Dazu dienen außer der alltäglichen praktischen Tätigkeit z. B. auch:

    ○ Übernahme von (begrenzter) Verantwortung   ○ Projektarbeit
    ○ Übernahme von Sonderaufgaben   ○ Job rotation

Die Verbesserung der sozialen Kompetenz lässt sich zusätzlich durch ein Training-off-the-job bewirken, also durch Maßnahmen, die nicht am Arbeitsplatz erfolgen, insbesondere in Form von Weiterbildungsmaßnahmen, z. B. als:

    ○ Verhaltenstraining   ○ Transaktionsanalyse
    ○ Kommunikationstraining   ○ Themenzentrierte Interaktion

(2) Der Erwerb **fachlicher Qualifikationen** ist mithilfe von Training-on-the-job möglich, z. B. in Form folgender Maßnahmen:

    ○ Planmäßige Unterweisung   ○ Übernahme von (begrenzter)
    ○ Anleitung/Beratung durch Vorgesetzte   Verantwortung
    ○ Übernahme von Sonderaufgaben   ○ Job rotation
    ○ Projektarbeit   ○ Traineeprogramm

Als Training-off-the-job bieten sich z. B. an:

    ○ Studium (Fachhochschule, Universität, Akademie), Selbststudium
    ○ Fortbildungsveranstaltungen, z. B. Abendkurse, Fernkurse
    ○ Besuch von Vorträgen, Kongressen, Messen

(1) Mögliche **Konsequenzen** für die Unternehmen können z. B. sein:

    ○ Verlust von Know-how (Fach-/   ○ Einsparung von Personalkosten
      Methodenwissen)   ○ Schnellere Entscheidungsprozesse
    ○ Verlust von Erfahrungspotenzialen   durch Verkürzung des Dienstweges
    ○ Organisatorische Ungleichgewichte

(2) Mögliche **Auswirkungen** für die untere Führungsebene und die ausführenden Mitarbeiter sind z. B.:

    ○ Größere Eigenverantwortung   ○ Erhöhung des Leistungs- und Er-
    ○ Erhöhtes Fehlerrisiko   folgsdrucks
    ○ Hoher Einarbeitungsaufwand   ○ Veränderung der Motivation
    ○ Fachliche Überforderung

❑ Anpassung des Leistungsprogrammes an **internationale Erfordernisse**

❑ Nutzung von **Synergieeffekten**, insbesondere durch:

- ○ Kooperationen
- ○ Fusionen
- ○ Strategische Allianzen
- ○ Joint Ventures

❑ Anpassung der Organisation an **veränderte Bedingungen**, z.B.:

- ○ Dezentralisierung bzw. Ausgliederung von Aufgaben auf einen (externen) Call Center-Dienstleister
- ○ Verselbstständigung von Organisationseinheiten (z.B. als Profitcenter)
- ○ Flexibilisierung der Organisation (z.B. Arbeitsinhalte, Arbeitszeiten)

❑ Ausrichtung der Mitarbeiter auf **neue Herausforderungen**, z.B.:

- ○ Vermittlung von Visionen bzw. Leitbildern
- ○ Delegation von Kompetenzen und Verantwortung
- ○ Zukunftsorientierte Personalentwicklung (Fortbildung, Förderung)
- ○ Abbau hierarchischer Barrieren (z.B. Prinzip der »offenen Tür«, keine internen »Titel«)

(1) **Ziele** sind der wichtigste Teil des Führungsprozesses, weil sie:

- ○ als Ausgangspunkt den Führungsprozess erheblich beeinflussen
- ○ in die Planung eingehen
- ○ die Aktivitäten des Unternehmens steuern
- ○ den Erfolg des Unternehmens kontrollierbar machen

(2) Mithilfe des **Sachzieles** soll das Formalziel realisiert werden. Als sich unmittelbar auf den Leistungsprozess beziehendes Ziel könnte es z.B. lauten:

Umsatzausweitung bei der Produktgruppe A um 15 %, bei der Produktgruppe B um 10 % und bei der Produktgruppe C um 5 %.

(3) **Zielkonflikte** im Finanzbereich können z.B. sein:

- ○ Zielkonflikt zwischen Rentabilität und Liquidität (geringe Rentabilität bei hohen Liquiditätsreserven)
- ○ Zielkonflikt zwischen Rentabilität und Risiko (hohe Rentabilitätschancen bei hohem Risiko)

Als Zielkonflikte im Marketingbereich sind z.B. möglich:

- ○ Zielkonflikt zwischen geringen Werbeaufwendungen und hohem Bekanntheitsgrad
- ○ Zielkonflikt zwischen hohem Qualitätsniveau und niedrigem Verkaufspreis

(4) **Ziele** von Abnehmern können z.B. sein:

- ○ Bedarfsgerechte Güterversorgung
- ○ Produktqualität
- ○ Service
- ○ Günstiges Preis-Leistungs-Verhältnis
- ○ Längere Lebensdauer
- ○ Längere Garantie- und Kulanzzeit

Als Ziele von Lieferanten sind z.B. möglich:

- ○ Fertigungsgerechter Absatz von Gütern und Dienstleistungen
- ○ Schnelle Zahlungen der Kunden
- ○ Langfristige Abnahmeverträge
- ○ Kurze Lieferzeiten

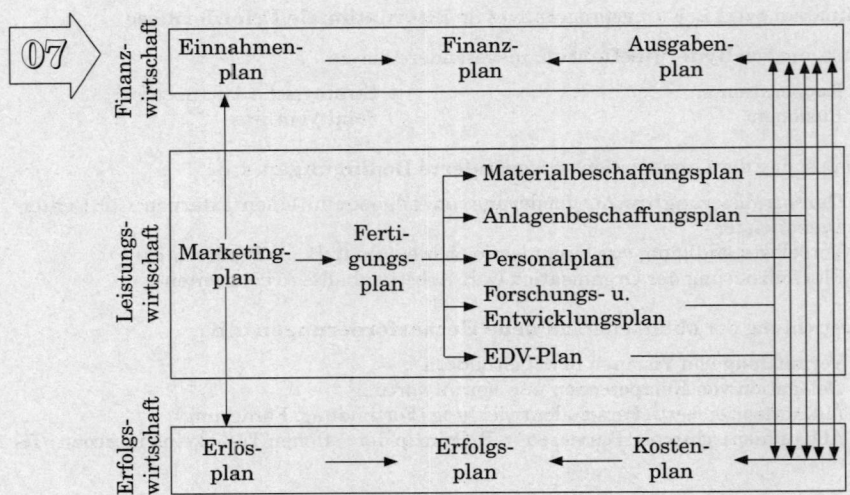

(1) Das **Top-down-Prinzip** wird hier wahrscheinlich Anwendung finden, da Gegebenheiten vorliegen, die zeitnah nicht ohne weiteres verändert werden können und ggf. auch sollen:

- Inhaber als Top Management prägt/prägen Unternehmensziele
- Autoritäre Führungsstruktur
- Mitsprache der Mitarbeiter nicht sehr erwünscht

(2) Mittelfristig sollte auf das reine Top-down-Prinzip verzichtet und zumindest das **Gegenstromverfahren** angestrebt werden, das die Nachteile des Top-down-Prinzips zu vermeiden versucht. Es erfordert jedoch Veränderungen im Führungsverhalten des/der Eigentümer.

(1) In der Vergangenheit war Qualität zumeist auf die Kontrolle der Erzeugnisse ausgerichtet. Dies hat sich dahingehend gewandelt, dass immer mehr der Markt und der Verbraucher das Qualitätsniveau festlegen. Qualität umfasst neben dem Fertigungsbereich zunehmend alle betrieblichen Bereiche und Prozesse, was sich durch ein integriertes Qualitätsmanagement-System erreichen lässt.

(2) **Gründe für Einführung eines Qualitätsmanagements** können sein:

- Intensivierung des Wettbewerbs
- Veränderungen im Konsumentenverhalten
- Steigende Nutzenerwartungen/Kundenbedürfnisse
- Gesetzliche Restriktionen (z. B. Produkthaftungsgesetz)

(1) Nach Arbeitsbereichen werden **Qualitätszirkel** eingesetzt:

66 %	Fertigungsbereich	2 %	Vertrieb
10 %	Entwicklungsbereich	2 %	Qualitätssicherung
9 %	Verwaltungsbereich	11 %	Bereichsübergreifend und Sonstige

(2) **Vorteile der Qualitätszirkel** sind z. B. für:

Mitarbeiter	Unternehmen
○ Erweitertes Wissen über den Aufbau, die Funktion seines Produktes ○ Persönliche Fähigkeiten und Erfahrungen stärker nutzen ○ Verbesserte Zusammenarbeit auch mit Vorgesetzten ○ Weniger Monotonie am Arbeitsplatz ○ Mehr Selbstbewusstsein und Verantwortungsbewusstsein ○ Erhöhtes qualitätsbewusstes Denken und Handeln ○ Mehr Entscheidungsspielraum ○ Erhöhte Arbeitszufriedenheit ○ Mehr Anerkennung, auch durch Verbesserungsvorschläge	○ Verbesserung des Zusammenwirkens zwischen den Dienststellen ○ Verbesserte Kommunikation und kooperativer Führungsstil ○ Verbesserte Arbeitsabläufe und Verminderung von Fehlerquellen ○ Höhere Flexibilität und Innovation ○ Verminderung von Reklamationen, verbessertes Betriebsklima ○ Verbesserte Unterlagen ○ Verkürzung von Durchlaufzeiten ○ Reduzierung von Entwicklungs-, Herstellungs- und Produktkosten ○ Mehr Zufriedenheit der Kunden ○ Erhöhung der Wettbewerbsfähigkeit

Beispiele für **Umweltschutzmaßnahmen** sind:

Produktentwicklung	○ Wasserlösliche statt lösungsmittelhaltige Farben und Lacke ○ Schwermetallfreie Kunststoffe ○ Joghurt und Milch im Recyclingglas ○ Wieder aufladbare Batterien (Akkus) ○ Schadstoffarme Fahrzeuge (z. B. Katalysator)
Materialbeschaffung	○ Umweltschonende Reinigungsmittel ○ Ersatzstoffe für PVC, FCKW, PCB, Asbest usw. ○ Automaten mit Mehrwegflaschen ○ Recyclingpapier
Produktion	○ Einsatz von Thermostaten und Sensoren (z. B. Heizkörper) ○ Isolation, Wärmerückgewinnung (z. B. bei Neubauten) ○ Systematische Erfassung des Ressourcenverbrauchs, der Emission und der Rückstände (z. B. durch Kaminkehrer) ○ Aufklärungsmaßnahmen betreffend Risikoschutz
Marketing	○ Papierartikel aus Recyclingpapier ○ FCKW-freie Sprays (z. B. Rasierschaum) ○ Energiesparende Haushaltsgeräte und andere Gebrauchsgüter ○ Getränke in Mehrwegverpackungen ○ Zahnpasta ohne Verpackung ○ Keine Verbundverpackungen ○ Energiesparberatung für Kunden

(1) **Strategien zur Reduzierung von Umweltbelastungen** sind z.B.:

Strategie	Ziel	Beispiel
Vermeidungs-strategie	Belastende Auswirkungen auf die Umwelt sollen verhindert werden	Weglassen von Produktver-packungen
Verminde-rungs-strategie	Sparen oder Substitutionen sollen die umweltbelastenden Konsequenzen reduzieren	Reduzierung der Dicke von Verpackungsmaterial
Verwertungs-strategie	Der Output soll wieder als Input dem Leistungsprozess des Unternehmens zugeführt werden	Recycling von Altmetallen, -glas, -papier, -kunststoffen, -reifen
Beseitigungs-strategie	Unvermeidbare Abfälle sollen auf möglichst ökologische Weise entsorgt werden	Verbrennung bzw. Deponierung von Restmüll

(2) **Kriterien ökologischer Produktgestaltung** sind z.B.:

- Möglichst lange Lebensdauer des Produktes
- Hohe Wertbeständigkeit des Produktes
- Geringe Reparaturanfälligkeit
- Leichte Zerlegbarkeit (Baukastenprinzip)
- Verwendung von möglichst zahlreichen recyclingfähigen Materialien

Siehe MiniLex (S. 259 ff.)

(1) **Unternehmensgrundsätze** können z.B. umfassen:

- Tätigkeitsgebiet
- Vision
- Selbstverständnis
- Leistungsprogramm
- Angestrebte Marktstellung
- Geografische Reichweite
- Führungsprinzipien
- Finanzierungs-/Investitionsgrundsätze
- Marktstrategie
- Wettbewerbsstrategie
- Beschaffungs-/Vertriebsgrundsätze
- Personalpolitische Maximen

(2) **Unternehmensleitbilder** können z.B. folgende Inhalte aufweisen:

Großbank	
	○ Eine bestimmte Gewinnwachstumsrate und damit verbunden eine bestimmte Eigenkapitalrendite auf ein weiterhin steigendes Eigenkapital.
	○ Sicherung des Dividendenerfordernisses bei ausreichender Dotierung der Rücklagen.
	○ Ein bestimmtes Wachstum des Geschäftsvolumens und des Dienstleistungsgeschäfts mit Blick auf eine Ausweitung der Marktanteile.
	○ Aufrechterhaltung des Universalbankcharakters der Bank.
	○ Eine möglichst vollständige räumliche Repräsentanz der Bank in nationaler Sicht und die Vertretung des Instituts an den wichtigsten internationalen Plätzen.
	○ Erhaltung und Ausbau der Stellung unter den deutschen Banken.

Computer-unternehmen	o Erzielung eines Gewinnes, der ausreicht, um das Wachstum des Unternehmens zu finanzieren und die Mittel bereitzustellen, die zur Verwirklichung unserer anderen Zielsetzungen benötigt werden. o Produkte und Dienstleistungen sollen den hohen Ansprüchen der Kunden an Qualität und Nutzen voll gerecht werden, um das Vertrauen der Kunden zu gewinnen und zu erhalten.
Luftverkehrs-unternehmen	o Beförderung von Menschen und Gütern mit höchstmöglicher Sicherheit, Regelmäßigkeit und Pünktlichkeit. o Ausrichtung des Angebotes auf die Bedürfnisse der deutschen Wirtschaft. o Arbeiten nach wissenschaftlichen Gesichtspunkten. o Zugehörigkeit zu den besten Airlines der Welt aufgrund fliegerischer Kompetenz, technischer Präzision und Dienstleistungsbereitschaft.

(1) Elemente eines **Corporate-Identity-Mix** können/sollten sein:

- o Unternehmensverhalten (Corporate Behaviour)
- o Unternehmenserscheinungsbild (Corporate Design)
- o Unternehmenskommunikation (Corporate Communication)

(2) Die **Zielsetzung** eines strategischen Corporate-Identity-Konzeptes besteht darin, das Unternehmen als geschlossene Einheit in der Öffentlichkeit darzustellen, damit ein bestimmtes Bild oder Image vermittelt wird.

(3) **Konkrete Maßnahmen** zur Förderung einer Corporate Identity sind z. B. bei:

Unternehmens-verhalten	o Regelmäßige Durchführung von Pressekonferenzen und Firmenpräsentationen o Hochschulkontakte (Teilnahme an Firmenkontaktgesprächen usw.) o Homepage im Internet (Unternehmensvorstellung, Produktpalette, Konditionen, Service, Ansprechpartner, Öffnungszeiten usw.) o Kooperativer Führungsstil (Prinzip der »offenen Tür«, Einführungsveranstaltung für neueingestellte Mitarbeiter, lockere Umgangsformen, »casual friday«, Möglichkeit der Telearbeit von zu Hause, völlig flexible Arbeitszeiten)
Unternehmens-erscheinungs-bild	o Futuristisches Logo o Weitgehender Verzicht auf papiergebundene interne/externe Kommunikation zu Gunsten von E-Mail o Ansprechende Architektur des Firmengebäudes und moderne Gestaltung der Inneneinrichtung
Unternehmens-kommunikation	o Firmenbroschüre (extern) o Regelmäßige Mitarbeiterinformation (intern)

(1) Das **PIMS-Konzept** kann für die strategische Planung allgemein gültige Aussagen liefern, da Erkenntnisse aus den Erfahrungen anderer Unternehmen in vergleichbaren Wettbewerbs- bzw. Marktsituationen herangezogen werden können. Dennoch sollte die Aussagekraft nicht überbewertet werden, da:

○ die verwendeten Bilanzdaten zeitpunktbezogen sind
○ keine repräsentative Datenbasis vorliegt, weil die Unternehmen freiwillig an der Studie teilnehmen
○ bestehende Interdependenzen der Erfolgsfaktoren nicht berücksichtigt werden
○ Unternehmen mit geringem Marktanteil auch erfolgreich sein können, z. B. Nischenanbieter.

(2) Faktoren, die den **Erfolg einer strategischen Geschäftseinheit** beeinflussen, können sein:

○ Preis-Leistungs-Verhältnis	○ Mitarbeiter
○ Produktqualität	○ Einkaufspotenzial
○ Technologie	○ Produktionsprogramm
○ Service	○ Produktionspotenzial
○ Forschung und Entwicklung	○ Führungssystem
○ Organisation	○ Finanzielles Potenzial
○ Standort	○ Kostensituation

(3) Das Funktelefon wird nicht zuletzt wegen erheblicher Preissenkungen auch für den Privatkunden zunehmend attraktiver. Es befindet sich gegenwärtig in der **Reifephase**, die durch einen deutlichen Preisverfall bei der Hardware und bei den Verbindungspreisen gekennzeichnet ist. Aufgrund der hohen Marktdurchdringung von Funktelefonen dürfte dieser Markt in Deutschland nur ein begrenztes Wachstumspotenzial haben.

Maßnahmen, die einen erfolgreichen Marktauftritt unterstützen, können z. B. sein:

○ Niedrigpreisangebote (»Lockvogelangebote«) bei Hardware durch Subventionierung der Hardware-Preise seitens der Netz-Betreiber

○ Preisdifferenzierung (z. B. Einstiegstarife für junge Leute, Studierende, All-Inclusive-Tarife in Abhängigkeit von der Nutzungsdauer – z. B. Tarif für 60 Minuten Telefongespräche in alle Netze). Flatrates für endloses Telefonieren in das eigene Mobilfunknetz, deutsche Festnetz oder andere deutsche Mobilfunknetze)

○ Anbieten von Handys von Handelsunternehmen (z. B. Aldi Talk)

(4) Als Beispiele können genannt werden, wobei die Zuordnung zur jeweiligen Phase nicht immer eindeutig möglich ist:

Einführungsphase	Wachstums-/Reifephase	Degenerationsphase
○ VDSL-Internetzugang	○ Tragbare Navigations-	○ VHS-Cassetten
○ Fahrzeuge mit Hybrid-	systeme für Kraftfahr-	○ Disketten
motor	zeuge	○ Analoge Fotokamera
○ Plasma-Bildschirme	○ Freisprechanlagen für	○ Schnurgebundenes
○ Flüssiggas-Tankstellen	Kraftfahrzeuge	Telefon
	○ Digitale Fotokamera	○ Diaprojektor
	○ USB-Speichermedien	○ Analoger Telefonan-
	○ DVD-Brenner	schluss
	○ DSL-Internetzugang	○ Schreibmaschine
	○ Elektronischer Organi-	○ Schallplatte
	zer	○ Kassettenrekorder
	○ Flachbildschirme	
	○ WLAN-Technologie	
	○ Solartechnik	

(5) **Kritikpunkte am Lebenszyklus-Konzept** sind:

○ Die Länge des Lebenszyklus sowie die Dauer der einzelnen Phasen sind nicht durch Gesetzmäßigkeiten gekennzeichnet und daher nicht genau bestimmbar, da:

- der Produktlebenszyklus durch das Unternehmen verkürzt oder verlängert werden kann, z. B. durch Produktdifferenzierung oder durch absatzpolitische Aktivitäten.

- der Produktlebenszyklus durch den Markt beeinflusst werden kann, z. B. durch neue Produkte, neue technologische Entwicklungen, gesellschaftliche Veränderungen, qualitative Veränderungen der Nachfrage.

○ Teilweise bestehen Time-lags zwischen den Ursachen und Wirkungen.
○ Das Verhalten der Nachfrager und Konkurrenten ist kaum voraussehbar.
○ Synergieeffekte verwandter Produkte werden nicht berücksichtigt.
○ Das Lebenszyklus-Modell ist empirisch nicht nachweisbar.

(1) Für die strategische Planung ist das **Erfahrungskurven-Konzept** insofern von großer Bedeutung, als es Rückschlüsse auf den prozentualen Rückgang der Produktionsstückkosten bei einer Verdoppelung der kumulierten Produktionsmenge zulässt. Insbesondere Industrieunternehmen können hieraus Anhaltspunkte für eine marktgerechte Preispolitik ableiten, da sie Produktionskostenvorteile an die Verbraucher in Form von geringeren Preisen weitergeben können.

(2) Das mit dem Erfahrungskurven-Konzept verbundene Kostensenkungspotenzial muss durch die Unternehmensleitung auch tatsächlich realisiert werden. **Maßnahmen zur Kostenreduzierung** sind z. B.:

○ Änderung des Fertigungsverfahrens
○ Einsatz flexibler Arbeitszeitmodelle
○ Ausgliederung bisher selbst durchgeführter betrieblicher Leistungen auf spezialisierte und kostengünstigere Fremdfirmen (Outsourcing)
○ Reduzierung von Werbekosten durch Nutzung des Internets als Vertriebsinstrument.

(1) **Megatrends** bzw. **Herausforderungen** sind:

Europäischer Markt	○ Zunahme der Anbieter von Finanzdienstleistungen ○ Aufweichung von Branchengrenzen ○ Internationalisierung der Bankgeschäfte ○ Neue Finanzdienstleistungsprodukte
Höhere Ansprüche der Bankkunden	○ Steigende Geldvermögensbildung (»Erbengeneration«) ○ Abnehmende Bedeutung emotionaler Faktoren, wie Zugehörigkeit oder Gewohnheit ○ Wachsendes Bedürfnis nach individuellen Problemlösungen ○ Rationale Nutzenargumente stehen im Vordergrund
Trend zur Informationsgesellschaft	○ Qualität der Bankdienstleistungen ändert sich ○ Kunden akzeptieren und erwarten »24-Stunden-Banking« mit umfassender Selbstbedienung ○ Technologie und Information werden zu einem entscheidenden Wettbewerbsfaktor

(2) **Reaktionsmöglichkeiten der Kreditinstitute** können z. B. sein:

○ Bessere Produktangebote
○ Höhere Qualifikation der Mitarbeiter
○ Stärkere Betonung des Zielgruppengedankens
○ Mehr kundenspezifische Strategien
○ Gezielter Einsatz der Marketinginstrumente (Leistungs-, Preis-, Vertriebs- und Kommunikationspolitik)

o Zunehmende Umwerbung des Kunden, auch unter Einsatz von Direktmarketing
o Intensivierung des Vermögensanlagebereiches
o Stärkere Automatisierung des Bankgeschäftes
o Differenzierung der Vertriebsstrukturen (Filialbank, Direktbank)

(1) Branchen mit hoher Wettbewerbsintensität sind z. B.:

o Kommunikationsbranche   o Versandhandel
o Informationsbranche   o Möbelbranche
o Automobilindustrie   o Finanzdienstleistungssektor

(2) Einflussfaktoren für das Ausmaß der Wettbewerbsintensität sind:

o Anzahl der Wettbewerber   o Nachfrage nach einem Produkt
o Fertigungskapazitäten der Wettbewerber   o Preispolitik
o Höhe der Marktanteile   o Umstellungskosten der Kunden
o Ausmaß der Fähigkeiten der Wettbewerber   bei Produktwechsel

(3) Die **Branchenstrukturanalyse** der deutschen Automobilindustrie könnte zu folgenden Erkenntnissen führen:

Gefahr des Markteintrittes neuer Konkurrenten	o Eventuell stärkeres Engagement ausländischer (europäischer, amerikanischer, asiatischer) Anbieter
Gefahr durch Ersatzprodukte	o Innerstädtischer Bereich: Ggf. attraktiver öffentlicher Nahverkehr, Fahrrad, Elektrofahrzeug, Solarmobil o Außerstädtischer Bereich: Flugzeug, Bahn (ICE, Transrapid)
Verhandlungsstärke von Kunden	o Entgegenkommen bei Großabnehmern (Fuhrparkmanagement) o Bedrohung des eigenen Absatzes durch EU-Reimporte von Fahrzeugen, die für den Kunden Preisvorteile haben können
Verhandlungsstärke von Lieferanten	o Hohe Marktmacht von Systemlieferanten, die wichtige Teile zuliefern (ABS, Airbag, ESP) o Es besteht kaum die Chance, auf andere Lieferanten auszuweichen
Rivalität unter den bestehenden Wettbewerbern	o Hohe Rivalität der Anbieter untereinander o Mercedes (E-Klasse), Audi (A 6), BMW (5er Reihe) im Bereich der gehobenen Mittelklasse

❑ **Maßnahmen zur Schließung der operativen Lücke** können z. B. sein:

o Kapazitätserweiterung   o Mitarbeitermotivation
o Ausdehnung der Öffnungszeiten   o Intensiv(er)e Werbung
o Mitarbeitertraining   o Sonderaktionen

❑ Als **Maßnahmen zur Schließung der strategischen Lücke** kommen z. B. in Betracht:

o Verbesserung des Produktprogrammes, z. B. durch Spezialitäten
o Verbesserung der Distribution, z. B. durch Heimservice
o Expansion, z. B. mithilfe von Verkaufsständen und neuen Verkaufsräumen

(1) In die **Stärken-Schwächen-Analyse** sollten z. B. einbezogen werden:

- Produktpalette (Gewerbeimmobilien, Privatimmobilien)
- Bisheriger Kundenstamm
- Serviceumfang
- Finanzierungsvermittlung
- Personalqualität

(2) Nutzbare **Informationsquellen für eine Stärken-Schwächen-Analyse** können z. B. sein:

- Internetrecherchen
- Besuch von Immobilienmessen
- Besuch von Weiterbildungsveranstaltungen/Kongressen
- Auswertung von Zeitungsanzeigen
- Anforderung von Firmenunterlagen (Exposés)
- Bankkontakte

Ein **kennzahlengestütztes Planungssystem** kann aufweisen:

Vorteile	Nachteile
o Hoher Informationsstand o Ausrichtung an Unternehmenszielen o Zieldarstellung gut möglich o Zielvorgaben/-vereinbarungen möglich o Zielerreichung gut kontrollierbar	o Keine/kaum Zielkonflikte berücksichtigt o Beschränkung auf quantitative Daten o Orientierung auf ein Oberziel o Starrheit des Planungssystems o Mitunter interpretierbare Ergebnisse/ Aussagen

Die **Realisierung einer stärkeren Marktdurchdringung** ist z. B. möglich durch:

Ansatzpunkte	Aktivitäten
Erhöhung der Produktverwendung bei Stammkunden	o Beschleunigung des Ersatzbedarfs, künstliche Veralterung o Verstärkter Einsatz des Kommunikationsmixes o Intensivierung des persönlichen Verkaufs o Ausbau des Vertriebsnetzes o Verbesserung von Produktdesign, -verpackung und -qualität o Größere Verpackungseinheiten o Senkung der Preise o Verbesserung des Kundendienstes o Verbesserung der Großkundenbetreuung (Key Accounting) o Verkürzung der Lieferzeiten o Rücknahme und Entsorgung von Altgeräten o Stärkerer Nachverkauf durch Verringerung der Reklamationsquoten
Gewinnung neuer Kunden	o Senkung der Preise o Intensivierung der Verkaufsförderung o Produktverbesserung o Einschaltung von neuen Absatzkanälen o Verteilung von (kostenlosen) Warenproben o Stärkerer Einsatz von »Elektronischem Marketing« (z. B. Internet)

(1) **Handlungsmöglichkeiten** im Rahmen der Produktentwicklungsstrategie können z. B. sein:

- Weiterentwicklung bestehender Produkte
- Entwicklung von Nachfolgern für auslaufende Produkte

○ Individualisierung des Leistungsprogramms
○ Berücksichtigung von Umweltverträglichkeitsgesichtspunkten bei der Produktentwicklung
○ Ergänzung bestehender Produkte durch neue Serviceleistungen
○ Einrichtung von telefonischen Unterstützungsdiensten bzw. Hilfsdiensten (Hotlines)

(2) **Beispiele für Innovationen** sind:

Echte Produkt-Innovationen	Funktelefon, Lasertechnologie, Navigationssysteme für Kraftfahrzeuge, CD-RW-Brenner
Quasi-Innovationen	Tragbarer Computer (Notebook, Handheld PC/Pocket PC), flüssiges Waschmittel, Diätgetränke
Me-too-Produkte	Schokolade, Zahnpasta, Spülmittel, Reinigungsmittel

(3) **Motive für die Diversifikationsstrategie** können z. B. sein:

○ Streben nach Wachstum
○ Streben nach Unabhängigkeit (z. B. von Lieferanten)
○ Streben nach Macht
○ Senkung von Steuern
○ Stagnation/Rückläufigkeit angestammter Märkte
○ Reduktion von Risiken
○ Ausgleich von Risiken (zusätzliches Standbein, Risikoteilung)
○ Erhöhung der Rentabilität
○ Verbesserung der Kostenstruktur
○ Sicherung der Rohstoff- und Absatzbasis
○ Erzielung von Synergieeffekten
○ Steigerung der Wettbewerbsfähigkeit
○ Stabilisierung der Absatzsituation

(4) **Beispiele für Diversifikationsarten** können sein:

Horizontale Diversifikation	○ Automobilhersteller produziert Motorräder ○ Schreibmaschinenhersteller fertigt Notebook
Vertikale Diversifikation	○ Vorwärtsintegration: - Zulieferer von Computerteilen stellt selbst Computer her - Möbelproduzent vertreibt seine Erzeugnisse über eigene Möbelhäuser - Stahlwerk gliedert einen Standhandel an - Maschinenbauunternehmen erwirbt Transportunternehmen ○ Rückwärtsintegration: - Computerhandelskette kauft einen Chipproduzenten - Versandhaus beteiligt sich an einem Druckereibetrieb (Sicherung von Druckkapazitäten) - Röhrenhersteller erwirbt ein Stahlwerk (Sicherung von kostengünstigem Rohmaterial)
Laterale Diversifikation	○ Möbelunternehmen kauft ein Unternehmen, das Software herstellt ○ Versandhaus erwirbt die Kapitalmehrheit bei einer Brauerei ○ Automobilproduzent kauft Flugzeughersteller

(5) **Probleme einer Diversifikationsstrategie** sind z. B.:

○ Die Unternehmensleitung verfügt über keine oder nur geringe Erfahrungen.
○ Das Zusammenwirken mit anderen Unternehmen erfordert umfangreiche Abstimmungsprozesse und einen hohen Verwaltungsaufwand (z. B. Vertragsentwicklung, Lizenzerwerb, Joint Venture).

○ Zumeist sind hohe finanzielle Mittel aufzubringen.
○ Nur geringe Synergieeffekte erzielbar.
○ Es bestehen hohe, schwer kalkulierbare Risiken.

(1) Die **Differenzierungsstrategie** kann sich beziehen auf:

	IKEA	Traditionelle exklusive Anbieter
Fertigung/Einkauf	Große Serien: geringe Kosten	Kleine Lose: hohe Kosten
Montage	Geringe Kosten: übernimmt Kunde	Hohe Kosten: lohnintensiv
Transport	Kompaktverpackungen: geringe Kosten	Großvolumen: hohe Kosten
Ausstellungsort	Gewerbegebiet: geringe Kosten	Zentrale Lage: hohe Kosten
Lieferzeit	Kurz; großes Lager: hohe Kosten	Lang; kleines Lager: geringe Kosten
Preis	relativ niedrig	relativ hoch
Qualität	relativ niedrig	relativ hoch
Lieferung und Aufstellung	Keine Kosten: erledigt Kunde	Hohe Kosten: Fuhrpark, Schreiner

(2) Die **Differenzierungsstrategie** ist insbesondere für kleinere und mittlere Unternehmen zu empfehlen, da sie nicht die Finanzkraft aufbringen, um große Produktionskapazitäten aufzubauen, die für eine Kostenführerschaftsstrategie notwendig wären.

Durch besseren Service, individuelles Eingehen auf die Wünsche des Kunden, zielgerichtete Problemlösungsangebote, Einsatz von CAD-Programmen zur Verkaufsunterstützung, hochqualifiziertes Beratungs- bzw. Verkaufspersonal und eine attraktive erlebnisbetonte Kaufatmosphäre können bei einem bestimmten, weniger preissensiblen Kundensegment Präferenzen aufgebaut werden.

(3) Wenn am Markt sehr stark der Preis und weniger die Qualität des Produktes von Bedeutung ist, ist die **Kostenführerschaftsstrategie** zu erwägen. Dabei sollte das Unternehmen z. B. versuchen,

○ einen Preisstandard am Markt zu setzen
○ Erfahrungskurveneffekte zu realisieren
○ einen relativ hohen Marktanteil zu erzielen
○ seine Produkte weitestgehend zu standardisieren
○ ein agressives, preisbetontes Marketing vorzunehmen
○ ein effizientes Controlling zu betreiben.

Der Einsatz der **Kostenführerschaftsstrategie** eignet sich, wenn folgende Marktgegebenheiten vorliegen:

○ Die Käufer sind in erster Linie sehr preissensibel und weniger qualitätsbewusst.
○ Es existiert eine hohe Preiselastizität der Nachfrage.

(4) Charakteristika der **Strategie von »Aldi«** sind z. B.:

○ Stark gestraffte Produktpalette (»Schnelldreher«)
○ Hohe Einkaufsvolumina, daher hervorragende Konditionen für die Kunden
○ Durchschnittlicher Kundenservice
○ Geringe Personalausstattung

○ Einfachste Warenpräsentation
○ Selbstbedienungsprinzip
○ Spartanische Ladenausstattung
○ Wöchentliche Werbeaktionen mit agressiv kalkulierten Sonderposten
○ Meist nur Standardprodukte, keine Spezialitäten

(5) **Risiken**, die mit **einer Kostenführerschaftstrategie** verbunden sein können, sind z. B.:

○ Unzureichende Abdeckung des Gesamtmarktes, insbesondere gehobener Käufer- schichten
○ Gefahr mangelnder Kapazitätsauslastung bei Änderungen des Verbraucherverhal- tens/Marktsituation
○ Vernachlässigung qualitativer Aspekte bzw. von Forschung und Entwicklung
○ Dominanz der Preishöhe aus Sicht des Kunden
○ Zusatznutzen des Erzeugnisses für Kunden kaum wahrnehmbar

(1) **Motive für Auslandsengagements** von Unternehmen können sein:

○ Steuerliche Vorteile (z. B. Schweiz)
○ Geringere Umweltauflagen (bzw. Umgehung von Umweltauflagen im Inland)
○ Schnellere Genehmigungsverfahren (z. B. bei Bauvorhaben)
○ Schnelleres Wirtschaftswachstum (z. B. Ostasien)
○ Zunehmende Globalisierung der Wirtschaft verlangt auch eine Erhöhung der Be- triebsgröße und eine Präsenz auf ausländischen Märkten
○ Einsatz des Internets als Werbeinstrument, um eine weltweite Distribution zu er- möglichen
○ Ausnutzen von im Ausland vorhandenem Fachwissen (z. B. gut ausgebildete Ingenieure in Indien können kostengünstig für die Programmierung von Computer-Software, vielfach z. B. von Multimedia-Anwendungen eingesetzt werden)
○ Keine/geringe Bedeutung von Gewerkschaften

(2) Beispiele für Unternehmen, die eine **Internationalisierungsstrategie** betreiben:

○ Siemens	○ Deutsche Bank	○ BASF
○ DaimlerChrysler	○ IBM	○ VW/Audi

(1) Wege für die **externe Beschaffung** akademisch ausgebildeter Fachkräfte können z. B. sein:

○ Öffentliche Arbeitsvermittlung	○ Stellenanzeigen im Internet
○ Private Arbeitsvermittlung	○ Kontakte zu Hochschulen
○ Personalberater	○ Firmenpräsentationen/Absolventenkongres- se

(2) Gegebenenfalls mit der Beschaffung von Akademikern verbundene **Probleme** sind z. B.:

○ Hohe Kosten der Auswahl	○ Begrenzte Aussagekraft der Auswahl-
○ Hoher Zeitaufwand für die Auswahl	verfahren

(1) Der grundsätzliche **Unterschied** liegt im unterschiedlichen **Grad der Komprimie- rung der Einflussfaktoren** der jeweiligen Achsendimensionen, weiterhin:

Vier-Felder-Matrix (BCG-Matrix)	Neun-Felder-Matrix (McKinsey-Matrix)
○ Beschränkung auf Marktwachstum (externe Größe) und relativen Marktanteil (interne Größe) ○ Transparent und relativ einfach handhabbar, insbesondere auch für mittelständische Unternehmen zur Strategieformulierung ○ Hohe Übersichtlichkeit aufgrund der Visualisierung ○ Zwang der Unternehmensleitung zur Konzentration auf das Wesentliche	○ Bündelung und Gewichtung von zahlreichen Faktoren, um die Achsendimensionen »Marktattraktivität« und »Relative Wettbewerbsvorteile« festzulegen ○ Aufgrund der zahlreichen Faktoren, die berücksichtigt werden, ergibt sich eine insgesamt recht hohe Komplexität ○ Für Klein- und Mittelbetriebe ist diese Portfolio-Matrix weniger zu empfehlen

2) Eine **Gewichtung der Beurteilungsfaktoren** bei der Neun-Felder-Matrix könnte gestaltet sein:

Marktattraktivität einer SGE

	niedrig → hoch	Gewichtung
- Marktwachstum	1 2 3 4 5	30 %
- Marktqualität	1 2 3 4 5	50 %
- Umweltsituation	1 2 3 4 5	20 %
Gesamt		100 %

Relative Wettbewerbsvorteile einer SGE

	niedrig → hoch	Gewichtung
- Rel. Marktposition	1 2 3 4 5	40 %
- Rel. Produktionspotenzial	1 2 3 4 5	30 %
- Rel. F&E-Potenzial	1 2 3 4 5	30 %
Gesamt		100 %

Stellung im Portfolio

 Siehe MiniLex (S. 259 ff.)

(1) Um eine möglichst hohe Antwortquote zu erreichen, sollte bei den **Fragestellungen** z.B. berücksichtigt werden:

○ Allgemeine Fragen zu Beginn zur Unterstützung der Auskunftsbereitschaft
○ Einleitende Fragen mit Beispielen/ Hintergrundinformation
○ Kurze und prägnante Formulierungen
○ Vermeidung redundanter Fragen
○ Offene statt geschlossene Fragen
○ Konkrete Fragen
○ Keine Suggestivfragen
○ Beachtung der Reihenfolge der Fragen

(2) Bei der **technischen Gestaltung** und **Versendung** von Fragebogen ist z. B. zu achten auf:

○ Ausreichend Platz bei offenen Fragen lassen
○ Hinweis bei geschlossenen Fragen, was zu tun ist (ankreuzen, unterstreichen o. Ä.)
○ Klare optische Trennung der Fragen
○ Erfordernisse einer maschinellen Auswertung der Daten berücksichtigen
○ Rücksendeanschrift auf erster Seite anbringen
○ Angemessener Rücksendetermin festlegen

(1) **Merkmale einer Stelle** in einem Unternehmen sind:

- o Dauerhaftigkeit: Jede Stelle wird langfristig gebildet.
- o Zweckorientierung: Die Stelle ist kein Selbstzweck, sondern dient betrieblichen Zwecken.
- o Koordinierbarkeit: Die Stelle soll mit anderen Stellen verbindbar sein.
- o Konkretisierung: Jeder Stelle müssen Aufgabenträger zuordenbar sein.

(2) Bei der **Stellenbildung** empfiehlt sich eine modulare Vorgehensweise:

- o Zunächst erfolgt die Aufgabenanalyse, indem die Gesamtaufgabe in auf einzelne Stelleninhaber übertragbare Teilaufgaben zerlegt wird. Dies kann geschehen mithilfe der Verrichtungs-, Objekt-, Rang-, Phasen- und Zweckanalyse.
- o Danach wird die Aufgabensynthese durchgeführt, deren Ziel es ist, die Teilaufgaben in einen Gesamtzusammenhang zu bringen und Gruppen oder Abteilungen zu bilden.

(3) Die Aufgabenanalyse für das Schreiben eines Briefes gestaltet sich wie folgt:

- o **Verrichtungsanalyse**: Laden, formulieren, eintippen, ausdrucken, ablegen
- o **Objektanalyse**: Computer, Papier, Drucker, Toner, Programm
- o **Ranganalyse**: Entscheidung über Brief schreiben, Ausführen des Briefschreibens
- o **Phasenanalyse**: Planung, Realisierung und Kontrolle des Briefes
- o **Zweckanalyse**: Zweckaufgaben, Verwaltungsaufgabe

(4) Die **Verantwortung** kann sich z. B. auf folgende Bereiche beziehen:

- o Die **Erfolgs- bzw. Ergebnisverantwortung**, bei der eine Führungskraft oder ein Mitarbeiter die Verantwortung dafür trägt, dass ein Erfolg oder auch ein Misserfolg eintritt.
- o Die **Budgetverantwortung**, bei der eine Führungskraft die Verantwortung dafür trägt, dass Kostenvorgaben eingehalten werden. Sie hat Budgetüberschreitungen zu begründen.
- o Die **Personalverantwortung**, bei der eine Führungskraft die Verantwortung für den Personaleinsatz und dessen Effizienz trägt.
- o Die **Sachmittelverantwortung**, bei der eine Führungskraft oder ein Mitarbeiter für den ordnungsgemäßen Einsatz am Arbeitsplatz benötigter Sachmittel verantwortlich ist.
- o Die **Terminverantwortung**, bei der eine Führungskraft oder ein Mitarbeiter die Verantwortung dafür trägt, dass festgesetzte Termine eingehalten werden, z. B. Termine im Finanzbereich oder im Rechnungswesen.

❑ Zum **Aufgabenspektrum** zählen z. B.:

- o Vorbereitung von Entscheidungen durch Beschaffung, Auswertung und Interpretation von Informationen
- o »Bindeglied« zwischen Vorstand und operativen Bereichen
- o Zahlreiche Sonderaufgaben im Bereich Betriebswirtschaft sowie Presse- und Öffentlichkeitsarbeit
- o Vorbereitung und Protokollführung von Vorstandssitzungen.

❑ Ein **Anforderungsprofil** kann z. B. umfassen:

- o Kontaktfähigkeit, Verhandlungsgeschick, Taktgefühl und Loyalität gegenüber dem Vorgesetzten und dem Unternehmen
- o Gute Fachkenntnisse
- o Auslandserfahrungen
- o Gute Sprachkenntnisse

❑ **Zukunftsperspektiven** können z. B. sein:

o Nach zwei bis vier Jahren sollte ein Wechsel in eine verantwortungsvolle Linienaufgabe erfolgen, wobei normalerweise die Abteilungsleiter-Ebene angestrebt wird.

o Dabei muss der ehemalige Assistent beweisen, dass er Fachwissen und firmenspezifische Kenntnisse als Führungskraft in die Praxis umsetzen kann.

o Gelegentlich erweist sich die Position als »Sackgasse«, wenn keine geeignete Anschlussposition gefunden wird oder der Vorgesetzte das Unternehmen verlässt.

o Die Leitung des Vorstandssekretariats ist für Assistenten, die keine Aufstiegschancen besitzen, oft die berufliche Endstation.

o Für jüngere Kandidaten bestehen derzeit gute Chancen, in die »Consulting Branche« zu wechseln.

Vorteile der Delegation	Nachteile der Delegation
o Entlastung des Vorgesetzten, da weniger Routinearbeit erfolgt	o Überforderung des Mitarbeiters
o Vertrauensbildung beim Mitarbeiter, weil er stärker einbezogen wird	o Leistungsschwäche des Mitarbeiters
	o Mangelndes Einverständnis des Mitarbeiters
o Positionsvorbereitung, wenn der Mitarbeiter geeignet ist	o Fehlerhafte Information des Mitarbeiters
o Motivation des Mitarbeiters, wenn er herausgefordert wird	o Rückdelegation durch den Mitarbeiter
o Befriedigung des Bedürfnisses nach Persönlichkeitsentfaltung	o Unzulässige Delegation an Mitarbeiter
o Freisetzung von kreativem Potenzial durch stärkere Identifikation	

34

(1) Dem Unternehmen ist das **Funktionssystem** zu empfehlen. Die Begründung hierfür liegt in den Vorteilen dieses Systems, die z. B. sind:

o Spezialisierung
o Direkte Weisungswege
o Direkte Informationswege
o Betonung der Fachautorität
o Produktivität sachlicher Konflikte
o Relativ schnelle Ausführung

o Erschwerte Informationsfilterung
o Mitarbeiterkontrolle durch mehrere Vorgesetzte
o Kompetente Vorgesetzte
o Kein schwerfälliger Instanzenweg
o Größere Dynamik der Führungskräfte

(2) Bei einem Unternehmen mit 500 Beschäftigten kann sich das **Stabliniensystem** anbieten, dessen Vorteile u. a. sind:

o Übersichtliche Struktur
o Einheitlicher Instanzenweg
o Klare Zuständigkeiten
o Nutzung von Größenvorteilen

o Nutzung von Spezialisierungsvorteilen
o Beratungsvorteile durch Stäbe
o Entlastung der Führungkräfte
o Verbesserung der Entscheidungsqualität

Dem Unternehmen ist die **Holdingorganisation** zu empfehlen, die u. a. folgende Vorteile hat:

❑ Expansionsmöglichkeiten (z. B. strategische Allianzen)
❑ Hohe Flexibilität durch Marktnähe, Kundenorientierung, Ergebnisverantwortung, weitgehende Autonomie der Beteiligungsgesellschaften
❑ Schnelle Reaktion auf veränderte Umfeldbedingungen
❑ Geringe Anfälligkeit des Gesamtunternehmens für Probleme einzelner Beteiligungsgesellschaften
❑ Einfache Eingliederung von Akquisitionen

❑ Hohes Innovationspotenzial durch klare Kompetenzregelungen, Delegation von Entscheidungsbefugnissen, geringe Formalisierung des Tagesgeschäftes

❑ Relativ einfache Durchführung von Kooperationen, ohne andere Unternehmensteile zu berühren

❑ Hohe Finanzkraft durch Schaffung eines »internen« Kapitalmarktes für die Finanzierung von Großinvestitionen

❑ Hohe Transparenz und eindeutige Erfolgszurechnung auf die einzelnen Beteiligungsgesellschaften

❑ Nutzung von Synergieeffekten zwischen den Tochtergesellschaften und auch innerhalb der gesamten Holding.

(1) Das **Aufgabenspektrum** eines Produktmanagers kann umfassen:

  ○ Durchführung der Absatzplanung sowie Koordination der auf Markterschließung und notwendiger Markterweiterung bzw. -sicherung ausgerichteter Unternehmensziele

  ○ Definition von Marketingzielen und Festlegung entsprechender Strategien; Vorbereitung von Konzeptionsentscheidungen; Durchführung und Kontrolle genehmigter Marketingkonzeptionen

  ○ Optimaler Einsatz des absatzpolitischen Instrumentariums (Marketing-Mix); Zusammenarbeit mit Entwicklung, Fertigung und Vertrieb; Gesprächs- und Verhandlungspartner von Werbeagenturen und Marktforschungsinstituten.

(2) Das **Anforderungsprofil** eines Produktmanagers kann sich z.B. beziehen auf:

  ○ Gute betriebswirtschaftliche Kenntnisse (insbesondere Absatz, Marketing, Marktforschung, Deckungsbeitragsrechnung), empirische Sozialforschung, Auslandsstudium bzw. -praktika, mindestens zwei Fremdsprachen (Englisch ist obligatorisch). Kenntnisse in Controlling, Finanz- und Rechnungswesen, Vertragsrecht (z.B. für Franchising) sind von Vorteil.

  ○ Initiative, Kreativität, Durchsetzungsvermögen, sicheres Auftreten, Fähigkeit zur Teamarbeit, Kontaktfähigkeit, Verhandlungsgeschick, Einfühlungsvermögen, Organisationstalent, EDV-Kenntnisse, Verkaufserfahrung, Mobilität, technische Grundkenntnisse der Investitionsgüterindustrie, Branchen-Know-how.

Stellenbeschreibung	
Stellenbezeichnung:	Personalleiter
Stelleneinordnung:	Hauptabteilungsleiter
Unterstellung:	Vorsitzender der Geschäftsleitung
Überstellung:	Personalverwaltungsleiter Leiter der Entgeltabrechnung Ausbildungsleiter Leiter des Sozialwesens
Stellenaufgaben:	Beratung der Geschäftsleitung in allen Personalfragen Entwurf der Personal-, Sozial-, Entgelt- und Führungspolitik Personalplanung Personalentwicklung Leitung des Bereiches Personalwesen Vertretung des Unternehmens in Personalangelegenheiten Direkter Gesprächspartner zum Betriebsrat Pflege der Kontakte zu Verbänden, Ämtern usw.

Stellenziele:	Optimale Ausstattung und Einsatz des Unternehmens mit Mitarbeitern Wirtschaftlichkeit des Personaleinsatzes Motivation der Belegschaft Sicherung des Betriebsfriedens und eines guten Betriebsklimas
Stellenbefugnisse:	Prokura Einstellungen, Versetzungen, tarifliche Ein- und Umgruppierungen, Entlassungen Entscheidung über Entgeltvorschüsse und Personaldarlehen
Stellvertretung: Vertritt Wird vertreten:	 Verwaltungsleiter Personalverwaltungsleiter
Stellen- anforderungen:	Abgeschlossenes Jura- oder Betriebswirtschaftsstudium 2. Staatsexamen bei einem Jurastudium 5 Jahre Erfahrung im Personalwesen Spezielle Kenntnisse: Arbeits- und Sozialrecht, Organisation, Betriebspsychologie, Elektronische Datenverarbeitung Ausgeprägte Kenntnisse: Einfühlungsvermögen, Menschenführung, Kontaktfähigkeit

38 (1) Die Prozessorganisation kann folgende **Phasen** umfassen:

Selektionsphase	Sie dient dazu, diejenigen Geschäftsprozesse zu identifizieren, die gleichermaßen einen hohen Ressourcenverbrauch und Kundennutzen aufweisen.
Analysephase	Mit deren Hilfe soll der Ist-Zustand von Geschäftsprozessen ermittelt werden. Dies geschieht insbesondere durch: ○ Analyse der Prozessstruktur ○ Einteilung der Geschäftsprozesse in Haupt- und Teilprozesse ○ Feststellung von Prozessverantwortlichen, Ressourcenverbrauch und Prozessdauer in Bezug auf die einzelnen Teilprozesse
Synthesephase	Ihr Gegenstand ist die Entwicklung der Soll-Prozessstruktur auf der Grundlage strategischer Zielsetzungen.
Implemen- tierungs- phase	Sie soll die Umsetzung der Soll-Prozessstruktur im Unternehmen bewirken. Ziele der Neugestaltung der Organisationsstruktur können sein: ○ Beschränkung der Aktivitäten auf ein Kerngeschäftsfeld ○ Abbau von Überkapazitäten ○ Dezentralisierung von marktorientierten Aktivitäten **Maßnahmen** hierfür können z. B. umfassen: ○ Abbau von Hierarchieebenen ○ Ausgliederung bzw. Outsourcing von Abteilungen ○ Bildung von stärker marktorientierten Einheiten ○ Einrichtung von Profitcentern ○ Übertragung von Prozessverantwortung auf spezielle Instanzen

Trans-formations-phase	Sie dient zur Überwachung der Ergebnisse. Es kann zweckmäßig sein, die implementierten Maßnahmen auf die veränderte Situation anzupassen. Auch sollte eine Übertragung der Vorgehensweise und der Ergebnisse auf andere Unternehmensbereiche erwogen werden.

(2) **Ansatzpunkte der Prozessorganisation** sind z.B.:

- ○ Beschaffung: Bestellabwicklung, Warenannahme
- ○ Vertrieb:
  - Annahme/Bearbeitung eines Kundenauftrages, d.h. vom Auftragseingang durch den Kunden bis hin zum Zahlungseingang
  - Kundendienst, d.h. von der Anfrage durch den Kunden bis hin zur Problemlösung durch den Techniker
- ○ Forschung und Entwicklung: Neuproduktentwicklung

Phase	Top Management als Projektoberleitung	Projektleitung
Projekt-anstoß	○ Ableitung der Projektbedarfe aus der Unternehmensstrategie ○ Einbindung der Schlüsselpersonen ○ Abstimmung mit anderen Vorhaben ○ Erteilung des Projektauftrages	
Projekt-planung	○ Einbindung unternehmensexterner und -interner Gruppen ○ Formulierung der Projektziele ○ Festlegung der Restriktionen/Termine ○ Zuweisung der Ressourcen ○ Regelung der projektübergreifenden Koordination ○ Bestimmung von Projektleiter/Projektmitarbeitern	○ Festlegung der Phasenziele ○ Festlegung der Systemstruktur ○ Ableitung von Aufgaben ○ Ablaufplanung/Zeitschätzung ○ Ermittlung von Sach- und Personalbedarf ○ Ermittlung der finanziellen Mittel ○ Regelung der Projektinformation/Projektdokumentation ○ Einweisung/Schulung der Mitarbeiter
Projekt-durch-führung	○ Phasenfreigabe ○ Projektübergreifende Koordination ○ Überwachung Projektfortschritt ○ Eingriff im Ausnahmefall ○ Zwischenentscheidungen ○ Kontrolle der Qualität der Phasenergebnisse ○ Überprüfung Projektorganisation	○ Erarbeitung/Präsentation von Entscheidungsvorlagen ○ Erteilung von Teilaufträgen ○ Anleitung, Motivation, Abschirmung von Mitarbeitern ○ Externe Koordination/Kommunikation ○ Koordination und Steuerung von Teilprozessen und Beteiligten ○ Phasenübergreifende Koordination ○ Alternativenauswahl/-beurteilung ○ Ergreifung von Maßnahmen bei Ziel-/Terminabweichungen
Projekt-ab-schluss	○ Entscheidung über Einführung ○ Beschluss über Verwendung der Projektmitarbeiter/-leiter ○ Erfolgskontrolle/Belohnung	○ Präsentation der Projektergebnisse ○ Erstellung Abschlussdokumentation ○ Information/Schulung der Benutzer

 (1)

Ziele des Unternehmens	Ziele der Mitarbeiter	Ziele des externen Organisationsberaters
o Sicherung der Mitarbeiterqualifikation	o Sicherung der persönlichen Entwicklung	o Branchenerfahrungen weitergeben
o Anpassung der Qualifikation	o Steigerung der individuellen Mobilität	o Methodenkompetenz beweisen
o Laufbahnplanung für Führungskräfte	o Planung der persönlichen Karriere	o Persönlichen Einsatz zeigen
o Organisationsentwicklung voranbringen	o Persönliche Entwicklung weiterbringen	o Hilfe zur Selbsthilfe erwirken
o Nachwuchs aus den eigenen Reihen gewinnen	o Mehr Selbstverwirklichung	o Verpflichtung zum Handeln
o Umsätze steigern und Personalkosten senken	o Sicherung des eigenen Einkommens	o Möglichst viel Geld verdienen
o Unabhängigkeit vom externen Arbeitsmarkt	o Verantwortung tragen	o Entwicklung voranbringen

(2) **Aufgaben** des Organisationsberaters im Verlauf einer Teamentwicklung können sein:

o Er soll vertrauenswürdiger Beschützer der Teilnehmer, aber auch – wenn es erforderlich ist – unangenehmer Provokateur sein.

o Er soll den Teilnehmern verständnisvoller zuhören, aber auch aktiver Teamentwickler sein.

o Er soll den Mitgliedern hilfreiche Vorschläge zur persönlichen Entwicklung unterbreiten, aber als Person neutral sein.

o Er soll einerseits sachlich kommunizieren, den Teilnehmern aber auch Ratschläge für ihr persönliches Weiterkommen geben.

(3)

	Interner Organisationsexperte	Externer Organisationsexperte
Vorteile	o Er kennt das Unternehmen sehr gut	o Er hat den Bonus des neutralen externen Experten
	o Er identifiziert sich mit der Unternehmenskultur	o Er liefert eigene Vorschläge zur Unternehmenskultur
	o Er ist immer anwesend und somit verfügbar	o Er unterstützt die Unternehmensleitung
	o Er liefert relativ schnell betriebliche Informationen	o Er bringt hohe Bereitschaft zum Risiko
Nachteile	o Innerbetriebliche Routine behindert den Fortschritt	o Bereitschaft zum Risiko kann höhere Kosten verursachen
	o Fehlende Anerkennung im Unternehmen	o Mangelnde Kenntnisse bzw. Denken in Schablonen
	o Gewisse »Betriebsblindheit« möglich	o Abhängigkeit durch den Beratervertrag
	o Befangenheit durch Abhängigkeit	o Probleme durch längere Abwesenheit möglich

Formen / Kriterien	Reine Projektorganisation	StabsProjektorganisation	MatrixProjektorganisation	LinienProjektOrganisation
Andere Begriffe	o Task Force o Totale Projektorganisation	o Koordinations-Projektmanager o Projektkoordination	o Begrenzte Projektorganisation	o Einliniensystem
Weisungsabgrenzung	o Projektleiter ist Linienvorgesetzter und untersteht der Unternehmensleitung	o Projektkoordinator hat keine Weisungsbefugnis gegenüber Fachabteilung	o Projektgruppe untersteht disziplinarisch der Linie, fachlich dem Projektleiter	o Projektleiter der Fachabteilung ist an Weisungen gebunden
Kompetenzabgrenzung	o Projektleiter hat volle Kompetenz	o Projektkoordinator hat Sachkompetenz, aber keine Weisungskompetenz (Stab)	o Kompetenzen sind geteilt	o Kompetenzen in der Linie
Verantwortung	o Liegt beim Projektleiter	o Liegt in der Fachabteilung	o Verantwortung ist geteilt	o Liegt in der Fachabteilung

Als Mängel **können** z.B. auftreten:

- o Unklarheiten schon bei der Erläuterung des Projektes (Anlass, Ziele, Nutzen)
- o Konflikte zwischen den Beteiligten hinsichtlich der Zielsetzung
- o Nichtberücksichtigung von Wünschen der Betroffenen
- o Außer Acht lassen vertraulicher Daten
- o Negieren angesprochener Risiken
- o Geringe Offenheit bei der Unternehmensleitung
- o Projektinhalte passen nicht zur Unternehmensethik
- o Fragen zu den Kosten und Finanzen bleiben offen
- o Viele Visionen aber wenig konkrete Daten
- o Art der Erfolgsmessung des Projektes ist zweifelhaft.

Den verschiedenen Fällen der Organisationsentwicklung können folgende **Formen des Wandels** zugeordnet werden:

(1) **Ungeplanter Wandel**, denn das Verhalten besteht ausschließlich darin, auf die Aktivitäten der Konkurrenten zu reagieren. Es ist allerdings zu bezweifeln, dass die Maßnahmen ausreichen, um das organisatorische Gleichgewicht wiederherzustellen.

(2) **Geplanter Wandel** als Evolution, denn es werden in kleinen Schritten planvolle Reaktionen auf Veränderungen vorgenommen. Dieses Verhalten kann allerdings dazu führen, dass durch zu vorsichtiges Vorgehen wesentliche Organisationsentwicklungen verpasst bzw. verschleppt werden.

(3) **Ungeplanter Wandel**, denn das Verhalten der Unternehmensleitung ist passiv, d.h. es gibt bei diesem Unternehmen keine eigenen Pläne zur Organisationsentwicklung. Das kann zur Folge haben, dass das Unternehmen nicht mit der Entwicklung mithalten kann.

(4) **Geplanter Wandel** als Revolution, der im Ergebnis zwar eine radikale Neubestim-
mung der Erfolgspositionen bedeutet, bei zu resolutem und überhastetem Vorgehen
aber zur Folge haben kann, dass Kunden bzw. Mitarbeiter frustriert sind.

(1) Für Outsourcing grundsätzlich geeignete **Funktionsbereiche** sind:

- o EDV/Rechenzentrum
- o Werkskantine/Casino
- o Werkschutz
- o Kundenservice/Call-Center

- o Buchhaltung
- o Reinigungsdienst
- o Haustechnik
- o Instandhaltung

(2) Das Outsourcing ist aus Mitarbeitersicht zu beurteilen:

Vorteile	Nachteile
o Geringer ausgeprägte Hierarchie (dadurch bessere Kommunikation) o Bessere Spezialisierungsmöglichkeiten o Bessere Aufstiegsmöglichkeiten o Größeren Einfluss auf das Betriebsgeschehen o Höhere Motivation durch mehr Eigenständigkeit bei der Arbeit	o Ggf. höheres Kündigungsrisiko in neuem Unternehmen o Ggf. schlechtere Rechtsstellung (z. B. kein Betriebsrat) o Evtl. Gehaltseinbußen wegen »Haustarifvertrag« o Ggf. höhere persönliche Haftung für Arbeitsergebnisse o Evtl. höhere zeitliche Arbeitsbelastung o Neues Umfeld/Einarbeitung o Ggf. höherer Konkurrenzkampf unter den Kollegen (»last-in-first-out«)

(1) **Risikopotenziale von strategischen Allianzen** sind z. B.:

Intern	o Unklar formulierte Synergien o Mangelnde Produktivität o Unzureichendes Know-how des Partners o Planungsdefizite o Opportunistisches Verhalten des Partners
Extern	o Restriktionen in der rechtlichen und wirtschaftlichen Umwelt o Unerwartete Marktreaktionen

(2) **Beispiele für strategische Allianzen** sind z. B.:

- o Flugzeugindustrie
- o Finanzdienstleistungsgewerbe
- o Maschinenbauindustrie

- o Automobilindustrie
- o Kommunikationsindustrie

Siehe MiniLex (S. 259 ff.)

(1) Das **Ziel** der Neukundengewinnung und Kundenbindung ist nicht operational formuliert, d.h. nicht messbar. Sowohl der Abteilungsleiter als auch jeder Vertriebsmitarbeiter können unter »erheblichen Anstrengungen« etwas anderes verstehen. Das Ausmaß der Zielerfüllung ist objektiv nicht feststellbar.

(2) Die Beteiligung der Vertriebsmitarbeiter am Zielbildungsprozess hat z.B. folgende **Vorteile**:

- Betroffene zu Beteiligten machen
- Einbringen eigener Erkenntnisse in den Planungsprozess
- Größere Motivation der Mitarbeiter
- Möglichkeit realistischer Planungsgrößen
- Chance auf erfolgsbezogene Vergütung

Die **Vertrauensarbeitszeit** lässt sich wie folgt beurteilen:

Vorteile	Nachteile
o Konzentration auf die Arbeitsaufgabe, nicht auf die Arbeitszeit o Mehr Flexibilität für Arbeitnehmer und Arbeitgeber o Abkehr von der aufwändigen und teuren elektronischen Zeiterfassung o Höhere Motivation der Arbeitnehmer o Eigenverantwortlichkeit der Mitarbeiter wird gefördert o Demonstration von Vertrauen gegenüber den Arbeitnehmern o Höhere Attraktivität des Unternehmens für (potenzielle) Mitarbeiter o Arbeitszeitsteuerung und Arbeitszeitverantwortung liegen in einer Hand o Geringerer Regelungs-, Verwaltungs- und Kommunikationsaufwand o Keine »Zeitverbrauchskultur« und »Minutenmentalität«	o Mögliche Leistungsverdichtung durch sozialen Druck der Kollegen o Gefährdung von Arbeitnehmer-Schutzrechten (z.B. ArbZG) o Verschlechterte Arbeitsbedingungen durch Zeitdruck oder falsche Zeitschätzungen bei Zielvorgaben o Umgehung der Mitbestimmungsrechte des Betriebsrates o Befürchtung, dass lediglich unbezahlte Mehrarbeit angestrebt wird o Ausnutzen der Zeitsouveränität von Mitarbeitern o Mitarbeiter werden möglicherweise in Überlast-Situationen allein gelassen o Gefahr der »Arbeit ohne Ende« für Mitarbeiter o Durch die Aufzeichnungspflicht ist durch die Hintertür doch wieder eine Kontrolle möglich

Vorteile des bürokratischen Führungsstiles	Nachteile des bürokratischen Führungsstiles
o Klarer Instanzenweg (dadurch Zwang zur Einhaltung des »Dienstweges«) o Gerechtigkeit (Informationen fließen auf formellen Wegen)	o Ineffiziente/Unökonomische Organisationsform o Unzureichende Mitarbeitermotivation o Starke Behinderung der Eigeninitiative der Mitarbeiter o Keine leistungsgerechte Bezahlung o Neigung zu Verschwendung (z.B. im Öffentlichen Dienst) o Tendenzen zum Aufbau eines Wasserkopfes

Vorteile des patriarchalischen Führungsstiles	Nachteile des patriarchalischen Führungsstiles
o Schneller Entscheidungsprozess o Einheitliche Willensbildung, klare Ziel-verfolgung	o Geringe Motivation der Mitarbeiter o Wenig Selbständigkeit/Entwicklungs-möglichkeit der Mitarbeiter o Gefahr von Fehlentscheidungen durch Überforderung des Patriarchen o »Herr-im Hause-Standpunkt« nicht mehr zeitgemäß

Vorteile des Laissez-Faire-Führungsstiles	Nachteile des Laissez-Faire-Führungsstiles
o Die Mitarbeiter erhalten umfangreiche Freiheiten	o Mangelhafte Leistungen der Mitarbeiter o Ausnutzen der Situation durch unreife Mitarbeiter o Verlangsamung der Entscheidungsge-schwindigkeit o Unordnung und Durcheinander o Gefahr mangelnder Disziplin o Gefahr von Fehlentscheidungen durch überforderte Mitarbeiter

 Siehe MiniLex (S. 259 ff.)

> Das **MiniLex** enthält die wichtigsten Begriffe, die in diesem Buch behandelt werden. Weitere Begriffe finden sich in:
>
> *Olfert / Rahn, Lexikon der Betriebswirtschaftslehre, Kiehl Verlag*

Ablauf-organisation	Sie ist die dauerhaft wirksame Gestaltung des dynamischen Beziehungszusammenhanges eines sozio-technischen Systems. Mit ihrer Hilfe wird der **Arbeitsprozess** auf der Grundlage einer gegebenen oder zu verändernden Aufbauorganisation **strukturiert**.
Angriffs-strategie	Sie ist eine **Verhaltensstrategie** und auf Konkurrenten im Allgemeinen sowie den Marktführer im Besonderen gerichtet. Als Offensivstrategie scheut sie weder aggressive Maßnahmen noch Konflikte.
Arbeits-bedingungen	Sie können als Führungsmittel mehr oder weniger mitarbeiterfreundlich gestaltet werden. Dabei geht es insbesondere um die Gestaltung des **Arbeitsinhaltes**, der stark arbeitsteilig oder unter Erweiterung bzw. Bereicherung der Aufgaben festlegbar ist. Des Weiteren ist die Gestaltung des **Arbeitsortes** bzw. **Arbeitsplatzes** sowie der **Arbeitszeit** bedeutsam.
Arbeitsteam, *teilautonomes*	Es wird als Organisationskonzept insbesondere im Fertigungsbereich von Unternehmen eingesetzt und auch **selbststeuernde Arbeitsgruppe** genannt. Mit seiner Hilfe soll ein Beitrag zur Humanisierung der Arbeit geleistet werden, wodurch die Arbeitszufriedenheit der Mitarbeiter erhöht und die Fehlzeiten reduziert werden.
Aufbauanalyse	Sie ist die Erfassung und kritische Untersuchung des Zustandes der Aufbauorganisation als: o Ist-Aufnahme (Ermittlung des Ist-Zustandes) o Ist-Kritik (Suche nach Schwachstellen/Verbesserungen).
Aufbau-dokumentation	Sie ist die schriftliche **Ordnung von Daten** der Aufbauorganisation. Mit ihr wird die Organisationsstruktur eines Unternehmens dargestellt. Dazu dienen als **Instrumente**: o Organisationshandbuch o Stellenbeschreibung o Organisationsplan o Stellenbesetzungsplan
Aufbau-entscheidungen	Zur Festlegung des Stellenaufbaues sind als Entscheidungen zu treffen: o Organisationseinheiten (Stellen, Gremien) o Zentralisierung/Dezentralisierung o Übertragung von Aufgabe, Kompetenz, Verantwortung o Art/Zeitumfang der Tätigkeit o Merkmale des Aufgabenträgers o Informationswege
Aufbau-gestaltung	Sie umfasst: o Stellenbildung o Bildung der o Aufbaufestlegungen Organisationsebenen
Aufbau-organisation	Sie ist die dauerhaft wirksame Gestaltung des statischen Beziehungszusammenhanges eines soziotechnischen Systems. Dabei macht sie die Ordnung der gesamten Aufgaben, Kompetenzen und Verantwortung im Unternehmen sichtbar.

Aufbau-planung	Sie legt in der Gegenwart fest, welche Struktur die Aufbauorganisation zu einem Planungszeitpunkt aufweisen soll. Sie umfasst: ○ **Zielplanung** auf der Grundlage der Organisations-, Unternehmens-, Mitarbeiter-, Kundenziele. ○ **Konzeptplanung**, mit der die Anforderungen an die Aufbauplanung festgelegt werden.
Aufbau-strukturierung	

<table>
<tr>
<td style="text-align:center">Vorbereitende Maßnahmen</td>
<td></td>
<td style="text-align:center">Festlegung der Aufbaustruktur</td>
<td></td>
<td style="text-align:center">Abschließende Maßnahmen</td>
</tr>
<tr>
<td>• Aufbauanalyse
• Aufbausynthese
• Aufbau-gestaltung</td>
<td></td>
<td>• Organisations-strukturen
• Organisations-systeme
• Grundlegende/ abgeleitete Organisations-formen</td>
<td></td>
<td>• Aufbau-einführung
• Aufbau-dokumen-tation</td>
</tr>
</table>

Autorität	Sie ist durch Macht, Wissen oder Können erworbenes Ansehen einer Führungs-kraft und beschreibt eine soziale Einflussbeziehung. Entsprechend gibt es: ○ Formale Autorität (kraft Amtes gegeben) ○ Personelle Autorität (basiert auf persönlichen Eigenschaften) ○ Funktionale Autorität (liegt in fachlicher Qualifikation).
Bereichs-leitung	Sie hat die von der Unternehmensleitung vorgegebenen Führungsent-scheidungen zu berücksichtigen und alle für ihren Bereich notwendigen Entscheidungen zu treffen.
Bereichsprozess-organisation	Sie ist auf Abläufe in Abteilungen ausgerichtet. Bereichsprozesse stellen diejenigen Vorgänge dar, die in den funktionalen Bereichen des Unterneh-mens vorkommen.
Bereichs-strategie	Sie ist eine Strategie, die auf funktionale Teilbereiche des Unternehmens abstellt, z. B. als Materialstrategie, Fertigungsstrategie, Marketingstrategie, Personalstrategie, Finanzstrategie.
Beschaffungs-Portfolio	Es soll das Unternehmen in seinem Verhalten am Beschaffungsmarkt un-terstützen, der durch die Machtpositionen sowohl des Einkäufers als auch des Lieferanten geprägt ist. Erzeugnisse, die mit einem hohen Beschaffungsrisiko und einer großen Auswirkung auf das Ergebnis verbunden sind, haben eine hohe strategische Bedeutung für das Unternehmen. Sie sind im Beschaffungs-Portfolio zu positionieren, deren **Achsen** sind: ○ Einkäufermacht ○ Lieferantenmacht Je nach Matrix-Feld gibt es verschiedene **Normstrategien**: ○ Abschöpfungsstrategie ○ Diversifizierungstrategie ○ Strategie des Abwägens

Bottom-up-Prinzip	Die Zielsetzung bzw. Planung wird **progressiv** vorgenommen, d.h. **von »unten nach oben«**. Hier steht die Realisierbarkeit der untergeordneten Teilpläne im Vordergrund.
	Die unteren Führungsebenen entwickeln Ziel- und Maßnahmenpläne, die schrittweise auf jeweils übergeordneten Planungsebenen zu Teilplänen zusammengefasst werden.
Branchenstruk-turanalyse	Sie ist erforderlich, da die Formulierung einer Wettbewerbsstrategie insbesondere durch die Branche bestimmt wird, in der das Unternehmen tätig ist.
	Fünf **Wettbewerbskräfte** bestimmen die Wettbewerbsintensität und die Rentabilität einer Branche:
	○ Gefahr des Markteintritts neuer Konkurrenten ○ Druck durch Substitutionsprodukte ○ Verhandlungsstärke der Abnehmer ○ Verhandlungsstärke der Lieferanten ○ Grad der Rivalität unter bestehenden Wettbewerbern.
Center-Organisation	Bei ihr erfolgt die Bildung der Organisationseinheiten nach dem Objektprinzip. Sie ist möglich als:
	○ Cost-Center (Leiter entscheidet im Rahmen des Kostenbudgets) ○ Profit-Center (Leiter ist für Erfolg verantwortlich) ○ Revenue-Center (Leiter hat Umsatzerlöse zu verantworten) ○ Investment-Center (Leiter steht Gewinnverwendung zu).
Corporate Behaviour	Es stellt das **Unternehmensverhalten** dar und ist das bedeutsamste Instrument der Corporate Identity. Seine Ausrichtung kann nach innen (z.B. Mitarbeiter) bzw. nach außen (z.B. Kunden, Öffentlichkeit) erfolgen.
Corporate Communication	Sie bezieht sich auf die **Unternehmenskommunikation**, die über eine ganzheitliche Kommunikationsstrategie und durch alle nach innen und außen gerichteten Aktivitäten ein klar strukturiertes Vorstellungsbild des Unternehmens bei den Mitarbeitern und in der Öffentlichkeit bewirken möchte.
Corporate Design	Es ist das **visuelle Erscheinungsbild** eines Unternehmens. Damit soll das Unternehmen nach innen und außen als Einheit erscheinen, was vor allem durch den zielgerichteten Einsatz von **Gestaltungselementen** geschehen kann, z.B. durch grafische, architektonische oder Produktgestaltung.
Corporate Identity	Sie repräsentiert die **Unternehmensidentität** als das Selbstverständnis eines Unternehmens. Damit soll das Unternehmen bei den Mitarbeitern und in der Öffentlichkeit als **unverwechselbare Persönlichkeit** wahrgenommen werden.
Delegation	Sie stellt die Übertragung von klar umrissenen Aufgaben, zugehörigen Kompetenzen und der damit verbundenen Verantwortung auf hierarchisch nachgeordnete Organisationseinheiten dar, d. h. im Rahmen der personenbezogenen Führung von Vorgesetzten auf Mitarbeiter.
Differenzierungs-strategie	Sie ist eine grundlegende **Wettbewerbsstrategie**, die eigene als einzigartig für die Branche angesehene Leistungen bzw. Produkte anstrebt und wird auch **Präferenzstrategie** genannt. Sie bemüht sich darum, dem Verbraucher einen besonderen bzw. unverkennbaren Nutzenvorteil zu verschaffen.

Diversifikations-strategie	Sie ist eine **Produkt-Markt-Strategie**, bei der das Unternehmen seine bisherigen Betätigungsfelder verlässt, um neue Produkte in neuen Märkten zu platzieren. Sie ist die anspruchsvollste der Strategien und umfasst folgende Ausprägungsformen: ○ Horizontale Diversifikation (gleiche Leistungsstufe) ○ Vertikale Diversifikation (vor-/nachgelagerte Leistungsstufe) ○ Laterale Diversifikation (völlig neue Produkte/Märkte).
Durchführung	Sie erfolgt auf allen Ebenen des Unternehmens und dient dazu, die geplanten Maßnahmen zu realisieren. Dabei kann es in einzelnen betrieblichen Bereichen und Führungsebenen zu **Störungen** kommen, die frühzeitig zu erkennen und in geeigneter Weise zu beheben sind.
Einzelprozess-organisation	Sie bezieht sich auf einzelne Arbeitsvorgänge und Arbeitsfestlegungen. Sie stellt eine Kette aufeinander aufbauender Schritte mit definiertem Anfang und Ende dar und umfasst: ○ Einzelprozessstrukturierung ○ Einzelarbeitsprozess
Entwicklungs-strategie	Sie ist eine **Unternehmensstrategie**, die zukunftsbezogen ausgerichtet ist. Sie umfasst: ○ Kooperationsstrategie ○ Internationalisierungsstrategie
Erfahrungs-kurven-Konzept	Es besagt, dass die preisbereinigten Stückkosten eines Produktes um einen konstanten zwischen 20 % bis 30 % liegenden Prozentsatz zurückgehen, wenn sich die kumulierte Produktionsmenge im Zeitablauf verdoppelt. Nach dem Erfahrungskurven-Konzept bewirkt ein hoher Marktanteil ein hohes kumuliertes Produktions- und Absatzvolumen. Dadurch sinken die Stückkosten und die Rentabilität steigt an.
Führung, *personen-bezogene*	Sie erfolgt im Rahmen der **Personalführung**. Mit ihr werden die Ziele und grundlegenden Strategien bzw. Entscheidungen des Unternehmens auf den einzelnen hierarchischen Ebenen durch Vorgesetzte personenbezogen umgesetzt.
Führung, *prozess-bezogene*	Sie ist am **Führungsprozess** ausgerichtet und umfasst: ○ Zielsetzung (strategisch, taktisch, operativ) ○ Planung (Grundsatzplanung, strategisch, taktisch, operativ) ○ Kontrolle (strategisch, taktisch, operativ).
Führung, *sachbezogene*	Sie ist am Führungsprozess ausgerichtet und stellt damit eine **prozessorientierte Führung** dar. Außerdem ist ihr die **strukturbezogene Führung** zuzurechnen.
Führung, *struktur-bezogene*	Sie bezieht sich auf die Strukturierung der **Organisation** des Unternehmens und umfasst: ○ Aufbau- ○ Prozess- ○ Projekt- strukturierung strukturierung strukturierung Außerdem schließt sie die Entwicklung des Unternehmens ein, womit sich die **Organisationsentwicklung** befasst.
Führungsebene	Sie ist ein Bestandteil der **Organisationsstruktur** eines Unternehmens und kann sein: ○ Top Management ○ Middle Management ○ Lower Management

Führungs-erfolg	Er wird durch den Vorgesetzten, die Mitarbeiter und die Führungssituation beeinflusst. Seine **Messung** ist möglich als:
	
	 ○ **Effektivität der Führung** (wirtschaftliche/Leistungswirksamkeit, gut messbar)
	
	 ○ Effizienz der Führung (soziale Wirksamkeit, schwerer messbar als ...)
	    - Arbeitszufriedenheit - Fehlzeiten
	    - Betriebsklima - Innere Kündigung
	    - Konflikte - Fluktuation
	    - Mobbing

Führungs-instrumente, *personen-bezogen*	Vorgesetzte bedienen sich verschiedener Führungsinstrumente, um den angestrebten Führungserfolg herbeizuführen. Das sind: ○ **Führungsmittel**, die von Führungskräften unmittelbar eingesetzt werden. ○ **Führungstechniken**, die Aufschluss geben, wie geführt wird und auch als Management-by-Techniken bezeichnet werden. ○ **Führungsstile**, welche die Art und Weise als Verhaltensmuster darstellen, in der Vorgesetzte führen. Ziel ihres Einsatzes ist der **Führungserfolg**, der positiv sein soll, aber auch negativ sein kann.
Führungskraft	Im weiten Sinne ist das jede im Unternehmen tätige Person, die anderen Personen verpflichtende Weisungen erteilen kann, also jeder Vorgesetzte. Es gibt aber auch Führungskräfte, die keine Vorgesetzten sind, sondern als Experten komplexe Aufgaben bearbeiten.
Führungsmittel	Führungsmittel sind **Führungsinstrumente**, die von einer Führungskraft unmittelbar eingesetzt werden können, um den gewünschten Führungserfolg zu bewirken. Sie stellen Anreize dar, welche die Motivation der Mitarbeiter herbeiführen oder steigern sollen. Zu unterscheiden sind: ○ Prozessbezogene Führungsmittel ○ Aufgabenbezogene Führungsmittel ○ Informationsbezogene Führungsmittel ○ Personenbezogene Führungsmittel
Führungsprozess	Er dient der zweckgerichteten Beeinflussung der Unternehmensaktivitäten und wird auch als **Managementprozess** bezeichnet. Seine **Phasen** sind: ○ Zielsetzung ○ Durchführung ○ Kontrolle ○ Planung ○ Steuerung
Führungsstil	Er ist die **Art und Weise**, in der ein Vorgesetzter die ihm unterstellten Mitarbeiter führt. Dabei basiert er auf bestimmten **Führungsmitteln**, mit deren Hilfe er führt, und auf **Führungstechniken**. Es gibt: ○ Aufgabenorientierten Führungsstil (Aufgabe im Mittelpunkt) ○ Personenorientierten Führungsstil (Mitarbeiter im Mittelpunkt) ○ Kooperativen/autoritären Führungsstil ○ Verhaltensgitter
Führungsstil, *autoritärer*	Bei ihm führt der Vorgesetzte kraft seiner **Legitimationsmacht**. Er beteiligt seine Untergebenen nicht am Führungsprozess und erwartet Gehorsam. Seine Entscheidungen haben den Charakter von Anordnungen.

Führungsstil, *kooperativer*	Bei ihm wird der Führungsprozess im **Zusammenwirken** des Vorgesetzten und der Mitarbeiter gestaltet. So informiert der Vorgesetzte umfassend und delegiert entsprechend den Fähigkeiten seiner Mitarbeiter möglichst viele Aufgaben.
Führungstechniken	Sie zeigen, *wie* geführt wird, d.h. auf welche Weise die Führungsmittel angewendet bzw. eingesetzt werden, indem sie grundsätzliche für jeden im Unternehmen tätigen Mitarbeiter verbindliche Verhaltens- und Verfahrensweisen beschreiben, die zur Bewältigung der Führungsaufgaben anzuwenden sind. Es gibt: ◯ Management by Objectives ◯ Management by Exception ◯ Management by Delegation
Funktionalorganisation	Sie ist eine **Organisationsform**, die auf der zweiten Hierarchieebene nach **Verrichtungen** gegliedert ist, d.h. sie knüpft i.d.R. am güterwirtschaftlichen Prozess des Unternehmens an.
Gegenstromverfahren	Es stellt eine **Mischform** zwischen der **Top-down-Planung** und der **Bottom-up-Planung** dar und wird auch »down-up-Prinzip« genannt. Die Unternehmensleitung legt vorläufig gültige Rahmendaten vor. Aus ihnen werden auf den nachfolgenden Hierarchieebenen vorläufige Teilziele bzw. -pläne abgeleitet, zunehmend konkretisiert und detailliert. Von der unteren Ebene ausgehend wird dann bis hin zur oberen Ebene eine Überprüfung bzw. Korrektur der Ziel- bzw. Planungsvorgaben durchgeführt.
Gremium	Es stellt eine **Personenmehrheit** dar und kann sein: ◯ Leitungsgruppe (hauptamtlich, unbefristet) ◯ Projektgruppe (hauptamtlich, befristet) ◯ Kollegium (nebenamtlich, befristet) ◯ Ausschuss (nebenamtlich, unbefristet).
Grundsatzplanung	Sie umfasst: ◯ Unternehmensphilosophie ◯ Unternehmenskultur ◯ Corporate Identity ◯ Unternehmensethik

Grundstrategie	Als Grundstrategie werden zusammengefasst:
	
	◯ **Produkt-Markt-Strategien**
	  - Marktdurchdringungsstrategie - Produktentwicklungsstrategie
	  - Marktentwicklungsstrategie - Diversifikationsstrategie
	
	◯ **Wettbewerbsstrategien**
	  - Differenzierungsstrategie - Strategie der Konzentration
	  - Strategie der umfassenden auf Schwerpunkte
	    Kostenführerschaft

Gruppenleitung	Sie ist zumeist mit Aufgaben der Planung, Organisation, Steuerung und Führung betraut, um den Arbeitsfluss aufrecht zu erhalten und Störungen des Arbeitsablaufes zu beseitigen.
Gruppenprozessorganisation	Der Gruppenprozess stellt eine Kette aufeinander folgender Schritte dar, die sich auf **Arbeitsgruppen** beziehen. Es gibt: ◯ Soziale Gruppenprozesse ◯ Wirtschaftliche Gruppenprozesse

Holding-Organisation	Sie besteht aus einer nicht selbst am Markt auftretenden Dachgesellschaft sowie Beteiligungen an mehreren rechtlich selbstständigen Unternehmen. Als von der Spartenorganisation abgeleitete Organisationsform gibt es: O Management-Holding (Leitung/Koordination durch Dachgesellschaft) O Finanz-Holding (keine strategischen Aufgaben durch Dachgesellschaft)
Information	Dabei handelt es sich um ein Führungsmittel, das **zweckbezogenes Wissen** darstellt, welches sich auf Personen bzw. Arbeitsplätze bezieht, bzw. die **Weitergabe von Wissen** im Sinne des Informierens ist.
Insourcing	Es ist ein dem Outsourcing gegenläufiger Prozess, bei dem Outsourcingverträge gekündigt werden und gleichzeitig eine **Wiedereingliederung** bzw. der **Neuaufbau** von Leistungen, Wissen und Fähigkeiten im eigenen Unternehmen vollzogen wird.
Internationalisierungsstrategie	Sie ist eine **Entwicklungsstrategie** und bezieht sich auf den systematischen Aufbau und die Entwicklung von Erfolgspotenzialen auf dem Weltmarkt.
Joint Venture	Es ist eine weit verbreitete Form der **Kooperation** eines Unternehmens **mit ausländischen Partnern**. Ein Joint Venture wird als ein grenzüberschreitendes, rechtlich selbstständiges Unternehmen durch eine Kapitalbeteiligung von mindestens je einem in- und ausländischen Partner gegründet oder erworben. Die Gesellschaftsunternehmen bzw. Partnerunternehmen bleiben rechtlich unabhängig. Es gibt: O Infrastruktur-kooperationen O Kernprozess-kooperationen O Simultaneous-Engineerings
Just-in-time-Konzept	In der produktionssynchronen Beschaffung wird ein Zwischenprodukt nicht auf Lager vorgefertigt, sondern erst dann eingesteuert, wenn es tatsächlich benötigt wird. Den Prozessen der Fertigung liegt ein **Hol-System** zu Grunde. Die Fertigung erfolgt in allen Stufen **auf Abruf**. Der Prozess endet mit der raschen Ablieferung der fertigen Produkte beim Kunden. Im Rahmen des Just-in-time-Konzeptes ist der **Kanban** ein bedeutendes Steuerungsinstrument. Er ist eine Karte, eine Tafel oder ein markierter Bereich, der jeweils ein optisches Signal dafür setzt, dass die in der Fertigung vorgelagerte Organisationseinheit wieder diese Teile nachproduziert.
Kaizen	Ihm liegt das Streben nach permanenten Verbesserungen in allen Unternehmensbereichen zu Grunde. Damit soll ein konsequentes **Innovationsmanagement** insbesondere in Bezug auf Qualität, Kosteneinsparung und Erhöhung der Arbeitssicherheit in allen betrieblichen Prozessen betrieben werden.
Kennzahlenanalyse	**Kennzahlen** beziehen sich auf wichtige betriebliche Tatbestände, Gegebenheiten, Abläufe bzw. Zusammenhänge und stellen diese in konzentrierter Form dar. Sie werden im Rahmen der Kennzahlenanalyse gewonnen, geben der Unternehmensleitung einen Überblick über die Leistungsfähigkeit des Unternehmens und dienen der strategischen Ausrichtung.
Kommunikation	Bei ihr erfolgt ein wechselseitiger Austausch von Informationen zwischen Menschen und/oder Maschinen. Sie zählt als **soziale Kommunikation** zu den wichtigsten Führungsmitteln überhaupt. Als solche kann sie sein: O Verbale Kommunikation (Inhaltsebene) - Gespräche - Besprechung - Konferenz O Nicht-verbale Kommunikation (Beziehungsebene)

Kompetenz	Sie kann in zweifacher Weise interpretiert werden:
	
	○ Als **Persönlichkeitsmerkmal** einer Person stellt sie deren Fähigkeit dar, die sich auf verschiedene Ausprägungen beziehen kann. Dementsprechend gibt es:
	
	  - Fachkompetenz (Fachwissen, Sachwissen)
	  - Methodenkompetenz (Kenntnis von Verfahren/Techniken usw.)
	  - Sozialkompetenz (Kommunikation, Kooperation usw.)
	  - Führungskompetenz (Führungs-/Motivationsfähigkeit)
	  - Selbstkompetenz (Fähigkeiten/Stärken kennen, einsetzen).
	
	Alle Kompetenzen zusammen ergeben die **Handlungskompetenz**.
	
	○ Als **Befugnis** einer Person, Maßnahmen zur Erfüllung von Aufgaben auf der Basis fachlicher Zuständigkeit zu ergreifen.

Konkurrenten- analyse	Sie dient dazu, systematisch Informationen über die Mitbewerber zu sammeln und zu bewerten. Dabei erstreckt sie sich meist nicht auf sämtliche Wettbewerber, sondern nur auf die zwei bis drei **wichtigsten Konkurrenten** sowie auf **potenzielle Konkurrenten**, die noch nicht in der Branche tätig sind bzw. **kleinere Wettbewerber**, die erfolgreich Marktnischen besetzt haben. Mit diesem Instrument versucht das Unternehmen, die voraussichtlichen strategischen **Schritte** der Wettbewerber zu erkennen und die **Reaktionen** der Wettbewerber auf Veränderungen in der Branche sowie auf eigene strategische Maßnahmen herauszufinden.
Kontrollarten	Die Kontrolle kann sehr verschiedenartig sein. Sie lässt sich z. B. nach folgenden **Kriterien** unterscheiden: ○ Objekt: Ergebniskontrolle, Verfahrenskontrolle ○ Träger: Selbstkontrolle, Fremdkontrolle ○ Umfang: Gesamtkontrolle, Stichprobenkontrolle ○ Ebene: Strategische, taktische, operative Kontrolle

Kontrolle	Sie ist ein Vorgang der personen-, sach- und zeitbezogenen Gewinnung von Informationen, der sich der Durchführung des betrieblichen Geschehens anschließt und erfolgt in zwei Phasen:
	
	○ **Überwachung**
	  (vergangenheitsbezogen, Ermittlung Soll-Istdaten)
	
	○ **Untersuchung**
	  (vergangenheits-/zukunftsbezogen, Abweichungsanalyse).

Kontrolle, *operative*	Sie zielt darauf ab, Abweichungen vom kurzfristigen Planungsprozess rasch und detailliert festzustellen. Dementsprechend bezieht sie sich auf einen Zeitraum von bis zu einem Jahr.
Kontrolle, *strategische*	Sie umfasst einen Zeitraum von mehr als vier oder fünf Jahren und kann sein: ○ Strategische ○ Strategische ○ Strategische Prämissenkontrolle Durchführungskontrolle Überwachung
Kontrolle, *taktische*	Sie ist auf die einzelnen Unternehmensbereiche ausgerichtet und kontrolliert zumeist quantifizierbare Größen. Die taktische Kontrolle bezieht sich auf einen Zeitraum von mehr als einem Jahr bis zu vier oder fünf Jahren und dient der kritischen Begleitung von Bereichsentwicklungen.

Kooperation	Sie ist ein **Führungsmittel**, mit dem die Zusammenarbeit von zwei oder mehreren Personen bezeichnet wird, die gemeinschaftlich eine Aufgabe erfüllen und dient dem möglichst störungsfreien Zusammenwirken von Vorgesetzten und Mitarbeitern sowie zwischen Mitarbeitern.
Kooperations-strategie	Sie ist eine **Entwicklungsstrategie**, mit deren Hilfe die Wettbewerbsposition des Unternehmens auf Dauer verbessert werden soll. Als Kooperationsstrategie gilt jede Form der Zusammenarbeit von Unternehmen mit dem Ziel der gemeinsamen Erfüllung einer Aufgabe. Die Kooperationspartner bleiben rechtlich selbstständig, geben jedoch einen Teil der wirtschaftlichen Selbstständigkeit auf.
Kritik	Als **Führungsmittel** ist sie die sachbezogene Auseinandersetzung des Vorgesetzten mit den Leistungen seiner Mitarbeiter. Sie kann sein: ○ Positive Kritik (Lob, Anerkennung) ○ Negative Kritik (Kritik i. e. S., Tadel)
Kunden-management	Es ist eine Organisationsform, bei welcher **Kundenmanager** die Nähe zum Kunden suchen, um ihm eine bestmögliche Zufriedenheit zu vermitteln. Zu unterscheiden sind: ○ Stabs-Kundenmanagement (Kundenmanager als Stab) ○ Linien-Kundenmanagement (Kundenmanager als Linienstelle) ○ Matrix-Kundenmanagement (begrenzte Weisungsbefugnis)
Lean-Aufbaukonzept	Es zeichnet sich durch eine Reduzierung der Hierarchiestufen aus, um durch flachere Hierarchien weniger Kosten zu verursachen.
Lebenszyklus-Konzept	Ihm liegt die Annahme zu Grunde, dass ein Produkt nur eine begrenzte Lebensdauer hat und seine Absatzchancen im Zeitablauf einer zyklischen Entwicklung unterliegen. Es umfasst: ○ Den **Entstehungszyklus**, in dem ausschließlich Kosten anfallen, z. B. für Produktplanung, Produktentwicklung, Vorbereitung der Markteinführung. ○ Den **Marktzyklus**, in dem Umsatzerlöse erzielt werden, wobei die Umsatzkurve s-förmig verläuft. Die Produktlebensdauer lässt sich dabei in die Phasen Einführung, Wachstum, Reife/Sättigung und Degeneration unterteilen, die jedes Produkt in unterschiedlicher Weise durchläuft.
Lebenszyklus-Wettbewerbs-positions-Portfolio	Es ist stark absatzmarktorientiert und ermöglicht die Ableitung strategischer Handlungsempfehlungen unter besonderer Berücksichtigung des Lebenszyklus-Konzeptes. Die **Achsen** der Matrix des Lebenszyklus-Wettbewerbspositions-Portfolios sind: ○ Die **Phase des Lebenszyklus** einer strategischen Geschäftseinheit bzw. eines Produktes. ○ Die **Wettbewerbsposition** einer strategischen Geschäftseinheit bzw. eines Produktes gegenüber den Konkurrenten als zukünftige Marktstellung. Als 20-Felder-Matrix vermittelt das Portfolio eine Vielzahl von **Normstrategien**.
Linien-Projekt-organisation	Sie ist eine Form der Einbindung des Projektes in die gegebene Aufbauorganisation, bei welcher der jeweilige Projektleiter z. B. als Gruppenleiter, dem Leiter der Fachabteilung direkt unterstellt wird. Sie bietet sich vor allem für funktional ausgerichtete Projekte an.

Lower Management	Es hat als **Gruppenleitung** die Entscheidungen ihr übergelagerter Führungsebenen umzusetzen. Dabei beeinflusst es die Gruppe bzw. einzelne Gruppenmitglieder zielgerichtet unter Beachtung der jeweiligen Gruppensituation, um zu einem gemeinsamen Gruppenerfolg zu gelangen.
Lückenanalyse	Ihr Zweck ist es, frühzeitig eine Lücke zwischen der gegenwärtigen Entwicklung und der strategischen Zielsetzung eines Unternehmens zu erkennen. Die Lücken-Analyse wird auch **GAP-Analyse** genannt. Zu unterscheiden sind: ○ Einfache Lückenanalyse ○ Differenzierte Lückenanalyse
Management by Delegation	Es stellt eine Führungstechnik dar, bei der **Kompetenzen** und **Handlungsverantwortung** soweit wie möglich auf die Mitarbeiter übertragen werden, wodurch schnelle, sachgerechte Entscheidungen möglich werden. Die Führungsverantwortung verbleibt beim Vorgesetzten.
Management by Exception	Es ist eine Führungstechnik, bei der die Mitarbeiter innerhalb eines **vorgegebenen Rahmens** selbstständig entscheiden dürfen, der sich auf die Wichtigkeit eines Vorganges, die Unvorhersehbarkeit eines Vorganges oder eine bestimmte Norm beziehen kann.
Management by Objectives	Es ist eine Führungstechnik, die sich der Ziele als Führungsmittel bedient. Nach überwiegender Auffassung basiert es darauf, dass **Ziele** zwischen dem Vorgesetzten und den Mitarbeitern **vereinbart** werden, also keine (einseitige) Vorgabe der Ziele durch den Vorgesetzten erfolgt.
Marktanalyse	Sie ist das systematische und methodisch einwandfreie **Untersuchen eines Marktes** mit dem Ziel, marktbezogene Informationen zu erlangen. Die Marktanalyse kann **einmalig** oder **fallweise** zeitpunktbezogen durchgeführt werden und dient dem Vergleich von Strukturgrößen.
Marktattraktivitäts-Wettbewerbsvorteils-Portfolio	Mit ihm wird ermöglicht, in die Bestimmung der Matrix-Achsen mehrere Faktoren einfließen zu lassen, um strategische Geschäftseinheiten differenzierter analysieren und Normstrategien ableiten zu können als beim Marktwachstums-Marktanteils-Portfolio. Es wird auch als **McKinsey-Matrix** bzw. **Neun-Felder-Matrix** bezeichnet, deren Achsen sind: ○ Marktattraktivität ○ Relative Wettbewerbsvorteile Je nach Matrix-Feld gibt es Empfehlungen für **Normstrategien**: ○ Investitions- und Wachstumsstrategien ○ Selektive Strategien (Defensiv-, Übergangs-, Offensivstrategie) ○ Abschöpfungs- und Desinvestitionsstrategien.
Marktdurchdringungsstrategie	Sie ist eine **Produkt-Markt-Strategie**, die der Ausschöpfung des Marktpotenzials von existierenden Produkten in bestehenden Märkten dient. Dies kann insbesondere durch eine Intensivierung der Marketinganstrengungen geschehen mit dem Ziel, das Marktvolumen und den eigenen Marktanteil zu vergrößern. Sie wird als Marktintensivierungsstrategie oder Marktpenetrationsstrategie bezeichnet.
Marktentwicklungsstrategie	Sie ist eine **Produkt-Markt-Strategie** und zielt darauf ab, für die gegenwärtig existierenden Produkte neue Märkte zu erschließen. Dies kann geschehen durch Erschließung zusätzlicher geografischer Marktgebiete, Eindringen in zusätzliche Marktsegmente sowie Erschließung neuer Teilmärkte.

Markt-wachstums-Marktanteils-Portfolio	Es erfolgt in Form eines Vier-Felder-Koordinatensystems und wird auch **Vier-Felder-Matrix** oder **BCG-Matrix** genannt. Die Achsen der Matrix beziehen sich auf die wichtigsten Erfolgsfaktoren einer strategischen Geschäftseinheit, die sind: ○ Das Marktwachstum als zukunftsbezogene, vom Unternehmen nicht beeinflussbare Komponente ○ Der relative Marktanteil, der interne Stärken und Schwächen des Unternehmens darstellt. Die strategischen Geschäftseinheiten lassen sich vier Grundtypen zuordnen, mit denen **Normstrategien** verbunden sind: ○ Question Marks (Offensiv-, Defensivstrategie) ○ Stars (Investitionsstrategie) ○ Cash Cows (Abschöpfungsstrategie) ○ Poor Dogs (Halte-, Desinvestitionsstrategie)
Matrix-organisation	Sie ist eine Aufbauorganisation, bei der auf der zweiten Hierarchieebene zwei Gliederungsprinzipien gleichzeitig und gleichberechtigt verfolgt werden. In der **Horizontalen** der Matrix lassen sich zentrale Funktionen aufnehmen, die **Vertikale** der Matrix kann die Objekte als dezentrale Organisationseinheiten ausweisen. In den Schnittstellen von Funktionen und Objekten befinden sich Organisationseinheiten mit Doppelunterstellungen.
Matrix-Projekt-organisation	Bei ihr unterstehen die Mitglieder der Projektgruppe, die für die Dauer des Projektes aus den Fachabteilungen zu einem Teil herausgelöst werden, in disziplinarischen Fragen der **Fachabteilung** und in Projektfragen dem **Projektleiter**. Beide arbeiten gleichberechtigt zusammen und tragen die Projektverantwortung.
Middle Management	Es stellt die **Bereichsleitung** dar und hat die Aufgabe, Entscheidungen des Top Managements umzusetzen sowie bereichsbezogene Entscheidungen zu treffen. **Bereichsverantwortliche** sind je nach Größe des Unternehmens: ○ Bereichsleiter ○ Hauptabteilungsleiter ○ Abteilungsleiter
Mitarbeiter	Er ist **Arbeitnehmer** eines Unternehmens. Während in Zusammenhang mit arbeitsrechtlichen Betrachtungen von Arbeitnehmern gesprochen wird, verwendet die Personalführung vorrangig den Begriff des Mitarbeiters. Der Mitarbeiter kann als einzelne Person oder als Gruppenmitglied in Erscheinung treten. Er weist als **Merkmale** auf: ○ Kompetenz ○ Einstellung ○ Motive ○ Temperament ○ Disposition (extrinsisch/ ○ Eigenschaften ○ Kondition intrinsisch)
Organisation	Sie kann sein: ○ Das **dauerhafte Ordnen** oder **Strukturieren** eines Unternehmens bzw. sozio-technischen Systems als Tätigkeit des Organisierens. ○ Die **Ordnung** oder **Struktur**, bei der das Unternehmen das Ergebnis des Organisierens ist. Neben dieser **formellen Organisation** im Sinne einer Aufbau-, Prozess- und Projektorganisation gibt es auch eine **informelle Organisation**, die spontan bzw. ungeplant gebildet wird.

Organisations-ebene	Entsprechend der jeweiligen **Hierarchieebene** gibt es: ○ Gruppe (auf unterer Führungsebene) ○ Bereich (auf mittlerer Führungsebene) ○ Leitung (auf oberer Führungsebene).
Organisations-entwicklung	Sie stellt einen längerfristigen Prozess der Unternehmen und der in ihnen tätigen Menschen im Rahmen des geplanten Wandels dar.
Organisations-form	Sie ist Ausdruck der Strukturierung des Unternehmensaufbaus. Es gibt: ○ **Grundlegende Organisationsformen** Sektoral-, Funktional-, Sparten-, Matrix-, Tensororganisation ○ **Abgeleitete Organisationsformen** Center-, Holding-Organisation, SGE-, Produkt-, Prozess-, Kunden-, Projektmanagement
Organisations-handbuch	Es ist eine gegliederte Zusammenfassung aller wesentlichen **Organisationsregelungen** eines Unternehmens. Zweck des Organisationshandbuches ist es, die organisatorischen Gegebenheiten den Mitarbeitern zugänglich zu machen.
Organisations-plan	Er dokumentiert die **Aufbauorganisation** dadurch, indem er z. B. Bereiche, Hauptabteilungen, Abteilungen und Stellen ausweist. Der Organisationsplan wird auch **Organigramm** genannt.
Organisations-struktur	Der Aufbau des Unternehmens zeigt sich in zweifacher Weise: ○ Der **horizontalen Organisationsstruktur** als Ergebnis von Stellenbildung, Aufbaufestlegungen, Gruppen-, Bereichs-, Leitungsbildung. ○ Der **vertikalen Organisationsstruktur**, die umfasst: – Die **Leitungsspanne** als Anzahl der durch einen Vorgesetzten optimal betreubaren direkt unterstellten Mitarbeiter. – Die **Zahl der Hierarchieebenen**, die von verschiedenen Faktoren beeinflusst wird.
Organisations-system	Es stellt eine Menge von Organisationseinheiten dar, die über Informationswege miteinander verbunden sind als: ○ **Liniensystem**, bei dem die Stellen und Abteilungen in einen einheitlichen Instanzenweg eingegliedert sind, der von oben nach unten reicht. Jeder Mitarbeiter ist nur einem Vorgesetzten unterstellt. ○ **Funktionssystem**, bei dem mehrere Instanzenwege bestehen, Mitarbeiter also mehreren Vorgesetzten unterstellt sind. Dadurch wird das »Prinzip des kürzesten Weges« realisiert. ○ **Stabliniensystem**, bei dem das Liniensystem mit dem Stabsprinzip verbunden wird (Stäbe für höhere Instanzen).
Outsourcing	Es ist die **Ausgliederung** einzelner Aufgaben bis hin zu ganzen Funktionsbereichen aus der eigenen Unternehmenskompetenz, die eine unternehmensbezogene Abnahme der Wertschöpfung bewirkt.
Partizipation	Sie stellt die **Teilhabe der Mitarbeiter** an Entscheidungen des Vorgesetzten dar und ist ein wichtiges Führungsmittel, denn sie führt sowohl zu verbesserter Motivation der Mitarbeiter als auch zu sachgerechteren Entscheidungen. Es gibt:

	O Alltägliche Partizipation O Betriebliches Vorschlagswesen O Qualitätszirkel
Personal- **beurteilung**	Als **Führungsmittel** umfasst sie alle Maßnahmen zur systematischen Einschätzung der im Unternehmen tätigen Personen. Im Rahmen der Mitarbeiterbeurteilung kann den Mitarbeitern aufgezeigt werden, wo sie leistungsmäßig stehen. Außerdem dient sie dem sachgerechten Personaleinsatz als Entwicklungsbasis für die Mitarbeiter sowie einer möglichst leistungsgerechten Entlohnung.
Personal- **entlohnung**	Als Führungsmittel hat sie die Aufgabe, den Mitarbeitern als Anreiz zu dienen. Wie hoch ihr motivierender Charakter ist, lässt sich nicht genau sagen. Auch wenn es als sicher gelten darf, dass dem Entgelt als Anreiz keine exklusive Bedeutung zukommt, so ist sein Stellenwert innerhalb des gesamten Potenzials an Führungsmitteln dennoch hoch anzusetzen.
PIMS-Konzept	Es ist eine seit den 60er-Jahren betriebene empirische Studie, die **erfolgs-** **beeinflussende Faktoren** von Unternehmen untersucht. Mit seiner Hilfe sollen allgemein gültige **strategische Gesetzmäßigkeiten** beschrieben und Strategien empirisch fundiert werden. Das PIMS-Konzept hat erkennen lassen, dass Unternehmen mit hohen Marktanteilen auch hohe Rentabilitäten erzielen, da sie zumeist über hohe kumulierte Erfahrungen verfügen, die realisierbare Kostendegressionseffekte bewirken.
Planung	Sie ist die Vorwegnahme des zukünftigen Geschehens im Unternehmen. Als **Führungsmittel** wird sie eingesetzt, um die Erreichung der gesetzten Ziele zu bewirken.
Planung, *operative*	Sie ist kurzfristig ausgelegt (bis zu einem Jahr), wird aus der taktischen Planung abgeleitet und stellt eine konkrete Ziel- und Maßnahmenplanung dar, die durch das Lower Management erfolgt, aber auch bis in das Middle Management hineinreichen kann.
Planung, *strategische*	Sie ist langfristig ausgerichtet (mehr als vier bzw. fünf Jahre), wird vom Top Management vorgenommen und dient dazu, strategische Pläne und Strategien zu erarbeiten. **Strategische Planungskonzepte** sind: O PIMS-Konzept O Erfahrungskurven-Konzept O Lebenszyklus-Konzept O Synergie-Konzept
Planung, *taktische*	Sie ist mittelfristig ausgerichtet (mehr als ein Jahr bis vier bzw. fünf Jahre), wird aus der strategischen Planung abgeleitet und stellt eine **Bereichs-** **planung** dar, die dem Middle Management obliegt.
Planungs- **arten**	Die Pläne eines Unternehmens können sehr verschiedenartig sein. Sie lassen sich z.B. nach folgenden Kriterien unterscheiden: O Umfang: Teilpläne, Gesamtpläne O Verbindlichkeit: Pläne mit Prognose/Vorgabecharakter O Sicherheit: Pläne unter Sicherheit/Unsicherheit O Zeitbezug: Langfristige, mittelfristige, kurzfristige Pläne O Ebene: Strategische, taktische, operative Pläne

Planungs-grundsätze	Da die Planung in vielfältiger Weise erfolgen kann, müssen Regelungen geschaffen werden, die den betrieblichen Interessen entsprechen. Planungs-grundsätze können sich beziehen auf: ○ Vollständigkeit ○ Genauigkeit ○ Verbindlichkeit ○ Hierarchie ○ Elastizität ○ Wirtschaftlichkeit
Planungs-prozess	Anregungs-phase $\Rightarrow$ Such-phase $\Rightarrow$ Entscheidungs-phase
Portfolio-technik	Sie unterstützt das Top Management bei seiner komplexen strategischen Führungsaufgabe. Der **Portfolio-Ansatz** betrachtet das Gesamtunternehmen, das aus einzelnen strategischen Geschäftseinheiten (SGE) besteht. Als Portfolio-Techniken gibt es: ○ Marktwachstums-Marktanteils-Portfolio ○ Lebenszyklus-Wettbewerbs-positions-Portfolio ○ Marktattraktivitäts-Wettbewerbs-vorteils-Portfolio ○ Beschaffungs-Portfolio ○ Technologie-Portfolio ○ Personal-Portfolio
Potenzialanalyse	Sie soll die verfügbaren Stärken bzw. Ressourcen eines Unternehmens in sämtlichen Unternehmensbereichen analysieren, um den Ist-Zustand der Erfolgspotenziale festzustellen. Deswegen wird sie auch **Ressourcenana-lyse** genannt.
Produkt-entwicklungs-strategie	Sie ist eine **Produkt-Markt-Strategie** und dient dazu, neue Produkte für bestehende Märkte zu entwickeln. Die Produktentwicklungsstrategie wird insbesondere von Unternehmen praktiziert, die kurze Produktlebenszyklen aufweisen. Ihre Realisierung erfordert die Innovation von Produkten.
Produkt-management	Es ist eine Organisationsform, durch welche die Anpassungsfähigkeit an sich ändernde Märkte verbessert und die Wettbewerbsposition des Unternehmens gesichert werden soll. Sein tragendes Element ist der **Produktmanager**. Zu unterscheiden sind: ○ Stabs-Produktmanagement (Produktmanager als Stab der Leitung) ○ Linien-Produktmanagement (Produktmanager als Linienstelle) ○ Matrix-Produktmanagement (Doppelunterstellungen)
Projekt-dokumentation	Mit dem Abschluss eines Projektes verbundene Dokumentationen sind üblicherweise: ○ Abnahmeprotokoll ○ Abschlussbericht

Projekt-durchführung	Sie kann erfolgen, wenn die Projektplanung abgeschlossen ist. Mit ihr werden die geplanten Inhalte umgesetzt. Zur Projektgestaltung zählen:
	
	○ **Projektauslösung**
	  – Projektentscheidung – Projektbegründung
	  – Projektauftrag – Projektstart
	
	○ **Projektarbeiten**
	  – Recherchen – Protokollieren
	  – Lösen – Berichten
	  – Kommunizieren – Dokumentieren
	
	○ **Projektsteuerung**
	  – Vorsteuerung – Nachsteuerung
	  – Projektkontrolle

Projekt-einführung	Sie erfolgt aufgrund der Einführungsentscheidung durch die zuständige Projektinstanz und kann sein: ○ Direkteinführung (voll an einem Stichtag) ○ Funktionseinführung (zunächst in einem Funktionsbereich) ○ Probeeinführung (zunächst in einem Unternehmensteil).
Projektgruppe	Sie besteht aus einer begrenzten Anzahl von Personen, die zumeist hauptamt-lich und vollzeitlich eine Projektlösung erarbeitet. Da Projekte üblicherweise zeitlich begrenzt sind, arbeitet auch die Projektgruppe zeitlich befristet.
Projekt-institutionen	Sie werden zusätzlich zum Projektleiter und der Projektgruppe aktiv und sind für ein oder mehrere Projekte zuständig als: ○ Lenkungsausschuss ○ Fachausschuss ○ Lenkungskollegium
Projektleiter	Er ist eine **Führungskraft**, die für den Erfolg eines Projektes verantwortlich ist. An den Projektleiter werden hohe persönliche und fachliche Anforde-rungen gestellt. Seine Entscheidungs- und Weisungsbefugnisse sind von der jeweiligen Form der Projektorganisation abhängig.
Projekt-organisation	Sie stellt die befristete Gestaltung projektbezogener Regelungen innerhalb eines Unternehmens dar. Sie wird vom **Projektmanagement** vorgenommen.
Projekt-planung	Sie stellt die **vorausschauende Festlegung** der Durchführung von Projek-ten dar. Mit ihr werden die prozessualen Merkmale der Projekte festgelegt. Sie umfasst: ○ Aufgabenplanung ○ Terminplanung ○ Personalplanung ○ Ergänzende Planungen **Ergebnisse** der Projektplanung sind: ○ Projektplan ○ Projektauftrag ○ Projektplanungsbericht ○ Projektvergabe ○ Projektantrag ○ Projektförderungsantrag
Projekt-strukturierung	

Projekt-vorbereitung	Sie dient dazu, die wesentlichen Ausprägungen eines Problems zu erkennen und umfasst: ○ Problemermittlung ○ Alternativenentwicklung ○ Problemanalyse ○ Erfolgseinschätzung
Prozess-analyse	Sie ist die **Erfassung** und **kritische Untersuchung** des Zustandes der Prozessorganisation als: ○ Ist-Aufnahme (Ermittlung des Ist-Zustandes) ○ Ist-Kritik (Suche nach Schwachstellen/Verbesserungen).
Prozess-dokumentation	Sie stellt die schriftliche Ordnung der Daten der Prozessorganisation dar. Mit ihr wird die Prozessstruktur abschließend dargestellt.
Prozess-einführung	Prozess-vorbereitung ⇨ Prozess-präsentation ⇨ Prozess-realisierung ⇨ Prozess-kontrolle
Prozess-gestaltung	Sie zielt darauf ab, die Durchführung der Prozessorganisation möglichst kostengünstig und nutzbringend zu vollziehen. Sie wird auch **Business Reengineering** genannt und umfasst: ○ **Groborganisation** – Alternativenentwicklung – Alternativenauswahl – Konzeptentwicklung – Konzeptentscheidung ○ **Detailorganisation** – Arbeitsstrukturierung – Arbeitsprozessorganisation – Arbeitsgangorganisation – Arbeitsprozessterminierung – Arbeitsplatzorganisation – Arbeitsprozessdokumentation
Prozess-management	Es stellt eine Organisationsform dar, bei der **Prozessmanager** agieren, die für den effizienten Ablauf der jeweiligen Prozesse im Unternehmen zuständig und verantwortlich sind. Dabei können sie aufweisen: ○ Volle ○ Keine ○ Begrenzte Weisungsbefugnis Weisungsbefugnis Weisungsbefugnis
Prozess-organisation	Sie zeigt als dauerhaft wirksame Gestaltung des dynamischen Beziehungs-zusammenhanges eines soziotechnischen Systems die **Strukturierung** des Prozesses der Aufgabenerfüllung durch zeitliche und räumliche Beziehungen.
Prozess-planung	Sie legt in der Gegenwart fest, welche Struktur die Prozessorganisation zu einem Planungszeitpunkt aufweisen soll. Sie umfasst: ○ **Zielplanung** auf der Grundlage der Organisations-, Unternehmens-, Mitarbeiter-, Kundenziele. ○ **Konzeptplanung**, mit der die Anforderungen an die Prozessplanung festgelegt werden.

Prozess-strukturierung	Vorbereitende Maßnahmen ⇨	Festlegung der Prozessstruktur ⇨	Abschließende Maßnahmen
	⇩	⇩	⇩
	• Prozessanalyse • Prozess-planung • Prozess-gestaltung	• Einzelprozess-organisation • Gruppenprozess-organisation • Bereichsprozess-organisation • Unternehmens-prozess-organisation	• Prozess-einführung • Prozess-dokumen-tation
Qualität	Sie ist i. e. S. die Güte eines Produktes, i. w. S. die Summe aller Aktivitäten, die innerhalb eines Unternehmens sowie seiner Beziehungen zu Markt-partnern darauf abzielen, den an das Unternehmen gestellten Erwartungen gerecht zu werden.		
Qualitäts-management	Es bezeichnet diejenigen Aktivitäten, die darauf abzielen, Arbeitsabläufe und Geschäftsprozesse zu optimieren. Seine **Dokumentation** nimmt einen hohen Stellenwert ein und umfasst: o Qualitätsmanagement-Handbuch o Qualitätsmanagement-Verfahrensanweisungen o Qualitätsmanagement-Arbeitsanweisungen		
Qualitätsnorm	Sie wird von der »Internationalen Organisation für Standardisierung« (ISO) erlassen. Qualitätsnormen stellen eine international anerkannte Beurtei-lungsgrundlage für die Qualitätsfähigkeit von Unternehmen dar, die gegen-seitige Geschäftsbeziehungen aufnehmen wollen bzw. bereits unterhalten. Die **Normenreihe ISO 9000:2005** umfasst vier Hauptnormen, welche die allgemeinen Anforderungen an ein Qualitätssicherungs-System im Un-ternehmen definieren. Sie orientiert sich an den Unternehmensabläufen.		
Qualitätszirkel	Er ist ein Team-Konzept, das die Mitglieder eines Teams zu mehr Kreativi-tät und Innovationen anregen soll. Hier treffen sich vielfach sechs bis neun Mitarbeiter eines Arbeitsbereiches »vor Ort« selbstständig und freiwillig, um Probleme im Zusammenhang mit der Arbeit zu lösen und Verbesse-rungsvorschläge zu erarbeiten. Die **Moderation** der Sitzungen erfolgt durch einen Leiter des Qualitäts-zirkels, der häufig vom Team gewählt wird, aber auch durch den Leiter der Fertigung berufen werden kann.		
Reine Projekt-organisation	Bei ihr werden die Mitglieder der Projektgruppe für die Projektdauer voll-ständig aus den Fachabteilungen herausgelöst und zeitlich befristet in die Aufbauorganisation integriert. Dies geschieht vor allem bei **Großprojekten**.		
Sektoral-organisation	Sie ist eine Form der Aufbauorganisation, die eine **zentrale Organisations-struktur** hat und durch eine Zweiteilung auf der zweiten Hierarchieebene in einen technischen und einen kaufmännischen Sektor geprägt ist.		

SGE-Management	Es besteht aus **strategischen Geschäftseinheiten** (SGE), die sich auf strategische Geschäftsfelder (SGF) beziehen. Sie sind Ausdruck von Produkt-Markt-Kombinationen, die in einzelne, voneinander unterscheidbare Organisationseinheiten zerlegt und von der Spartenorganisation abgeleitet werden.
Sicherheits-management	Es stellt auf die eingesetzten Materialien und die Fertigungsverfahren ab und ist auf den umfassenden Schutz von Menschen (z. B. Arbeitnehmer, Kunden) ausgerichtet. Bei ihm sind zu unterscheiden: ○ Traditionelle Konzepte (vorrangig technischer Arbeitsschutz) ○ Moderne Konzepte (von Produkterstellung bis Entsorgung)
Sparten-organisation	Sie stellt eine Organisationsform dar, die hauptsächlich durch die Dezentralisierung geprägt ist. Die zweite Hierarchieebene des Unternehmens ist nach **Objekten** gegliedert. Ihre wesentlichen Elemente sind die Zentralabteilungen, die für die leistungsprozessbezogenen Sparten vielfältige Dienstleistungen erbringen. Die Spartenorganisation kann sein: ○ Produktorganisation (Erzeugnisse als Sparten) ○ Regionalorganisation (Regionen/Gebiete als Sparten) ○ Kundenorganisation (Kunden als Sparten)
Stabs-Projekt-organisation	Bei ihr ist der Einfluss des Projektleiters relativ gering. Er hat als Inhaber einer Stabsstelle oder Leiter einer Stabsgruppe bzw. Stabsabteilung nur die Aufgabe der Koordination. Deshalb kann eher von einem **Projektkoordinator** gesprochen werden.
Stärken-Schwächen-Analyse	Sie vergleicht vergangenheits- und gegenwartsbezogen die positiven und negativen Merkmale eines Unternehmens mit denen der bedeutendsten Konkurrenten. Damit ist sie eine wichtige Ergänzung der Potenzialanalyse.
Stelle	Sie ist die kleinste organisatorische Einheit im Unternehmen als: ○ Linienstelle (mit Weisungsbefugnis vertikal eingebunden) ○ Instanz (mit Weisungsbefugnis ausgestattet) ○ Ausführungsstelle (ohne Leitungsbefugnis) ○ Stabsstelle (ohne Weisungsbefugnis horizontal eingeordnet) ○ Assistenz (unmittelbar für einen Aufgabenträger tätig)
Stellen-beschreibung	Sie ist ein **Mittel der Aufbaudokumentation**, mit dem alle wesentlichen Merkmale einer Stelle formularmäßig ausgewiesen werden, die sind: ○ Stellenbezeichnung ○ Stellenverantwortung ○ Stelleneinordnung ○ Stellenziele ○ Stellenaufgaben ○ Stellenvertretungen ○ Stellenbefugnisse ○ Stellenanforderungen
Stellen-besetzungsplan	Er ist ein **Mittel der Aufbaudokumentation**, mit dem die Stellenbesetzung ausgewiesen wird: ○ In einfacher Form (Stellen, Namen der Stelleninhaber) ○ In erweiterter Form (zusätzlich z. B. Dienststellen, Stellvertreter)
Stellen-bildung	Sie umfasst: ○ Die **Aufgabenanalyse**, mit der eine komplexe Gesamtaufgabe schrittweise und systematisch in auf Handlungsträger übertragbare Teilaufgaben zerlegt wird.

	○ Die **Aufgabensynthese**, die der Zusammenfassung der gewonnenen Teilaufgaben zu koordinierbaren Aufgabenkomplexen dient, die von Organisationseinheiten zu bewältigen sind.
Steuerung	Sie dient der Erreichung betrieblicher Ziele oder Pläne und wird wirksam, wenn die Vorgaben der Ziele oder Pläne nicht realisiert wurden bzw. erkennbar wird, dass sie keine Realisierung erfahren werden. Zu unterscheiden sind: ○ **Vorsteuerung** (inputbezogen, zukunftsorientiert, vor dem Eintritt der Störung) ○ **Nachsteuerung** (outputbezogen, vergangenheitsorientiert, nach Eintritt der Störung).
Strategie	Sie ist eine bestimmte, verbindlich festgelegte »**Marschrichtung**« zur Lösung grundlegender Probleme, basiert auf externen und internen strategischen Analysen und gilt für einen relativ langen Zeitraum. Es gibt: ○ Grundstrategien ○ Bereichsstrategien ○ Unternehmensstrategien
Strategie der Konzentration auf Schwerpunkte	Sie ist eine grundlegende **Wettbewerbsstrategie**, die nicht auf den Gesamtmarkt abzielt, sondern lediglich einzelne **Marktsegmente** zu bearbeiten versucht. Die Strategie kann entweder in Form einer **Differenzierung** oder einer **umfassenden Kostenführerschaft** ausgestaltet sein. Als Nischenstrategie strebt das Unternehmen an, durch Einengung seiner Zielgruppe besser auf die Bedürfnisse der Kunden einzugehen als die Konkurrenz und damit eine marktsegmentspezifische Erhöhung des Kundennutzens zu erreichen.
Strategie der umfassenden Kostenführerschaft	Als grundlegende **Wettbewerbsstrategie** besteht ihre Besonderheit darin, durch eine breite Marktpräsenz große Stückzahlen zu erzielen, woraus niedrigere Kosten im Verhältnis zur Konkurrenz resultieren. Sie nutzt den **Kostenvorsprung** eines Anbieters gegenüber seinen Konkurrenten innerhalb einer Branche aus, wobei die Produkte bzw. Dienstleistungen zumeist nur von durchschnittlicher Qualität sind. Sie wird auch **(Niedrig-) Preisstrategie**, **Mengenstrategie** oder **Preis-Mengen-Strategie** genannt.
Strategische Allianz	Sie beruht auf einer Vereinbarung zwischen Unternehmen, auf bestimmten Gebieten zusammenzuarbeiten, um einen zukunftsträchtigen Wettbewerbsvorteil nachhaltig zu verteidigen bzw. zu generieren. **Formen** sind: ○ Informelle Abkommen (ohne Bindungen) ○ Kooperationsvereinbarungen (betriebliche Funktionalbereiche) ○ Errichtung von Gemeinschaftsunternehmen.
Synergie-Konzept	Es beschreibt den »**2+2=5-Effekt**«, der besagt, dass das Gesamte zusammengefügt mehr sein kann als die Summe seiner Teile. Für ein Unternehmen können sich Leistungsverbesserungen und Wettbewerbsvorteile ergeben, wenn es sein bisheriges Know-how durch Kooperation mit Marktpartnern in neuen Produkt- und Marktbereichen nutzt.
Teamarbeit	Sie ist ein Konzept, durch das im Unternehmen ein höheres Leistungsniveau bzw. eine Steigerung der Arbeitsproduktivität erreicht werden soll. Das Zusammenwirken der Teammitglieder soll die Summe der isolierten Einzelleistungen ihrer Mitglieder bei Wahrung von erhöhter Solidarität übertreffen.

Technologie-Portfolio	Es betrachtet die Technologie als Schlüsselgröße für die Zukunft eines Unternehmens. Das Technologie-Portfolio ist insbesondere für Unternehmen bedeutsam, die einen beträchtlichen Teil ihres Umsatzes im Forschungs- und Entwicklungsbereich investieren. Die **Matrix-Achsen** des Technologie-Portfolios sind: ○ Die **Technologieattraktivität** als die vom Unternehmen weitgehend unbeeinflussbare Umweltsituation im Technologiebereich. ○ Die **Ressourcenstärke**, welche die technische und wirtschaftliche Stärke bzw. Schwäche der Technologie des Unternehmens in Relation zum wichtigsten Konkurrenten darstellt. Je nach Matrix-Feld gibt es verschiedene **Normstrategien**, insbesondere für den Bereich der Forschung und Entwicklung: ○ Investitionsstrategien ○ Desinvestitionsstrategien ○ Selektive Strategien
Tensor-organisation	Sie ist eine **Organisationsform**, bei der drei Dimensionen des Unternehmens berücksichtigt werden, z. B. üblicherweise: ○ Zentralbereiche ○ Regionalbereiche ○ Unternehmensbereiche
Top-down-Prinzip	Die Zielsetzung bzw. Planung erfolgt **retrograd**, d. h. von »**oben nach unten**«. Es geht von einer auf der oberen Führungsebene vorgenommenen Zielformulierung aus. Die Unternehmensleitung informiert die nachgelagerten Instanzen über die für diese verbindlichen Maßnahmen.
Top Management	Es ist die Institution im Unternehmen, welche die **Unternehmensführung** ausübt. Das Top Management, das die Unternehmensleitung darstellt, kann hinsichtlich der **Willensbildung** basieren auf: ○ Direktorialorganisation (ein Unternehmensleiter entscheidet) ○ Kollegialorganisation (alle Unternehmensleiter entscheiden).
Total Quality Management	Es betrachtet die Qualität in einem Unternehmen ganzheitlich und umfassend. Das Total Quality Management ist ein strategischer **Führungsansatz**, der langfristig alle Unternehmensaktivitäten am Qualitätsziel ausrichtet.
TQM-Konzept	Es strebt eine absolute **Fehlerfreiheit** der Produkte auf der Basis einer verstärkten Mitarbeiterschulung und Mitarbeitermotivation an. Als ganzheitlicher Qualitätsansatz kennzeichnet es eine Denk- und Handlungsweise, bei welcher der Kundennutzen vorrangig ist.
Umfeldanalyse	Sie ist eine Untersuchung wesentlicher Faktoren und sich abzeichnender Trends, welche die Umwelt des Unternehmens betreffen. Deswegen wird sie auch **Umweltanalyse** genannt und dient dazu, Chancenpotenziale zu erkennen, die mit neuen Strategien ausnutzbar sind sowie Gefahrenpotenziale festzustellen, die durch neue Strategien vermeidbar, umgehbar oder verminderbar sind.
Umwelt-management	Es ist darauf gerichtet, alle betrieblichen Prozesse auf deren Umweltverträglichkeit zu untersuchen, was wegen der Begrenzung natürlicher Ressourcen unerlässlich ist. Mit ihm werden die in der Gesellschaft diskutierten ökologischen Problemstellungen in die Unternehmen hineingetragen. Es wird auch als **Umweltschutzmanagement** bezeichnet und umfasst Umweltschutzverhalten (Verhalten des Managements), Umweltschutzmaßnahmen (in allen Unternehmensbereichen), Umweltschutzinstitutionen (unterstützende Organe).

Umweltschutz-institutionen	Möglichkeiten der Einbindung des Umwelt(schutz)managements in das Unternehmen sind: ○ Der **Umweltschutzbeauftragte**, dessen Aufgabe die bereichsübergreifende Koordination aller umweltbezogenen Aktivitäten ist. ○ Der **Umweltausschuss**, der vor allem als Informations- und Beratungsgremium fungiert.
Unternehmens-ethik	Sie ist die **Lehre von** denjenigen **idealen Werten**, die zu einem Frieden stiftenden Gebrauch der unternehmerischen Handlungsfreiheit anleiten sollen. Dabei darf nicht nur die Gewinnerzielung für ein Unternehmen im Vordergrund stehen, sondern auch Ziele wie Humanität, Ökologie, Verantwortungsbewusstsein.
Unternehmens-führung	Sie ist zielorientierte Gestaltung, Steuerung und Entwicklung des Unternehmens, die vom Top Management ausgeht.
Unternehmens-führung, *funktionale*	Sie umfasst die **sachbezogene Führung**, die ihrerseits wiederum eine prozessbezogene Führung oder eine strukturbezogene Führung sein kann, und die **personenbezogene Führung**.
Unternehmens-führung, *institutionale*	Sie umfasst alle Führungskräfte, die auf den einzelnen Hierarchieebenen im Unternehmen tätig sind und dazu beitragen, dass das Unternehmen seine Ziele erreichen kann.
Unternehmens-kultur	Sie ist ein **unternehmensbezogenes Wertsystem** von Vorstellungen, Orientierungsmustern, Verhaltensnormen, Denk- und Handlungsweisen eines Unternehmens. Durch die Unternehmenskultur wird nicht nur das Verhalten aller Führungskräfte und Mitarbeiter eines Unternehmens entscheidend geprägt, sie kann auch dazu beitragen, dass sich ein Unternehmen deutlich von Wettbewerbern abhebt.
Unternehmens-leitbild	Es dient dazu, die in der Unternehmensphilosophie verankerten Werte und Normvorstellungen des Top Managements in Form von **Unternehmensgrundsätzen** festzuschreiben. Das Unternehmensleitbild vermittelt den Handlungsrahmen und die Handlungsperspektive für die Entscheidungen auf allen Führungsebenen.
Unternehmens-leitung	Sie besteht aus einer oder mehreren Personen und befasst sich vorrangig mit strategischen Aufgaben, formuliert unternehmenspolitische Ziele und Grundsätze. Schließlich trifft die Unternehmensleitung Führungsentscheidungen.
Unternehmens-philosophie	Sie ist Ausgangspunkt des wirtschaftlichen Handelns eines Unternehmens und kann als »**Weltanschauung**« des Unternehmens angesehen werden, das mit ihr ganzheitlich betrachtet wird.
Unternehmens-prozess-organisation	Auf der Basis der Organisation der Einzelprozesse, Gruppenprozesse und Bereichsprozesse ist es möglich, den **gesamten Prozess** des Unternehmens zu strukturieren. Es sind zu unterscheiden: ○ Teilprozesse (güter-, finanzwirtschaftlich, informationell), ○ Gesamtprozess
Unternehmens-strategie	Mit ihrer Hilfe soll die zukünftige globale Ausrichtung des Unternehmens als **Hauptstoßrichtung** durch das Top Management festgelegt werden.

	Es gibt:
	○ **Verhaltensstrategien** – Angriffsstrategie – Verteidigungsstrategie ○ **Entwicklungsstrategien** – Kooperationsstrategie – Internationalisierungsstrategie
Unternehmens-vision	Sie leitet sich aus der Unternehmensphilosophie ab und versucht, aus der Gegenwart heraus ein mögliches mehr oder weniger konkretes »**Zukunftsbild**« des Unternehmens zu skizzieren, durch welches das Unternehmenskonzept maßgeblich geprägt wird. Deshalb steht sie in engem Zusammenhang mit der strategischen Ausrichtung des Unternehmens.
Verhaltens-gitter	Es ist ein zweidimensionales Führungsstil-Konzept. In der **Vertikalen** wird das personenorientierte Führungsverhalten, in der **Horizontalen** das aufgabenorientierte Führungsverhalten dargestellt. Aus dem Verhaltensgitter werden typische Führungsstile abgeleitet.
Verhaltens-strategie	Sie ist eine **Unternehmensstrategie**, die sich an den Aktivitäten der Konkurrenz orientiert und überwiegend gegenwartsbezogen ist. Sie kann sein: ○ Angriffsstrategie ○ Verteidigungsstrategie
Verteidigungs-strategie	Sie ist eine **Verhaltensstrategie**, die bestrebt ist, die Wahrscheinlichkeit von Angriffen durch Konkurrenten zu verringern. Als Defensivstrategie will sie Wettbewerbsvorteile dauerhaft absichern.
Vorgesetzter	Er ist eine **Führungskraft**, die für die Erreichung der betrieblichen Ziele bzw. Aufgaben sowie die Motivation und den Gruppenerhalt der Mitarbeiter zu sorgen hat. Dabei weist er mehrere **Merkmale** auf: ○ Kompetenz ○ Eigenschaften ○ Disposition ○ Autorität ○ Menschenbild ○ Kondition ○ Macht ○ Verhalten
Wertketten-Analyse	Mit ihr sollen mögliche Ansatzpunkte zur Verbesserung der Wettbewerbsposition eines Unternehmens erkannt werden. Sie wird auch **Wertschöpfungsketten-Analyse** genannt und umfasst nicht nur die Untersuchung unternehmensinterner Abläufe, sondern ist auch eine markt- bzw. branchenbezogene Analyse möglicher Wettbewerbsvorteile eines Unternehmens.
Zertifizierung	Sie ist die Bestätigung einer unabhängigen Zertifizierungsgesellschaft, dass die **Anforderungen einer Qualitätsnorm** in einem Unternehmen erfüllt sind. Dem Unternehmen ist es damit möglich, seine qualitative Leistungsfähigkeit mit einem Zertifikat bzw. Qualitätsaudit nachzuweisen.
Ziel	Es stellt den Ausgangspunkt des Führungsprozesses dar, indem es einen erwünschten **zukünftigen Zustand** beschreibt, den das Unternehmen erreichen möchte. Von besonderer Bedeutung für den Unternehmenserfolg ist, dass es eindeutig formuliert wird und damit als Dimensionen aufweist: ○ Inhalt (z. B. Steigerung des Umsatzes ...) ○ Ausmaß (z. B. ... um 10 % ...) ○ Zeit (z. B. ... im 1. Halbjahr 2008).
Zielarten	Die von einem Unternehmen angestrebten Ziele können sehr verschiedenartig sein. Sie lassen sich z. B. nach folgenden **Kriterien** unterscheiden:

	O Formalisierungsgrad: Sachziele, Formalziele O Bedeutung: Hauptziele, Nebenziele O Hierarchische Beziehung: Oberziele, Unterziele O Ausrichtung: monetäre, nicht-monetäre Ziele O Fristigkeit: kurzfristige, mittelfristige, langfristige Ziele O Zusammenhang: komplementäre, konkurrierende, indifferente Ziele O Ebene: strategische, taktische, operative Ziele
Zielbildungs-prozess	Er bewirkt, dass die Ziele durch die Unternehmensleitung bzw. durch den jeweiligen Vorgesetzten vorgegeben oder unter Mitwirkung der Mitarbeiter vereinbart werden. **Phasen** des Zielbildungsprozesses sind: O Zielsuche, z.B. mithilfe von Kreativitätstechniken O Zielabstimmung, in der Zielbeziehungen festgelegt werden O Zielentscheidung, in der die anzustrebenden Ziele bestimmt werden O Zielformulierung, in der Ziele operationalisiert und festgehalten werden O Zieldurchsetzung, die von der Unternehmensleitung ausgeht O Zielkontrolle als Vergleich geplanter und realisierter Ziele.
Ziel(setzung), operative	Sie ist kurzfristig ausgelegt (bis zu einem Jahr,) wird aus der taktischen Zielsetzung abgeleitet und fällt dem Lower Management zu, kann vereinzelt aber auch vom Middle Management erfolgen.
Ziel(setzung), strategische	Strategische Ziele sind langfristig orientiert (mehr als vier bzw. fünf Jahre). Sie werden meist von zentralen Planungsinstanzen unter Verantwortung des Top Managements festgeschrieben und dienen der Ausrichtung der Unternehmenspolitik sowie der strategischen Erfolgsfaktoren.
Ziel(setzung), taktische	Sie ist mittelfristig ausgerichtet (mehr als ein Jahr bis vier bzw. fünf Jahre), wird aus der strategischen Zielsetzung abgeleitet und obliegt dem Middle Management, oft im Zusammenwirken mit dem Top Management.

Literaturverzeichnis

A. Grundlagen

Amann, K., Unternehmensführung, Stuttgart 1995
Bea/Haas, Strategisches Management, 5. Aufl., Stuttgart 2009
Carl/Kiesel, Unternehmensführung, 2. Aufl., Landsberg/Lech 2000
Claessens, D., Autorität, in: HWFü, Hrsg. Kieser/Reber/Wunderer, 2. Aufl., Stuttgart 1995
Drucker, P. F., Die Praxis des Managements, Düsseldorf 1998
Ehrmann, H., Kompakt-Training Strategische Planung, Ludwigshafen/Rhein 2006
Ehrmann, H., Unternehmensplanung, 5. Aufl., Ludwigshafen/Rhein 2007
Faix/Laier, Soziale Kompetenz, 2. Aufl., Wiesbaden 1996
Fischer, H., Unternehmensplanung, München 1997
Gälweiler, A., Unternehmensplanung, 2. Aufl., Frankfurt/Main 1990
Hahn, O., Allgemeine Betriebswirtschaftslehre, 3. Aufl., München 1997
Hammer, R. M., Unternehmensplanung, 7. Aufl., München 1998
Hinterhuber, H. H., Strategische Unternehmensführung, Bd. 1, 7. Aufl., Berlin/New York 2004
Hinterhuber, H. H., Strategische Unternehmensführung, Bd. 2, 7. Aufl., Berlin/New York 2004
Hopfenbeck, W., Allgemeine Betriebswirtschafts- und Managementlehre, 14. Aufl., Landsberg/ Lech 2002
Horváth, P., Controlling, 11. Aufl., München 2009
Hub, H., Unternehmensführung, 3. Aufl., Wiesbaden 1990
Jung, H./Bruck, J./Quarg, S., Allgemeine Managementlehre, 3. Aufl., Berlin 2008
Kreikebaum/Gilbert/Behnam., Strategische Unternehmensplanung, 7. Aufl., Stuttgart 2010
Krüger, W., Organisation der Unternehmung, 3. Aufl., Stuttgart 1994
Macharzina, K./Wolf, J., Unternehmensführung, 6. Aufl., Wiesbaden 2008
Mag, W., Unternehmensplanung, München 1995
Oeldorf/Olfert, Kompakt-Training Materialwirtschaft, 3. Aufl., Ludwigshafen/Rhein 2009
Oeldorf/Olfert, Materialwirtschaft, 12. Aufl., Ludwigshafen/Rhein 2008
Olfert, K., Kompakt-Training Personalwirtschaft, 6. Aufl., Ludwigshafen/Rhein 2009
Olfert, K., Personalwirtschaft, 14. Aufl., Herne 2010
Olfert/Pelz/Pischulti, Sozialkompetenz verstärken – Fachkompetenz allein reicht nicht mehr aus, um zukunftsorientierte Arbeitsplätze zu besetzen, in: Hochschule für Technik, Wirtschaft und Kultur Leipzig (Hrsg.), Beiträge zu Lehre und Forschung 1/95, S. 19-23
Olfert/Rahn, Einführung in die Betriebswirtschaftslehre, 10. Aufl., Herne 2010
Olfert/Rahn, Kompakt-Training Organisation, 5. Aufl., Ludwigshafen/Rhein 2009
Rahn, H.-J., Unternehmensführung, 7. Aufl., Ludwigshafen/Rhein 2008
Rosenstiel v., L.., Grundlagen der Organisationspsychologie, 6. Aufl., Stuttgart 2007
Schierenbeck, H., Grundzüge der Betriebswirtschaftslehre, 17. Aufl., München 2008
Seidel/Redel, Führungsorganisation, 2. Aufl., München 1997
Sihn, W. (Hrsg.), Unternehmensmanagement im Wandel, München 1995, Sp. 123-128
Staehle, W.H., Management, 9. Aufl., München 2010
Stahlmann, V., Umweltorientierte Unternehmensführung, München 1994
Steinmann/Schreyögg, Management, 6. Aufl., Wiesbaden 2005
Ulrich/Fluri, Management, 7. Aufl., Bern/Stuttgart 1995
Voigt, K.I., Strategische Unternehmensplanung, Wiesbaden 1993
Ziegenbein, K., Controlling, 9. Aufl., Ludwigshafen/Rhein 2007
Ziegenbein, K., Kompakt-Training Controlling, 3. Aufl., Ludwigshafen/Rhein 2006

B. Prozessbezogene Führung

Achterhold, G., Corporate Identity, 2. Aufl., Wiesbaden 1997

Amann, K., Unternehmensführung, Stuttgart 1995

Ansoff, I. H., Management-Strategie, München 1966

Bea/Haas, Strategisches Management, 5. Aufl., Stuttgart 2009

Becker, J., Marketing-Konzeption, 9. Aufl., München 2009

Bergmann, G., Zukunftsfähige Unternehmensentwicklung, München 1996

Beyer/Fehr/Nutzinger, Unternehmenskultur und innerbetriebliche Kommunikation, Wiesbaden 1995

Birkigt/Stadler/Funck, Corporate Identity, 11. Aufl., Landsberg/Lech 2002

Brauchlin/Wehrli, Strategisches Management, 3. Aufl., München 2002

Braun, W., Unternehmenskultur, Wiesbaden 1994

Brewing, J., Kritik der Unternehmensethik, Bern 1995

Bromann/Piwinger, Gestaltung der Unternehmenskultur, Stuttgart 1992

Carl/Kiesel, Unternehmensführung, 2. Aufl., Landsberg/Lech 2000

Dunst, K. H., Portfolio Management, 2. Aufl., Berlin/New York 1983

Ebling/Kreuzer, Handbuch der strategischen Instrumente, Wien 1994

Ehrmann, H., Kompakt-Training Strategische Planung, Ludwigshafen/Rhein 2006

Ehrmann, H., Unternehmensplanung, 5. Aufl., Ludwigshafen/Rhein 2007

Eschenbach/Kunesch, Strategische Konzepte, 5. Aufl., Stuttgart 2008

French/Bell, Organisationsentwicklung, 4. Aufl., Bern/Stuttgart/Wien 1994

Gälweiler, A., Strategische Unternehmensführung, 3. Aufl., Frankfurt/Main 2005

Gälweiler, A., Unternehmensplanung, 2. Aufl., Frankfurt/Main 1990

Glöckler, T., Strategische Erfolgspotentiale durch Corporate Identity, Wiesbaden 1995

Göttgens, O., Erfolgsfaktoren in stagnierenden und schrumpfenden Märkten, Wiesbaden 1996

Grabner-Kräuter, S., Diskussionsansätze zur Erforschung von Erfolgsfaktoren, in: Journal für Betriebswirtschaft 1993, S. 278 - 300

Hahn/Taylor, Strategische Unternehmensplanung, 9. Aufl., Würzburg/Wien 2006

Hammer, R. M., Unternehmensplanung, 7. Aufl., München 1998

Hax/Mayluf, Strategische Unternehmensführung, Frankfurt/New York 1988

Heinen, E., Unternehmenskultur, 2. Aufl., München 1997

Hentze/Brose/Kammel, Unternehmensplanung, 2. Aufl., Bern/Stuttgart 1993

Hinterhuber, H. H., Strategische Unternehmensführung, Bd. 1, 7. Aufl., Berlin/New York 2004

Hinterhuber, H. H., Strategische Unternehmensführung, Bd. 2, 7. Aufl., Berlin/New York 2004

Hinterhuber, H. H., Wettbewerbsstrategie, 2. Aufl., Berlin/New York 1990

Hinterhuber/Al-Ani/Handlbauer (Hrsg), Das Neue Strategische Management, 2. Aufl., Wiesbaden 2000

Hopfenbeck, W., Allgemeine Betriebswirtschafts- und Managementlehre, 14. Aufl., Landsberg/ Lech 2002

Kreikebaum, H., Grundlagen der Unternehmensethik, Stuttgart 1996

Kreikebaum/Gilbert/Behnam, Strategische Unternehmensplanung, 7. Aufl., Stuttgart 2010

Leisinger, K. M., Unternehmensethik, München 1997

Macharzina, K./Wolf, J., Unternehmensführung, 6. Aufl., Wiesbaden 2008

Mag, W., Unternehmensplanung, München 1995

Mann, R., Strategisches Controlling mit Checklists und Arbeitsformularen, 5. Aufl., Landsberg/ Lech 1989

Meffert, H., Marketing, 10. Aufl., Wiesbaden 2008

Nieschlag/Dichtl/Hörschgen, Marketing, 19. Aufl., Berlin 2002

Olfert/Rahn, Einführung in die Betriebswirtschaftslehre, 10. Aufl., Herne 2010

Olins, W., Corporate Identity, 2. Aufl., Wiesbaden 1990

Pfeiffer/Metze/Schneider/Amler, Technologie-Portfolio zum Management strategischer Zukunftsgeschäftsfelder, 6. Aufl., Göttingen 1991

Pischulti, H., Direktbankgeschäft, Frankfurt/Main 1997

Porter, M. E. (Hrsg.), Globaler Wettbewerb, Wiesbaden 1999

Porter, M. E., Wettbewerbsvorteile, 6. Aufl., Frankfurt/Mai 2000

Porter, M. E., Wettbewerbsstrategie, 11. Aufl., Frankfurt/Main 2008

Rahn, H.-J., Unternehmensführung, 7. Aufl., Ludwigshafen/Rhein 2008

Regenthal, G., Ganzheitliche Corporate Identity, 2. Aufl., Wiesbaden 2009
Regenthal, G., Identität und Image, 3. Aufl., Köln 2003
Roventa, P., Portfolio-Analyse und Strategisches Management, München 1979
Schein, E. H., Unternehmenskultur, Frankfurt/Main 1995
Schierenbeck, H., Grundzüge der Betriebswirtschaftslehre, 17. Aufl., München 2008
Schreyögg, G., Organisation, 5. Aufl., Wiesbaden 2008
Simon, H., Herausforderung Unternehmenskultur, Stuttgart 2001
Steinmann/Schreyögg, Management, 6. Aufl., Wiesbaden 2005
Ulrich/Fluri, Management, 7. Aufl., Bern/Stuttgart 1995
Voigt, K. I., Unternehmenskultur und Strategie, Wiesbaden 1996
Weis, H. Chr., Marketing, 15. Aufl., Ludwigshafen/Rhein 2009
Zeuner, P., Geschäftsfeldplanung, Landsberg/Lech 1995

C. Strukturelle Führung

Albach, H., (Hrsg.), Wertschöpfungsmanagement als Kernkompetenz: Festschrift für Horst Wildemann, Wiesbaden 2002
Antoni, C. H., Teilautonome Arbeitsgruppen, Weinheim 1996
Argyris, Ch., Die lernende Organisation, 3. Aufl., Stuttgart 2006
Bea/Göbel, Organisation, 3. Aufl., Stuttgart 2006
Bea/Haas, Strategisches Management, 5. Aufl., Stuttgart 2009
Becker/Langosch, Produktivität und Menschlichkeit: Organisationsentwicklung und ihre Anwendung in der Praxis, 5. Aufl., Stuttgart 2002
Berger/Schubert, Projektmanagement: Mit System zum Erfolg, Wien 2002
Birker, K., Projektmanagement, 3. Aufl., Berlin 2003
Birker/Birker, Teamentwicklung und Konfliktmanagement, 2. Aufl., Berlin 2007
Bleicher, K., Das Konzept Integriertes Management, 7. Aufl., Frankfurt/New York 2004
Bleicher, K., Organisation – Strategien – Strukturen – Kulturen, 2. Aufl., Stuttgart 1992
Bokranz/Karsten, Organisations-Management in Dienstleistung und Verwaltung, 4. Aufl., Wiesbaden 2003
Boy/Dudek/Kuschel, Projektmanagement, 12. Aufl., Offenbach 2004
Brändli, Th., Outsourcing, Bern 2001
Bruce/Langdon, Projekt-Management, München 2001
Bühner, R., Betriebswirtschaftliche Organisationslehre, 10. Aufl., München /Wien 2004
Bullinger/Warnecke (Hrsg.), Neue Organisationsformen im Unternehmen, 2. Aufl., Berlin u.a. 2003
Burghardt, M., Einführung in Projektmanagement, 4. Aufl., Erlangen 2002
Burghardt, M., Projektmanagement, 7. Aufl., Köln 2006
Doppler/Lauterburg, Change Management, 12. Aufl., Frankfurt/New York 2008
Ebel, B., Kompakt-Training Produktionswirtschaft, 2. Aufl., Ludwigshafen/Rhein 2008
Ebel, B., Produktionswirtschaft, 9. Aufl., Ludwigshafen/Rhein 2009
Fiedler, R., Controlling von Projekten, 5. Aufl., Wiesbaden 2009
Fischermanns/Liebelt, Grundlagen der Prozessorganisation, 5. Aufl., Gießen 2000
Franz/Scholz, Prozessmanagement leicht gemacht, München/Wien 2005
French/Bell, Organisationsentwicklung, 4. Aufl., Bern/Stuttgart/Wien 1994
Frese E., Grundlagen der Organisation, 9. Aufl., Wiesbaden 2005
Frese, E. (Hrsg.), Organisationsmanagement, Neuorientierung der Organisationsarbeit, Stuttgart 2000
Gaitanides, M., Prozessorganisation – Entwicklung, Ansätze, Programme, 2. Aufl., München 2007
Hammer/Champy, Business Reengineering, 7. Aufl., Frankfurt/New York 2003
Hansel/Lomnitz, Projektleiter-Praxis, 4. Aufl., Berlin 2003
Haynes, M. E., Projektmanagement, 2. Aufl., Wien/Frankfurt 2003
Heeg, F. J., Projektmanagement, 2. Aufl., München 1993
Hentze/Kammel, Personalwirtschaftslehre 1, 7. Aufl., Bern/Stuttgart/Wien 2001
Hill/Fehlbaum/Ulrich, Organisationslehre, Bd. 1 u. 2, 5. Aufl., Bern/Stuttgart 1998
Hinterhuber, H. H., Strategische Unternehmensführung, Bd 1, 6. Aufl., Berlin/New York 1996
Hinterhuber, H.H., Strategische Unternehmensführung, Bd. 2, 6. Aufl., Berlin/New York 1997

Hopfenbeck, W., Allgemeine Betriebswirtschafts- und Managementlehre, 14. Aufl., Landsberg/Lech 2002

Jossé, G., Projektmanagement – aber locker! 2. Aufl., Hamburg 2001

Jung, H., Allgemeine Betriebswirtschaftslehre, 12. Aufl., München/Wien 2010

Jung, H., Personalwirtschaft, 8. Aufl., München/Wien 2008

Keßler/Winkelhofer, Projektmanagement, 4. Aufl., Berlin/Heidelberg/New York u. a. 2003

Kieser/Kubicek, Organisation, 5. Aufl., Berlin 2007

Kieser/Walgenbach, Organisation, 4. Aufl., Berlin 2003

Knebel/Schneider, Die Stellenbeschreibung, 8. Aufl., Heidelberg 2006

Köhler, Th. R., Internet – Projektmanagement, München 2002

Koppelmann, U., Outsourcing, Stuttgart 1996

Koreimann, D. S., Projektmanagement, Heidelberg 2002

Kosiol, E., Organisation der Unternehmung, 2. Aufl., Wiesbaden 1976

Kress/v. Studnitz, Teamführung: Gemeinsam zum Ziel, Reinbek bei Hamburg 2000

Laux/Liermann, Grundlagen der Organisation, 6. Aufl., Berlin u.a. 2005

Litke/Kunow/Schulz-Wimmer, Projektmanagement, Freiburg i. Br. 2009

Macharzina, K., Unternehmensführung, 6. Aufl., Wiesbaden 2008

Madauss, B. J., Handbuch Projektmanagement, 6. Aufl., Stuttgart 2000

Mehrmann/Wirtz, Effizientes Projektmanagement, 5. Aufl., München 2002

Meyer/Stopp, Betriebliche Organisationslehre, 15. Aufl., Renningen 2004

Niebling, J., Outsourcing, 3. Aufl., Stuttgart 2006

Oeldorf/Olfert, Kompakt-Training Materialwirtschaft, 3. Aufl., Ludwigshafen/Rhein 2009

Oeldorf/Olfert, Materialwirtschaft, 12. Aufl., Ludwigshafen/Rhein 2008

Olfert, K., Kompakt-Training Kostenrechnung, 6. Aufl., Herne 2010

Olfert, K., Kostenrechnung, 16. Auflage, Herne 2010

Olfert, K., Organisation, 15. Aufl., Ludwigshafen/Rhein 2009

Olfert/Rahn, Einführung in die Betriebswirtschaftslehre, 10. Aufl., Herne 2010

Olfert/Rahn, Kompakt-Training Organisation, 5. Aufl., Ludwigshafen/Rhein 2009

Olfert/Rahn, Lexikon der Betriebswirtschaftslehre, 7. Aufl., Herne 2011

Olfert/Reichel, Investition, 11. Aufl., Ludwigshafen/Rhein 2009

Olfert/Reichel, Kompakt-Training Investition, 5. Aufl., Ludwighafen/Rhein 2009

Osterloh/Frost, Prozessmanagement als Kernkompetenz, 5. Aufl., Wiesbaden 2006

Pekruhl/Nordhause-Janz, Gruppenarbeit: Konzept und Realität, in: Personal, 52. Jg. 2000,

Perlitz, M., Internationales Management, 5. Aufl., Stuttgart/Jena 2004

Pfeiffer/Weiß, Lean-Management, 2. Aufl., Berlin 1994

Pfetzing/Rohde, Ganzheitliches Projektmanagement, 3. Aufl., Zürich 2009

Rahn, H.-J., Führung von Gruppen, 5. Aufl., Heidelberg 2006

Rahn, H.-J., Unternehmensführung, 7. Aufl., Ludwigshafen/Rhein 2008

Schelle, H., Projekte zum Erfolg führen, 6. Aufl., München 2010

Schmidt, G., Grundlagen der Aufbauorganisation, 4. Aufl., Gießen 2000

Schmidt, G., Methode und Techniken der Organisation, 12. Aufl. Gießen 2000

Schmidt, G., Organisatorische Grundbegriffe, 13. Aufl., Gießen 2006

Schmidt, G., Prozessmanagement, 2. Aufl., Berlin u.a. 2002

Schmoll, G. A., Kooperation, Joint Ventures, Allianzen, Köln 2001

Schreyögg, G., Organisation, 5. Aufl., Wiesbaden 2008

Schulte-Zurhausen, M., Organisation, 5. Aufl., München 2010

Seghezzi, H.D., Integriertes Qualitätsmanagement, 3. Aufl., München/Wien 2007

Staehle, W.H., Management, 9. Aufl., München 2010

Thom, N., Organisationsentwicklung, in: HWO, Hrsg. E. Frese, 3. Aufl., Stuttgart 1992, Sp. 1477-1491

Töpfer/Mehdorn, Total Quality Management, 5. Aufl., Berlin 2010

Vahs, D., Organisation, 7. Auflage, Stuttgart 2009

Wildemann, H., Das Just-in-Time-Konzept, 5. Aufl., München 2000

Wildförster/Wingen, Projektmanagement und Probleme, Heidelberg 2001

Wiswede, G., Gruppen und Gruppenstrukturen, in: HWO, Hrsg. E. Frese, 3. Aufl., Stuttgart 1992, Sp. 735-754

Wittlage, H., Unternehmensorganisation, 6. Aufl., Herne/Berlin 1998
Ziegenbein, K., Controlling, 9. Aufl., Ludwigshafen/Rhein 2007
Ziegenbein, K., Kompakt-Training Controlling, 3. Aufl., Ludwigshafen/Rhein 2006

D. Personenbezogene Führung

Adrian/Albert/Riedel, Die Mitarbeiterbeurteilung, 7. Aufl., Stuttgart/München 2002
Becker, F. G., Grundlagen betrieblicher Leistungsbeurteilung, 5. Aufl., Stuttgart 2009
Berkel/Herzog/Schmid, Die Mitarbeiterbeurteilung als Führungsinstrument, 3. Aufl., Wiesbaden 1991
Berthel, J., Personal-Management, 9. Aufl., Stuttgart 2010
Bisani, F., Personalwesen und Personalführung, 6. Aufl., Wiesbaden 2001
Bühner, R., Personalmanagement, 3. Aufl., München 2005
Curth/Lang, Management der Personalbeurteilung, 2. Aufl., München 1991
Frese, H., Mitarbeiterführung, 6. Aufl., Würzburg 1992
Gessau, P., Analyse des Organisationsklimas einer medizinisch-naturwissenschaftlichen Forschungseinrichtung, Aachen 1997
Hentze/Kammel, Personalwirtschaftslehre I, 7. Aufl., Bern/Stuttgart/Wien 2001
Jung, H., Personalwirtschaft, 8. Aufl., München 2008
Knebel, H., Taschenbuch für Personalbeurteilung, 10. Aufl., Heidelberg 1999
Korndörfer, W., Unternehmensführungslehre, 9. Aufl., Wiesbaden 1999
Leymann, H., Der neue Mobbing-Bericht, Hamburg 1995
Leymann, H., Mobbing: Psychoterror am Arbeitsplatz und wie man sich dagegen wehren kann, Hamburg 1999
Liebel/Oechsler, Personalbeurteilung, Wiesbaden 1992
Olfert, K., Kompakt-Training Personalwirtschaft, 6. Aufl., Ludwigshafen/Rhein 2009
Olfert, K., Personalwirtschaft, 14. Aufl., Herne 2010
Olfert/Rahn, Einführung in die Betriebswirtschaftslehre, 10. Aufl., Herne 2010
Olfert/Rahn, Lexikon der Betriebswirtschaftslehre, 7. Aufl., Herne 2011
Rahn, H.-J., Unternehmensführung, 7. Aufl., Ludwigshafen/Rhein 2008
Rahn, H.-J., Führung von Gruppen, 5. Aufl., Heidelberg 2006
Raschke, H., Taschenbuch für Personalbeurteilung, 5. Aufl., Heidelberg 1977
Richter, M., Personalführung, 4. Aufl., Stuttgart 1999
Rischer, K., Schwierige Mitarbeitergespräche erfolgreich führen, 2. Aufl., Landsberg am Lech 1986
Rosenstiel v., L., Betriebsklima in: Strutz, H. (Hrsg.), Handbuch Personalmarketing, 2. Aufl., Wiesbaden 1989
Rosenstiel v., L., Motivation im Betrieb, 11. Aufl., München 2010
Rosenstiel/Regnet/Domsch (Hrsg.), Führung von Mitarbeitern, 4. Aufl., Stuttgart 1999
Seifert, J. W., Visualisieren, Präsentieren, Moderieren, 26. Aufl., Bremen 2009
Selbach, R. (Hrsg.), Handbuch Mitarbeiterbeurteilung, Wiesbaden 1992
Staehle, W. H., Management, 9. Aufl., München 2010
Stopp, U., Betriebliche Personalwirtschaft, 27. Aufl., Ehningen 2006

Stichwortverzeichnis

ABC-Analyse 166
Ablaufplan 172
Ablaufprotokoll 194
Abnahmeprotokoll 196
Abnehmer 85
Abschlussbericht 160, 196
Abschöpfungsstrategie 120, 123, 128
Abstimmungskollegialität 23
Abwärtsstrategie 198
Akkordlohn 223
Akquisition 104
Aktivität, unterstützende 97
Allianz, strategische .... 80, 206 f.
Alternativenauswahl .... 167 f.
Alternativenentwicklung .... 177 f.
Alternativenermittlung .... 167 f.
Amtsautorität 21
Analyse, externe .... 81 ff.
-, interne .... 81, 89 ff.
-, strategische .... 74, 81 ff.
Anerkennung 223
Angriffsreiz 110
Angriffsstrategie .... 108 f.
Anregungsphase 40
Arbeitsanalyse .... 168 f.
Arbeitsbedingungen .... 219 f.
Arbeitsgangorganisation .... 169 f.
Arbeitsgruppe 173
Arbeitsinhalt .... 219 f.
Arbeitsort 220
Arbeitsplatz 171
Arbeitsplatzbedarf 171
Arbeitsplatzorganisation .... 169 ff.
Arbeitsprozessdokumentation 169, 172
Arbeitsprozessorganisation 169, 171
Arbeitsprozessterminierung ...... 169, 171 f.
Arbeitsschutz, technischer 60
Arbeitssicherheit 60
Arbeitsstrukturierung .... 169 f.
Arbeitssynthese 168, 170
Arbeitsteam 173, 220
-, teilautonomes .... 204 f.
Arbeitsteilung 219
Arbeitszeit 220
-, gleitende 220
Arbeitszufriedenheit 230
Assistenzstelle 140
Aufbauanalyse .... 136 f.

Aufbaudokumentation .... 136, 160 ff.
Aufbaueinführung 136, 160
Aufbauentscheidung .... 138 ff.
Aufbaugestaltung .... 136 ff.
Aufbaukontrolle 160
Aufbauorganisation ...... 47, 54, 135 ff., 183
Aufbauplanung .... 137 f.
Aufbaustruktur .... 143 ff.
Aufbaustrukturierung .... 47, 136 ff.
Aufbausynthese 136
Aufgabe 141, 220, 225
Aufgabenanalyse .... 138 f.
Aufgabenplanung .... 175, 188 f.
Aufgabensynthese 139
Aufnahmetechnik 137, 165
Auftragsvolumen 88
Aufwärtsstrategie 198
Ausbildung 223
Ausfallplan 196
Ausführungsaufgabe .... 25 f.
Ausführungsstelle 140
Ausgabenplanung 175
Ausschuss 140
Austrittsbarriere 88
Autorität .... 16, 20 ff., 212
-, charismatische 21
-, formale 21, 212
-, funktionale .... 21 f., 212
-, personale 212
-, personelle 21
-, positionale 21

Balkendiagrammtechnik 190
Basisgeschäft 92, 101
BCG-Matrix 118
Befugnis 141, 180
Belohnungsmacht 212
Benchmarking 166
Beobachtung 137, 165
Bereichsbildung 142
Bereichsentscheidung 26
Bereichsleitung .... 22, 26 f.
Bereichsplanung 129
Bereichsprozessorganisation .... 163, 172 ff.
Bereichsstrategie .... 100, 112 ff.
Bericht 195
Berichtsplanung 191
Berichtstermin 191

Beschaffungsbereich 59
Beschaffungs-Portfolio .... 118, 127 f.
Besprechung 219
Bestrafungsmacht 212
Betriebsklima 230
Blockschaltbild 176
Bottom-up-Prinzip ....34 f., 40
Branchenattraktivität 121
Branchenstrukturanalyse 81, 85
Business Reengineering........................158

Cash Cow..119 f.
Center-Organisation ....154 f.
Checkliste 137
Checklistentechnik 165
Coaching..198, 223
Controllingbereich...................................18
Corporate Behaviour................................69
Corporate Communication 69
Corporate Design 69
Corporate Identity ....66 ff.
Cost-Center 155

Datenerhebungsverfahren 198
Datenflussplan 172, 176
Defensivstrategie 109, 119, 123
Degenerationsphase.............................77 f.
Delegation...220
Desinvestitionsstrategie .... 120, 123, 126 f.
Detailorganisation ....167 ff.
Dezentralisation....................................141
Dezentralisierung 170
Differenzierung 88
Differenzierungsstrategie....................105
Direktangriff 109
Direkteinführung 175, 196
Direktorialorganisation 22
Direktorialprinzip 143
Disposition...............................47, 213, 215
Diversifikation...........................101, 103 f.
-, horizontale..103
-, laterale...104
-, vertikale..103 f.
Diversifikationsstrategie 101, 103
Diversifizierungsstrategie 128
Divisionalorganisation......................149 ff.
Dokumentation 53, 55
Dokumentationsauswertung 165
Dokumentationsplanung 191
Dokumentenauswertung 137
Dokumentieren 195
Dreigremien-Modell 142

Drei-Phasen-Prozess.............................198
Du Pont-System 98
Durchführung.................................29, 41 ff.
Durchlaufzeit...172

Effektivität, Führung 229
Effizienz, Führung 229
Einflussmanagement-Organisation 185
Einführungsphase...............................77 f.
Einführungsplanung 175
Eingremien-Modell 142
Einliniensystem 146
Einzelarbeitsprozess 173
Einzelprozessorganisation........ 163, 172 f.
Einzelprozessstrukturierung...............173
Entscheidungsphase 41
Entscheidungstabelle............................176
Entstehungszyklus ....76 f.
Entwicklungslinie 92, 101
Entwicklungsrichtungsstrategie..........114
Entwicklungsstrategie.............. 108, 110 f.
Entwicklungsteam 198
Ereignis 190
Erfahrungskurvenkonzept ....75, 78 ff.
Erfolgsbeteiligung.................................223
Erfolgseinschätzung.......................177,179
Erfolgsfaktor, strategischer ....74 f.,
Ergebniskontrolle....................................44
Ergebnisprotokoll 194
Ersatzprodukt 85, 88
EVA-Prinzip..170
Evolutionsprojekt.................................176
Expansionsprojekt 176
Expertenautorität 21
Expertenmacht................................22, 212

Fachausschuss 182
Fachautorität...21
Fachkompetenz .... 17 f., 212, 215
Fehlerermittlung...................................178
Fehlzeit...230
Fertigungsbereich 18, 27, 59, 80, 90
Fertigungsbereichsprozess ....173 f.
Fertigungsstrategie............................112 f.
Finanz- und Rechnungswesen...............18
Finanzbereich 28, 42, 90
Finanz-Holding 155
Finanzstrategie 112, 115
Flankenangriff.......................................109
Fleckenstrategie...................................198
Fluktuation...230
Folge..189

Fördergespräch 223
Formalziel..31
Formularanalyse 169
Forschungs- und Entwicklungs-
   bereich 80, 90
Forschungs- und Entwicklungs-
   strategie.................................. 112, 115 f.
Fortbildung...223
Fragebogen 137, 165
Fremdkontrolle....................................44
Führung, personenbezogene........14, 29 ff.,
   ....49 f., 211 ff.
-, prozessbezogene .... 14, 46 f., 63 ff.
-, sachbezogene ....14, 29 ff.
-, strukturbezogene ....14, 46 ff., 135 ff.
Führungsaufgabe 16, 25
Führungsbeteiligte.....................49, 211 ff.
Führungsebene............................16, 22 ff.
Führungserfolg............ 49 f., 211, 229
Führungsinstrument ....29 ff., 45 ff.,
   ....49 f., 217
Führungskompetenz ...... 17, 19 f., 212, 215
Führungskraft......................................15
Führungsmittel .... 36, 49, 211, 217 ff.
-, aufgabenbezogene ....217, 219 ff.
-, informationsbezogene ....217 f.
-, personenbezogene 217, 221
-, prozessbezogene ....217 ff.
Führungsmittelinstrument 14
Führungsprozess ....14, 29 ff.
Führungsstil......................50, 211, 226 ff.
-, aufgabenorientierter ....226 f.
-, autoritärer ....226 f.
-, bürokratischer 226
-, kooperativer ....228 ff.
-, patriarchalischer............................227
-, personenorientierter 226
Führungstechnik................. 49, 211, 224 ff.
Führungsverantwortung ....225 f.
Funktionalorganisation .... 148 f.
Funktionseinführung...........................196
Funktionsstrategie.............................114
Funktionssystem..............................145 f.

GAP-Analyse...91
Gegenstrom-Prinzip..............................34
Gegenstromverfahren.....................35, 40
Gesamtkontrolle....................................44
Gesamtplan...38
Gesamtprozess 174
Geschäftseinheit, strategische............156
Geschäftsfeld, strategisches 156

Geschäftsprozess................................163 f.
Gespräch...219
Gesundheitsschutz 60
Gewinn..87
Gewinnspanne.......................................97
Gliederungsplan.................................170
Gliederungstabelle.............................170
Gratifikation.......................................223
Gremium..140
Grid-Organisationsentwicklung..........198
Groborganisation ....167 ff.
Grundsatzentscheidung........................26
Grundsatzplanung .... 46, 63, 65 ff.
Grundstrategie.......................100 ff., 114
Grundtyp 119
Gruppe...214
-, teilautonome....................................220
Gruppenarbeit.....................................181
Gruppenbildung 142
Gruppenkoordinator 181
Gruppenleitung 22, 24, 26, 28
Gruppenmitglied 181
Gruppenprozessorganisation..... 163, 172 f.
Gruppensprecher.................................181
Gruppenstruktur.................................181
Guerillastrategie 109

Haltestrategie 120
Handlungskompetenz 212
Handlungsverantwortung ....225 f.
Hauptstoßrichtung..............................108
Hauptziel...31
Hierarchieebene 144
Holding-Organisation ....154 ff.
Hol-System 202

Improvisation 47
Individualkompetenz.............................20
Information...218
Informationsbereich 18, 28
Informationsweg...................................141
Infrastrukturkooperation 208
Insourcing...199 ff.
Instanz..140
Internationalisierungsstrategie ....110 f.
Intervention..198
Interview 137, 165
Investitionsrechnung 193
Investitionsstrategie 123, 126
Investment-Center...............................155
Ist-Aufnahme .... 137, 164 ff.
Ist-Kritik................................. 137, 165 f.

Jahresarbeitszeit 220
Job description 162
Job Enlargement 220, 223
Job Enrichment 220, 223
Job Rotation.. 220
Joint Venture .... 80, 206 ff.
Just-in-time-Konzept .... 201 ff.

Kaizen... 52
Kaizen-Prinzip 202
Kanban 203
Kapazitätsbedarf................................. 171
Kapitalumschlag 98
Karriereplanung 198
Kassationskollegialität 23
Keilstrategie 198
Kennzahl .... 97 f.
Kennzahlenanalyse .... 81, 97 ff.
Kennzahlensystem................................. 98
Kernprozesse 164
Kernprozesskooperation 208
Kollegialorganisation............................. 23
Kollegialprinzip................................... 143
Kollegium 140
Kommunikation .... 218 f.
Kommunikationskonzept.................... 68 f.
Kommunizieren 194
Kompetenz................. 16 ff., 141, 180, 184,
.... 211, 215, 225 f.
Kondition 213, 215
Konferenz 219
Konflikt............................ 28, 152, 230
Konfliktvermeidungsstrategie.............. 108
Konfrontationstreffen 198
Konkurrent... 85
Konkurrentenanalyse .... 81, 83 ff.
Kontrollart... 43 f.
Kontrolle............ 29, 43 ff , 131 f., 218, 224
-, operative................................... 44, 132
-, strategische 44, 132
-, taktische 44, 132
Kontrollprozess .... 43 ff.
Kontrollspanne................................... 144
Konzentrationsgrad .... 87 f.
Konzepte, kooperative............. 48, 198, 206
-, wertschöpfende.................... 48, 198 ff.
Konzeptentscheidung.......................... 167f.
Konzeptentwicklung .... 167 ff.
Konzeptplanung 138, 167
Kooperation 104, 220
Kooperationsstrategie...................... 110 f.
Koordinations-Projektmanagement..... 185

Kostenattraktivität................................ 75
Kostendegression 78
Kostenführerschaft 106
Kosten-Nutzen-Analyse...................... 193
Kostenplanung 175, 191
Kostenvorsprung................................. 106
Kritik 223
Kunde 77
Kundenmanagement.................... 154, 159
Kundenorganisation .... 151 f.
Kundentreue 77
Kündigung, innere 230

Laissez-Faire-Führungsstil 226
Längsinformationsweg 141
Laufbahnförderung............................. 223
Lean-Aufbaukonzept........................... 201
Lean-Konzept .... 48, 198 ff.
Lean Management .... 24 f., 201
Lean Production.................................. 201
Lebensplanung................................... 198
Lebenszyklus .... 124 f.
Lebenszykluskonzept......................... 75 ff.
Lebenszyklus-Wettbewerbs-
positions-Portfolio .... 118, 121 ff., 124
Legitimationsmacht 21, 212, 227
Leistungsbeurteilung........................... 222
Leistungserstellung 96
Leitungsbildung 142
Leitungsgruppe 140
Leitungshilfsstelle.............................. 140
Leitungsspanne 144
Lenkungsausschuss 182
Lenkungskollegium 182
Lerning-by-doing................................. 19
Lernkompetenz 19
Lernkultur 19
Lernprozess 19
Lieferant 85
Linien-Kundenmanagement................. 159
Linienorganisation 146
Linien-Produktmanagement 157
Linien-Projektorganisation 159, 183,
.... 186 f.
Linienstelle... 140
Liniensystem .... 145 f., 148 f.
Liste 176
Listungstechnik.................................. 190
Lob 223
Lohnhöhe.. 223
Lösen.. 194
Lower Management ..... 22, 24 f., 31, 42, 64

Lücke, operative 93
-, strategische 93
Lückenanalyse.......................89, 91 ff., 100
-, differenzierte 92
-, einfache...92

Machbarkeitsanalyse............................179
Machtgrundlage 212
Make-or-Buy..199
Management by Delegation...............225 f.
Management by Exception ....225 f.
Management by Objectives 224
Management-by-Techniken ....224 ff.
Managementprozess 29
Managment-Holding.............................155
Marketingbereich............18, 27, 42, 57, 59,
....80, 90
Marketingstrategie ....112 ff.
Marktanalyse ....81 f.
Marktanteil 77
-, relativer ....118 f.
Marktattraktivität ....75, 121 ff.
Marktattraktivitäts-Wettbewerbs-
    vorteils-Portfolio...............................118
Marktbarriere 109
Marktdurchdringung 101
Marktdurchdringungsstrategie............101
Markteintritt 86
Marktentwicklungsstrategie ....101 f.
Marktgebiet...102
Marktgröße..121
Marktintensivierungsstrategie 192
Marktmacht..87
Marktpenetrationsstrategie 102
Marktposition 77, 122
Marktpotenzial.......................................77
Marktsegment 102
Marktsegmentierungsstrategie............114
Marktwachstum ....118 f., 121
Marktwachstums-Marktanteils-
    Portfolio ....118 ff.
Marktzyklus ....76 f.
Materialbereich 18, 27, 42, 57
Materialstrategie ....112 f.
Matrix-Kundenmanagement.................159
Matrixorganisation ....148, 152 f.
Matrix-Produktmanagement................157
Matrix-Projektorganisation 159, 183,
....185 f.
Mehrlinienorganisation 146
Mehrliniensystem 146
Meilensteinbericht 191

Meilensteinplan(ung)............................190
Mengenstrategie 106
Menschenbild 212
Menschentyp 215
Mentoring 223
Methodenkompetenz...........17 ff., 212, 215
Me-too-Produkt 103
Middle Management .... 22, 24 f., 31, 42, 64
Mitarbeiter ....49, 211, 214 ff.
Mitarbeiterbeurteilung........................222
Mitarbeiterschulung 196
Mobbing 230
Motivation 31
Motivationstheorie 216
Motiv..216

Nachsteuerung 45, 195
Nebenziel..31
Netzplantechnik....................................190
Neun-Felder-Matrix 122
Neuorganisation.............................135, 164
Niedrigpreisstrategie 106
Nischenstrategie 107
Normstrategie ....119 ff., 123, 125 f., 128
NPI-Modell 198
Nummerung 169
Nutzwertrechnung 193

Oberziel 31
Objektanalyse..139
Offensivstrategie 108, 119, 123
Organigramm 161
Organisation...............14, 46 f., 135 ff., 224
Organisationsberater............................198
Organisationsbereich 18, 28
Organisationsebene .... 138, 142 f.
Organisationseinheit 140, 152
Organisationsentwicklung............. 48, 136,
....196 ff.
Organisationsform, abgelei-
    tete .... 136, 143, 154 ff.
-, grundlegende................... 133, 136, 148 ff.
Organisationshandbuch...............160 f., 169
Organisationsplan................................160 f.
Organisationsrichtlinie.........................169
Organisationsschaubild 161
Organisationsstruktur....................136, 143 ff.
Organisationssystem ....136, 143, 145 ff.
Organisationstechnik...........................165
Outsourcing ....199 f.

Parallele 189

Paralleleinführung.................................175
Partizipation..221
Personalbereich.......................... 18, 27, 90
Personalbeurteilung...........................221 f.
Personalbildung 223
Personalentlohnung 222
Personalentwicklung..........................223 f.
Personalförderung................................223
Personalführung..........................49, 211 ff.
Personalinformation 218
Personalplanung .... 175, 188 f.
Personal-Portfolio...............................118
Personalstrategie .... 112, 114 f.
Persönlichkeitskompetenz.....................20
Pfad, kritischer....................................190
Pflichtenheft..192
Phasenanalyse......................................139
PIMS-Konzepte 75
Plan..37 f., 217
-, kurzfristiger 37
-, langfristiger.......................................37
-, mittelfristiger....................................37
-, operativer..37
-, strategischer......................................37
-, taktischer...37
Planung ....29, 36 ff., 65 ff.
-, kurzfristige 130
-, langfristige 73
-, operative..................... 46, 65, 130 f.
-, simultane..38
-, strategische .... 46, 63, 65, 73 ff.
-, sukzessive...38
-, taktische .... 46, 65, 129 f.
Planungsart..37
Planungsgrundsatz..............................39 f.
Planungskonzept, strategisches.........74 ff.
Planungsprinzip...............................37, 40
Planungsprozess ....37, 40 f.
Poor Dog..119 f.
Portfolio 116
Portfoliokonzept 118
Portfoliotechnik....................74, 116 ff.
Potenzialanalyse ....89 ff.
Potenzialbeurteilung............................222
Potenzial 91
Präferenzstrategie 105
Prämie 223
Prämienlohn...223
Preis...77
Preiselastizität.......................................77
Preis-Mengen-Strategie........................106
Preisstrategie 106

Prinzip, ökonomisches...........................13
Prinzipien-Modell.................................143
Probeeinführung 175, 196
Problemabgrenzung..............................178
Problemanalyse.................................177 f.
Problemermittlung............................177 f.
Problemlösung......................................178
Produktdifferenzierung 87
Produktentwicklungsstrategie 101, 103
Produktergebnis.....................................77
Produkthaftpflicht..................................54
Produkthaftung......................................60
Produkt-Innovation..............................103
Produktionsbereich................................57
Produktionspotenzial...........................122
Produktmanagement 154, 157
Produkt-Markt-Strategie..........100 ff., 114
Produktorganisation ....149 f.
Profit-Center..154
Programmablaufplan............................172
Project Organization............................181
Projekt ....48, 176 ff.
Projektablaufplan 190
Projektantrag.......................................192
Projektarbeit ....193 ff.
Projektarbeitsgang...............................190
Projektaudit...191
Projektaufgabenplan............................189
Projektauftrag......................................193
Projektauslösung..............................193 f.
Projektbegründung...............................194
Projektbericht......................................191
Projektdokumentation..........................196
Projektdurchführung ....48, 177, 192 ff.
Projekteinbindung ....179, 183 ff.
Projekteinführung ....195 f.
Projektentscheidung 179, 193
Projektexperte 179, 182
Projektförderungsantrag.....................192
Projektgruppe............140, 177, 179 ff.
Projekthandbuch...................................191
Projektierungsentscheidung................179
Projektinformation...............................191
Projektinstitution..............................179 f.
Projektkontrolle 195
Projektkoordination.............................185
Projektkoordinator............................184 f.
Projektleiter ....177, 179 f.
Projektmanagement......................154, 159
Projektmittelliste 191
Projektorganisation 135, 177
-, begrenzte 186

-, reine .... 159, 183 f.
Projektplan 192
Projektplanung .... 48, 177, 187 ff.
Projektplanungsbericht 192
Projektprozessplanung 188
Projektrealisation .... 192 ff.
Projektreview 191
Projektstart 194
Projektsteuerung 193, 195
Projektstruktur .... 177, 179 ff.
Projektstrukturierung .... 48, 136, 176 ff.
Projektstrukturplan(ung) 188
Projekttermin 190
Projektvergabe 192
Protokollieren 194
Prozess 163
Prozessanalyse .... 163 ff.
Prozessberatung 198
Prozessdiagramm 172, 176
Prozessdokumentation .... 163, 175 f.
Prozesseinführung .... 163, 175 f.
Prozessgestaltung .... 163 f., 167 ff.
Prozesskontrolle 176
Prozessmanagement 154, 158
Prozessmanager 158
Prozessorganisation ...... 47, 54, 135, 163 ff.
Prozessplanung .... 163 f., 166 f.
Prozesspräsentation 175
Prozessrealisierung 175
Prozessstruktur .... 172 ff.
Prozessstrukturierung .... 47, 136, 163 ff.
Prozessvorbereitung 175
Pufferzeit 190

Qualifikation 17
Qualität 51
Qualitätsaudit 52, 55
Qualitätskontrolle 51
Qualitätsmanagement .... 51 ff.
Qualitätsmanagement-Arbeitsan-
    weisung 55
Qualitätsmanagement-Handbuch 55
Qualitätsmanagement-Verfahrens-
    anweisung 55
Qualitätsnachweis 54
Qualitätsnorm 53
Qualitätsplanung 191
Qualitätssicherung 51
Qualitätssicherungsplan 191
Qualitätsstandard 54
Qualitätszirkel .... 42, 204 ff., 221
Quasi-Innovation 103

Querinformationsweg 141
Question Mark 119

Ranganalyse 139
Reaktionsprofil .... 84 f.
Realisierungsebene .... 41 f.
Realisierungsfunktion .... 41 f.
Realisierungsstörung 41, 43
Recherchieren 194
Rechnungswesen 28
Rechtsformmodelle 142
Referenzmacht 21, 212
Regionalorganisation .... 150 f.
Reife .... 77 f.
Rentabilität 85
Reorganisation 135, 164
Ressortkollegialität 23
Ressort-Modell 143
Ressourcenanalyse 89
Ressourcenstärke 126
Return on Investment 98
Revenue-Center 155
Revolutionsprojekt 176
Risikoanalyse 179
Rückwärtsintegration 87, 104

Sachautorität 21
Sachkompetenz 17
Sachmittelplanung 191
Sachziel 31
Sättigungsphase .... 77 f.
Schlüsselfaktor .... 90 f.
Schwachstellenanalyse 166
Sechs-Phasen-Prozess 198
Sektoralorganisation 148
Selbstaufschreibung 137, 165
Selbstkompetenz 17, 20, 212, 215
Selbstkontrolle 44
Sensivitätstraining 198
SGE-Management 154, 156
Sicherheitskonzept 60
Sicherheitsmanagement 60
Simultaneous-Engineering 208
Sozialkompetenz 17, 19, 212, 215
Spartenorganisation .... 148 f., 154
Stabliniensystem 145, 147, 149
Stabs-Kundenmanagement 159
Stabs-Produktmanagement 157
Stabs-Projektorganisation .... 159, 183 f.
Stabsstelle 140
Standardisierung 87
Stärken-Schwächen-Analyse .... 89, 93 ff.

Stärken-Schwächen-Profil 94
Star .... 119 f.
Status 223
Status Quo-Strategie 108
Statussymbole 223
Stelle 140
Stellenbeschreibung .... 160 f.
Stellenbesetzungsplan .... 160, 162 f.
Stellenbildung .... 138 f.
Steuerung .... 29 f., 45
Stichprobenkontrolle 44
Stoßrichtung, strategische 100
Strategie .... 73 f., 84, 99 ff.
-, der Konzentration auf Schwer-
   punkte 105, 107
-, der umfassenden Kostenführer-
   schaft .... 105 f.
-, des Abwägens 128
-, selektive .... 123, 126 f.
Strategieentwurf .... 82, 99 f.
Strategiekonzept .... 68 ff.
Strategische Geschäftsein-
   heit .... 116 f.
Struktogramm 172
Strukturablaufdiagramm 172
Strukturbild 161
Strukturierungsmittel 170
Stufeneinführung 175
Subordinationsquote 144
Substitutionsprodukt 85, 87
Suchphase 41
Synergie 102
Synergiekonzept 75, 80
Systemsicherung 169

Tadel 223
Tast Force 181
Tätigkeitsbeschreibung 162
Teamarbeit 204
Teamentwicklung 198
Team-Konzept .... 48, 198, 203 ff.
Technologieattraktivität 126
Technologie 125
Technologie-Portfolio .... 118, 125 ff.
Teilmarkt 102
Teilplan 38
Teilprozess 174
Teilzeitarbeit 220
Temperament 215
Tensororganisation .... 148, 153 f.
Terminplanung .... 175, 188 ff.
Top-down-Prinzip .... 34 f., 40

Top Management .... 13, 22 f., 25, 31,
   .... 41, 63, 73
Total Quality Management 52
TQM-Konzept .... 201 f.
Training-off-the-job 19
Training-on-the-job 19
Transaktionsanalyse 198

Übergangsstrategie 123
Überorganisation 144
Überwachung 44, 131
Überwachungsaudit 55
Umfeldanalyse .... 81 f.
Umsatzentwicklung 77
Umsatzgewinnrate 98
Umschulung 223
Umstellungskosten 87
Umweltanalyse 82
Umweltausschuss 59
Umweltfachstelle 58
Umwelthaftung 60
Umweltmanagement .... 56 ff.
Umweltreferat 58
Umweltschonungsprinzip 13
Umweltschutzbeauftragte(r) 58
Umweltschutzinstitution 56, 58
Umweltschutzmanagement 56
Umweltschutzverhalten .... 56 f.
Umweltsituation 121
Umzingelungsstrategie 109
Unfallverhütung 60
Unternehmensberater 198
Unternehmenserscheinungsbild 69
Unternehmensethik 66, 73
Unternehmensführung .... 14 ff.
-, funktionale .... 14 f., 29 ff.
-, institutionale .... 14 f.
Unternehmensgrundsatz 67
Unternehmenskommunikation 69
Unternehmenskultur .... 66, 69 ff.
Unternehmensleitbild .... 66 f.
Unternehmensleitung 22, 26
Unternehmensmerkmal, allgemeines 75
Unternehmensphilosophie .... 66 ff.
Unternehmensprozessorgani-
   sation 163, 172, 174
Unternehmensstrategie .... 100, 108 ff., 114
Unternehmensverhalten 69
Unternehmensvision .... 66 f., 194
Unterorganisation 144
Unterstützungsprozess 164
Untersuchung 44, 131

Unterziel 31
Ursachenermittlung 177

Verantwortung 141, 180, 220
Verbesserungsgruppe 181
Verbesserungsprozess, kontinuier-
    licher 52, 202
Verfahrenskontrolle 44
Vergeltungserwartung 110
Vergeltungsmaßnahme 109
Verhalten 213
Verhaltensgitter .... 227 f.
Verhaltensstrategie .... 108 ff., 114
Verhandlungsstärke .... 85, 87 f.
Verrichtungsanalyse 139
Verteidigungsstrategie .... 108 ff.
Vertrauensarbeitszeit 220
Verzweigung 189
Vier-Felder-Matrix 118
Vier-Phasen-Prozess 198
Voraudit 54
Vorgänge 190
Vorgangsdauer . ... 189 f.
Vorgehensweise, prozessbezogene 198
-, richtungsbezogene 198
Vorgesetzte(r) .... 16, 49, 211 ff.
Vorgesetztenbeurteilung 222
Vorschlagswesen 221
Vorsteuerung 45, 195
Vorwärtsintegration 88, 104

Wachstumsphase .... 77 f.
Wachstumsrate 77
Wachstumsstrategie 100, 123
Wandel 74, 136, 196
Weisung 213
Weiterdelegation 226
Werkstattzirkel 206
Wertaktivität 96
Wertketten-Analyse .... 89, 95 ff.
Wertschöpfung .... 199 f.
Wertschöpfungsketten-Analyse 95
Wertschöpfungsmanagement 199
Wertschöpfungssystem 97
Wettbewerber 77, 85, 88
Wettbewerbsaktivität 109
Wettbewerbsintensität 85

Wettbewerbskraft 85
Wettbewerbsposition .... 75, 122, 124 f.
Wettbewerbsstrategie .... 100, 105 ff., 114
Wettbewerbsvorteil .... 51 f., 109
-, relativer .... 122 f.
Wiederholungsaudit 55
Wirtschaftlichkeitsanalyse 166
Wirtschaftlichkeitsprinzip 13

Zentralabteilung 149
Zentralbereich 153
Zentralisation 141
Zentralisierung 170
Zertifizierung .... 53 ff.
Zielabstimmung 36
Zielart .... 30 f.
Zielbeziehungsprozess 30
Zielbildungsprozess .... 34 ff.
Zieldimension 30
Zieldurchsetzung 36
Ziel .... 30 ff., 217 f., 224
-, indifferentes 33
-, komplementäres 32
-, konkurrierendes 33
-, kurzfristiges 32
-, langfristiges 32
-, mittelfristiges 32
-, monetäres 32
-, nicht-monetäres 32
Zielentscheidung 36
Zielformulierung 36
Zielkonflikt 33
Zielkontrolle 36
Ziellücke 92
Zielplanung 138, 166
Zielsetzung .... 29 ff., 63 f.
-, operative .... 63 f.
-, strategische 63
-, taktische .... 63 f.
Zielsuche 36
Zukunftsermittlung 178
Zurückdelegation 226
Zusammenführung 189
Zuschlag 223
Zwanzig-Felder-Matrix 125
Zweckbeziehungsanalyse 139
Zweigremien-Modell 142

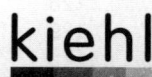